U0324258

国家自然科学基金面上项目(51874277)资助

深部大跨度巷道支护理论与技术

李　冲　万世文　徐金海　鲁　岩　著

中国矿业大学出版社
·徐州·

内 容 提 要

本书全面介绍了深部大跨度巷道支护理论与技术的最新研究成果，主要内容包括：绪论，深部大跨度巷道失稳机理，大跨度巷道类型及塑性区分布特征，大跨度巷道失稳垮冒规律与支护效果试验研究，深部大跨度巷道减跨支护理论，深部大跨度巷道围岩控制技术与方法，现场监测与支护效果评价，结论。

本书可供采矿、岩土等地下工程领域的科技工作者、高等院校师生和煤矿生产管理者参考。

图书在版编目(CIP)数据

深部大跨度巷道支护理论与技术 / 李冲等著. —徐州：中国矿业大学出版社，2022.9

ISBN 978-7-5646-5553-2

Ⅰ. ①深… Ⅱ. ①李… Ⅲ. ①深井—大跨度结构—巷道支护 Ⅳ. ①TD353

中国版本图书馆 CIP 数据核字(2022)第175303号

书　　名　深部大跨度巷道支护理论与技术

著　　者　李　冲　万世文　徐金海　鲁　岩

责任编辑　马晓彦

出版发行　中国矿业大学出版社有限责任公司

（江苏省徐州市解放南路　邮编 221008）

营销热线　(0516)83885370　83884103

出版服务　(0516)83995789　83884920

网　　址　http://www.cumtp.com　**E-mail**:cumtpvip@cumtp.com

印　　刷　江苏凤凰数码印务有限公司

开　　本　787 mm×1092 mm　1/16　**印张** 12.25　**字数** 234 千字

版次印次　2022 年 9 月第 1 版　2022 年 9 月第 1 次印刷

定　　价　54.00 元

（图书出现印装质量问题，本社负责调换）

变量注释

L_P——松动圈厚度，m；
P_0——原岩垂直应力，MPa；
σ_c——单向抗压强度，MPa；
γ——覆岩的容重，kN/m^3；
λ——侧压系数；
H——埋深，m；
α——主应力方向；
R——反映矩形巷道大小特性的常数；
D——对时间的 t 的微分算子；
G——围岩剪切模量；
μ——泊松比；
G_m——围岩黏性组分的剪切变形模量，N/m^2；
G_h——围岩弹性组分的剪切变形模量，N/m^2；
G_0——围岩瞬时剪切变形模量，N/m^2；
η_1——围岩黏性组分的黏性系数；
η_{rel}——围岩松弛时间，s；
σ_ρ——径向应力，MPa；
u_ρ——围岩径向位移，cm；
u_θ——围岩环向位移，cm；
N——垂直应力，kN；
F——原水平应力，kN；
E——弹性模量，N/m^2；
B_{hd}——巷道跨度，m；
I——岩梁界面对中轴线的惯距，m^4；
b——岩梁沿巷道轴向长度，m；
q_1——顶压载荷集度，kN/m^2；
β——帮的滑移角，(°)；

φ——岩石的内摩擦角,(°);

f——岩石的普氏系数;

p_0——锚杆预紧力,kN;

d——锚杆直径,m;

τ——锚杆抗剪切强度,MPa;

k_{wy}——围岩影响系数,一般取 0.9～1.2,围岩最差时取大值。

前　言

随着矿井开采深度不断增加，围岩应力不断升高，深部岩体表现出的力学特性较浅部存在很大差异，加之高应力软岩的应变软化及流变特性，巷道出现了不同程度的矿压显现、维护困难等问题。有关统计表明，我国煤矿开采以平均每年8～12 m的速度向深部延伸，东部矿井正在以每10年100～250 m的速度向深部延伸，然而深部巷道翻修率却高达200%，支护成本高达2万元/m，甚至更高，一些深部巷道因难于维护或成巷成本较高而被遗弃。随着综采技术的不断发展，国内出现了大量的年产数百万吨级，甚至千万吨级的高效工作面。为了满足矿井的通风、行人、大型机械设备的运输及安装等要求，巷道断面、跨度越来越大，工作面两巷跨度达到4.5～6.0 m，切眼跨度达到7～11 m。深部大跨度巷道围岩控制十分困难，顶板离层、失稳、垮冒等事故经常发生。浅部开采时，由于压力比较小，通过采取提高支护密度、注浆等一系列措施可以确保大跨度巷道正常使用。随着开采深度的增加，矿井开采条件越来越复杂，受围岩岩性和“三高一扰动”(即高地应力、高地温、高岩溶水压和强烈的开采扰动)的影响，大跨度巷道稳定控制难度大大增加。仅从提高支护强度、优化支护参数等方面难以有效控制深部大跨度巷道围岩稳定，即使能控制住，支护成本也很高。深部大跨度巷道围岩稳定性控制已成为决定矿井经济效益和安全生产的关键。因此，如何有效降低围岩应力和减小巷道跨度是解决深部大跨度巷道稳定问题的关键。改变大跨度巷道断面的形状是首先要解决的问题，因巷道跨度比较大，矩形断面巷道稳定性差，单一拱形断面巷道拱高太大、施工困难、掘进速度慢、断面利用率低。经现场调研与研究分析，本书围绕深部大跨度巷道稳定性控制问题，综合运用数值模拟、相似模拟、理论分析、现场监测等方法对深部大跨度巷道支护理论与技术进行系统阐述，提出了双微拱减跨支护技术。现场工程实践证明：双微拱减跨支护技术是解决深部大跨度巷道围岩稳定问题的关键技术之一。

近年来，随着煤炭工业的快速发展和采矿技术的不断进步，开采水平逐渐向深部和地质条件更复杂的区域发展，深部大跨度巷道稳定性控制问题已成为煤矿亟待解决的重大技术难题之一。国内外许多专家学者对深部大跨度巷道支护理论与技术进行了大量的理论研究和工程实践，提出了高强、高预紧力锚杆和斜拉锚索梁联合支护、耦合支护、桁架锚索联合控制等技术，提高了锚固岩层抗拉(剪)强度，在一定程度上保证了深部大跨度巷道围岩和支护结构的稳定性。然而对于深部大跨度巷道稳定性控制的研究，多注重于优化锚杆(索)支护方式与支护参数等方面，改变巷道断面形状的减跨支护相关内容的研究相对较少。针对深部巷道围岩应力高的特点，逐渐形成了“先柔后刚、先让后抗、柔让适度、稳定支护”的理念，即一次让压、二次加强支护的联合与多次支护，该支护理念的重点是“柔让适度”，强调适度让压才能更有效地进行二次加强支护。因此，国内外开展了一系列诸如开槽、钻孔、松动爆破等巷内卸压以及开卸压巷、开采解放层等巷外卸压技术的研究工作，取得了良好的卸压效果。以往深部大跨度巷道卸压机理的研究主要集中在如何“卸”的方面，关于大跨度巷道减跨支护的研究，主要集中在锚杆(索)支护方式及参数的改变等方面，对改变大跨度巷道断面形状后的卸压减跨支护机理的研究鲜见报道，导致目前深部大跨度巷道的卸压减跨设计多是参考一些经验，因此冒顶、片帮事故时有发生。

作者经过多年实践与探索，基于复变函数理论，运用施瓦茨-克里斯托菲尔求解映射函数的方法，推导出大跨度矩形巷道围岩应力与位移的计算公式，通过具体实例，计算得到了矩形巷道内部各点应力与位移的数值解，分析了矩形巷道围岩应力与变形规律。应用 FLAC3D 数值计算软件，系统研究了不同侧压、不同跨度矩形巷道围岩塑性区分布规律，得出了矩形巷道围岩塑性区分布形状随侧压的变化规律。根据不同侧压、不同跨度巷道围岩破坏、应力分布及变形规律，给出了大跨度巷道的定义，划分了大跨度巷道类型，揭示了深部大跨度巷道失稳机理，提出了双微拱断面巷道的概念，分析了双微拱断面巷道围岩应力与变化规律。针对影响大跨度巷道稳定的主要因素，分析了深部大跨度巷道控制原理，提出了深部大跨度巷道卸压减跨控顶与等强协调支护理论和“双微拱断面+单体支柱+高强预应力锚杆(索)+钢带等组合构件”的支护方法与技术，并将研究成果应用于深部大跨度巷道支护的工程实践中。

书中部分变量解释详见“变量注释”。

本书是对上述研究成果的系统总结，希望本书的出版能为我国深部大跨度巷道支护问题提供参考和借鉴。本书的研究工作及出版得到国家自然科学基金面上项目“深部大跨度巷道钻孔卸压与双微拱减跨支护机理”(项目编号:51874277)的资助。

受作者水平所限，书中难免存在不足之处，恳请同行专家和读者指正。

作　者

2022 年 8 月

目　录

1 绪　论

1.1 研究背景及意义

煤炭在我国能源储量中占 92%，石油占 2.9%，天然气占 0.2%，水电占 4.7%。近年来，我国煤炭资源消费量与生产量将占能源总量的 70%。据专家预测，煤炭在近几十年内仍是我国的主体能源。

随着采掘活动的进一步拓展，深部巷道稳定性问题就越发突显出来。我国已探明的煤炭资源总量为 50 592 亿 t，占世界煤炭资源总量的 11.1%左右。埋深在 1 000 m 以下的煤炭资源储量约为 29 500 亿 t，占我国煤炭资源总量的 53%，而埋深大于 600 m 的煤炭资源储量约占 78%。巷道掘进速率约为 6 000 km/a，深部软岩巷道占年掘进总量的 28%～30%，而软岩巷道的返修率却高达 70%以上。预应力锚杆支护技术的优越性越来越显著，目前我国大部分矿区煤巷锚杆支护率已达 60%左右，有些甚至已超过 90%。为了满足现代化大型矿井高产高效的要求，综采装备大型化的发展趋势又使回采巷道跨度不断增大，随着巷道跨度的增大，巷道顶板的稳定性随之降低，顶板控制难度不断加大。巷道跨度增大有时甚至成为导致回采巷道顶板事故发生的主要因素之一。在悬吊及组合梁拱等传统支护理论的指导下，人们通常采用加大支护强度和支护密度的办法来控制这类巷道冒顶事故的发生，但实践证明，这一做法在实际工程中并没有取得较理想的效果。

随着煤矿开采深度和强度的不断增加，巷道支护难度加大，巷道失稳垮冒现象增多，巷道冒顶、片帮及底鼓屡见不鲜，巷道安全得不到保证。巷道往往需要多次维修与翻修，而维修费用大大超过成巷费用，大量的巷道因维护不当而报废，造成很多矿井连年亏损。随着巷道支护理论的发展和技术的不断进步，开采水平逐渐向地层深部和地质条件更为复杂的地区拓展，构造应力对巷道维护的影响加大。在高地应力作用下，巷道围岩的变形规律与只有重力场作用下的巷道变形规律有很大差别。若巷道布置不够合理或支护措施不当，将使巷道变形破坏加剧，这不仅造成大量的资源浪费，还会危及工作人员的生命安全。

断层、陷落柱等一直是与煤层伴生的并对生产影响比较大的自然地质现象，一般称之为构造复杂地质条件。受上述复杂地质条件的限制，断层-围岩系统的失稳现象广泛存在于地下工程中。断层-围岩系统的失稳会严重影响相关巷道围岩的稳定性，甚至造成巨大的经济损失和重大的人员伤亡。因此，复杂条件下大跨度巷道支护系统的变形、破坏及稳定性等问题是采矿工程实践中迫切需要解决的重要课题之一。

山西潞安环保能源开发股份有限公司五阳煤矿位于山西省襄垣县内，井田走向长约 10 km，倾向长约 70 km，面积约 700 km^2，矿井生产能力为 300 万 t/a，采用立井开拓方式，开采深度超过 800 m，主采煤层为 $3^{\#}$ 煤层，煤层倾角平均为 10°，平均厚度为 5.45 m。煤层顶板是碳质泥岩和砂质页岩，底板为砂质泥岩。井田地质构造比较复杂，以简单开阔的褶皱伴有较密集的大、中型断层为主。小断层发育，已经揭露断层 200 余条，煤层受冲刷及岩溶陷落柱破坏。随着开采年限的增加和开采强度的加大，根据生产及安全的需要，巷道的断面越来越大，工作面两平巷断面尺寸为 5.0 m×3.5 m，切眼断面尺寸为 8.0 m×3.2 m，切眼两端头断面尺寸为 10.0 m×3.2 m，所以深部大跨度巷道的支护越来越困难，采用常规的支护方式难以奏效。因此亟须加强深部大跨度巷道失稳机理和围岩控制技术研究，找出深部大跨度巷道控制困难的主要原因，从根本上解决五阳煤矿大跨度巷道支护上遇到的技术难题。本项研究不仅弥补了我国在大跨度巷道围岩控制方面研究的不足，同时为解决潞安矿区乃至全国其他具有类似条件矿区的大跨度巷道支护问题提供了借鉴和参考价值。因此，研究深部大跨度巷道失稳机理与围岩控制技术具有十分重要的现实意义。

1.2 国内外研究现状

1.2.1 深部巷道方面的研究

西德和苏联对深部开采的巷道矿压及其控制的研究较为突出，西德侧重于深部巷道矿压控制实用技术的研究，苏联侧重于巷道控制理论的研究。

苏联采用 $\gamma H/\sigma_c$（其中 σ_c 为岩石的单轴抗压强度，γ 为上覆岩层容重）作为指标来评价深井巷道的稳定性，将巷道分为稳定（<0.25）、中等稳定（0.25～0.4）和不稳定（0.4～0.65）三类。

西德学者认为：当岩石压力超过一定极限后，巷道掘进时就会产生掘进移近量。开始产生掘进移近量的压力值表达式为 $\gamma H=3.46\sqrt{\sigma}$（$\sigma$ 为底板岩层强度），从而推导出在不受开采影响的岩体中巷道失稳的极限深度表达式为

$H_{max}=138\sqrt{\sigma}$。

国内深井巷道研究起步相对较晚，但也引起了足够的重视，近年来也取得了许多积极的成果。

付国彬等对开滦赵各庄煤矿(1994 年 12 月生产水平埋深为 1 056 m)不受采动影响的巷道围岩松动圈随采深变化的规律进行了实测，得出松动圈范围岩性和采深的相关关系式为 $L_P=1.315\ 1(p_0/\sigma_c-0.451\ 0)^{\frac{1}{2}}$。式中：$L_P$ 为松动圈厚度，m；p_0 为原岩垂直应力，MPa；σ_c 为单向抗压强度，MPa。

杜计平用解析的方法分析了岩石的力学特性、采深、开采影响、服务时间和支护对巷道围岩松动碎胀圈半径、巷道围岩及支架变形的影响，得出不同掘进和布置方式的回采巷道围岩变形随采深增加的规律。

勾攀峰等应用弹塑性力学理论建立了巷道围岩系统的势能函数，进而用突变理论方法建立了巷道围岩系统尖点突变模型，从而提出了确定深井巷道临界深度的方法。

1.2.2 巷道围岩控制理论的研究

国内外巷道顶板控制理论发展很快，除了传统的悬吊理论、组合梁理论、减跨理论、组合拱理论以外，许多专家学者提出了“围岩松动圈理论”“围岩强度强化理论”“最大水平应力理论”等，对煤层顶板的破坏原因、破裂岩体的锚固规律及影响因素、支护预紧力的作用机理等都做了较深入的分析，研究成果可为深部大跨度巷道围岩控制理论和技术的研究提供很好的借鉴作用。

1.2.2.1 锚杆支护理论的研究现状

我国在 1956 年开始使用锚杆支护，迄今为止，已有近 70 年的历史。锚杆支护机理研究随着锚杆支护实践的不断发展，国内外已经取得了大量研究成果。

(1) 悬吊理论

1952 年，路易斯·阿·帕内科(Louis. A. Pnake)等提出了悬吊理论。悬吊理论认为：锚杆支护的作用就是将巷道顶板较软弱岩层悬吊在上部稳固的岩层上，在预加张紧力的作用下，每根锚杆承担其周围一定范围内岩体的重量，锚杆的锚固力应大于其所悬吊的岩体的重力。悬吊作用原理见图 1-1。

悬吊理论是最早的锚杆支护理论，该理论认为在比较软弱的围岩中，巷道开掘后应力重新分布，出现松动破碎区，在其上部形成自然平衡拱，锚杆支护作用是将下部松动破碎的岩层悬吊在自然平衡拱上。悬吊理论具有直观、易懂及使用方便等特点，因此应用比较广泛，在采深较浅、地应力不高、没有明显构造应力影响的区域使用最多。悬吊理论能较好地解释锚固顶板范围内有坚硬岩

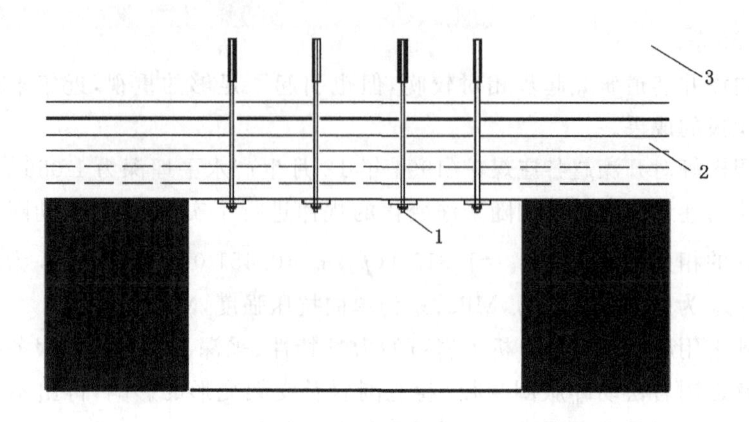

1—锚杆;2—松散破碎岩体;3—稳定岩层。

图 1-1　悬吊作用原理

层时的锚杆支护,但在跨度较大的软岩巷道中,普氏拱高往往超过锚杆长度,悬吊作用难以解释锚杆支护获得成功的原因。

(2) 组合梁理论

德国 Jacobin 等于 1952 年提出组合梁理论,其实质是通过锚杆的径向力作用将叠合梁的岩层挤紧,增大层间的摩擦力,同时锚杆的抗剪能力也可阻止层间错动,从而将叠合梁转化为组合梁。

组合梁理论认为:端部锚固锚杆提供的轴向力将对岩层离层产生约束,并且增大了各岩层间的摩擦力,与锚杆杆体提供的抗剪力一同阻止岩层间产生相对滑动,作用原理如图 1-2 所示。对于全长锚固锚杆,锚杆和锚固剂共同作用,明显改善锚杆受力状况,提高全长锚固锚杆控制顶板离层和水平错动的能力,效果优于端部锚固锚杆。从岩层受力角度考虑,锚杆将各个岩层夹紧形成组合梁,组合梁厚度越大,其最大应变值越小,充分考虑了锚杆对离层及滑动的约束作用。组合梁理论适用于若干层状岩层组成的巷道顶板。

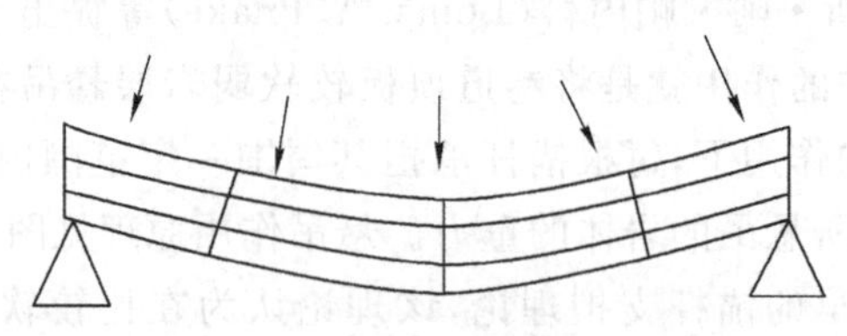

图 1-2　组合梁作用原理

组合梁理论能较好地解释层状岩体锚杆的支护作用,但难以用于锚杆支护设计。在组合梁的设计中,难以准确反映软弱围岩的情况,将锚固力等同于框式支架的径向支护力是不确切的。

(3) 减跨理论

减跨理论是在悬吊理论和组合梁理论基础上提出的。该理论认为:锚杆末端固定在稳定岩层内,穿过薄层状顶板,每根锚杆相当于一个铰支点,将巷道顶板划分成小跨,从而使顶板挠度降低。减跨作用原理见图 1-3。

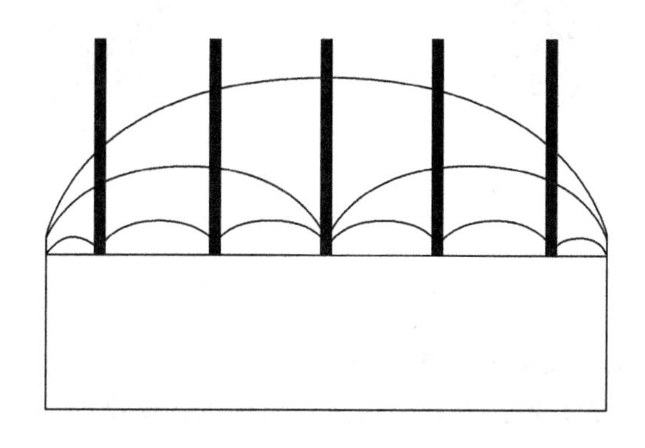

图 1-3 减跨作用原理

锚杆固定在稳定岩层内时,距离巷道顶面较远,其对巷道顶板的悬吊作用并不像简支梁的支点那样垂直位移为 0。由于锚杆要随围岩一起变形,锚杆及围岩的变形是一个相互影响的过程,因而其悬吊点实际上是一个有一定量位移的弹性铰支座,应在考虑锚杆变形的基础上进行更进一步的深入研究。

(4) 组合拱理论

组合拱理论认为:在沿拱形巷道周边布置锚杆后,在预紧锚固力的作用下,每根锚杆都有一定的应力作用范围,只要取合理的锚杆间距,其应力作用范围会相互重叠,从而形成一个连续的挤压加固带,即厚度较大的组合拱。该挤压加固带的厚度是普通砌碹支护厚度的数倍,故能更为有效地抵抗围岩应力,减小围岩变形,其支护效果明显好于普通砌碹支护。组合拱理论这样阐述锚杆作用机理:在软弱、松散、破碎的岩层中安装锚杆,形成图 1-4 所示的承载结构,假如锚杆间距足够小,各根锚杆共同作用形成的锥体压应力相互叠加,在岩体中产生一个均匀压缩带,承受破坏区上部破碎岩体的载荷。锚杆支护的作用是形成较大厚度和较大强度的组合拱,拱内岩体受径向和切向应力约束,处于三向应力状态,岩体承载能力大大提高,组合拱厚度越大,越有利于围岩的稳定。组合拱理论充分考虑了锚杆支护的整体作用,在软岩巷道中得到较为广泛的应用。

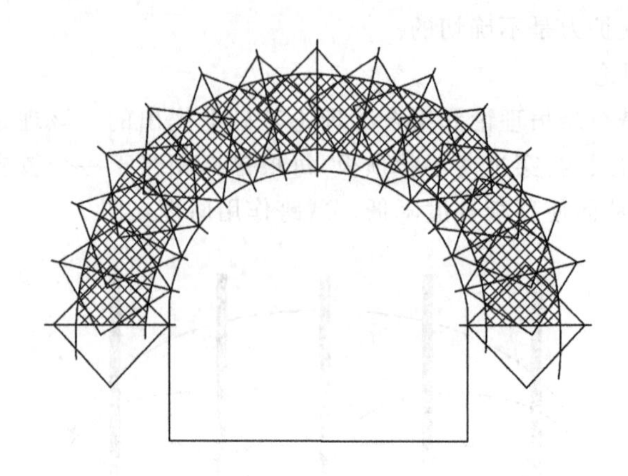

图 1-4　组合拱理论承载结构示意图

1.2.2.2　巷道围岩控制的其他理论研究

1907 年俄国学者普罗托吉雅可诺夫提出普氏冒落拱理论。该理论认为:在松散介质中开挖巷道,其上方会形成一个抛物线形的自然平衡拱,下方冒落拱的高度与地下工程跨度和围岩性质有关。该理论的最大贡献是提出巷道具有自承能力。

20 世纪 50 年代以来,人们开始用弹塑性力学解决巷道支护问题,其中最著名的是 Fenner 公式和 Kastner 公式。

20 世纪 60 年代,奥地利工程师 L. V. Rabcewicz 在总结前人经验的基础上,提出了一种新的隧道设计施工方法,称为新奥法(NATM)。新奥法既不是单纯的施工,也不是单纯的支护方法;其核心思想是调动围岩的承载能力,促使围岩本身成为支护结构的重要组成部分,使围岩与构筑的支护结构共同成为坚固的支承环;其特点是通过许多精密的测量仪器对开挖后的巷道及硐室进行围岩动态监测,并以此指导地下支护结构设计和施工的全过程。新奥法自诞生以来,在很多国家得以成功应用。

20 世纪 70 年代,M. D. Salamon 等又提出了能量支护理论。该理论认为:支护结构与围岩相互作用、共同变形,在变形过程中,围岩释放一部分能量,支护结构吸收一部分能量,但总的能量没有变化。支护结构具有自动释放多余能量的功能。因而,该理论主张利用支护结构的特点,使支架自动调整围岩释放的能量和支护体吸收的能量。

孙均等提出了锚喷-大弧板支护理论,通过壁后软性固化充填及接头处可压缩垫板使支架具有一定的可缩让压特性,让压到一定程度时要坚决顶住,以满足软岩支护“边支边让,先柔后刚,柔让适度,刚强足够”的特点。

董方庭等提出了围岩松动圈支护理论。该理论认为：巷道在开挖前后，岩体由三向应力状态转变为二向应力状态，岩体强度急剧下降，由于应力的转移，巷道周边出现应力集中，使周边岩体受力增加，如应力超过岩体强度，岩体发生破坏，使其承载能力降低，应力则向深部转移，直到应力低于岩体的塑性屈服应力时，在巷道周边依次形成破裂区、塑性区和弹性区。通过现场实测围岩松动圈的大小来选择合理的支护参数。

何满潮等运用工程地质学和现代力学相结合的方法，提出了工程地质学支护理论。该理论认为：软岩巷道的变形力学机制通常是三种以上变形力学机制的复合型，支护时要"对症下药"，合理有效地将复合型转化为单一型。

方祖烈提出了主次承载区支护理论。该理论认为：巷道开挖后，在围岩中形成拉压域。压缩域在围岩深部，处于三向应力状态，围岩强度高，是维护巷道稳定的主承载区；张拉域在巷道周围，围岩强度相对较低，通过支护加固，也有一定的承载力，称为次承载区。主次承载区的协调作用决定巷道最终的稳定性。

侯朝炯等通过深入研究得到了煤巷锚杆支护的关键理论和技术，特别是提出了围岩强度强化理论，主要内容为：① 锚杆支护实质是锚杆与锚固区域的岩体相互作用组成锚固体，形成统一的承载结构；② 锚杆支护可提高锚固体的力学参数，包括锚固体破坏前与破坏后的力学参数，改善被锚岩体力学性能；③ 巷道围岩存在破碎区、塑性区、弹性区，锚杆锚固区域岩体的峰值强度、峰后强度及残余强度均能得到强化；④ 锚杆支护可改变围岩的应力状态，增加围压，提高围岩的承载能力，改善巷道支护状况；⑤ 围岩锚固体强度提高后，可减小巷道周围的破碎区、塑性区范围和巷道表面位移，控制围岩破碎区、塑性区的发展，从而有利于维持巷道围岩的稳定性。

最大水平应力理论认为：当垂直应力增大后，岩层由于泊松效应产生侧向变形，造成岩层之间沿摩擦力很低的层面出现相对滑动形成附加水平应力，并作用于顶板岩层，如图 1-5 所示。澳大利亚学者 W. J. Gale 通过现场观测与数值模拟分析，得出水平应力对巷道围岩变形与稳定性的作用，他认为巷道顶底板变形与稳定性主要受水平应力的影响，其作用机理如图 1-6 所示。

1.2.3 巷道围岩控制技术研究

1.2.3.1 锚杆支护技术研究现状

锚杆支护作为一种插入围岩内的巷道支护方式，不仅能给巷道围岩表面施加托锚力，起到支护作用，还能给锚固岩体施加约束围岩变形的锚固力，使被锚固岩体强度得到提高，起到加固围岩的作用。

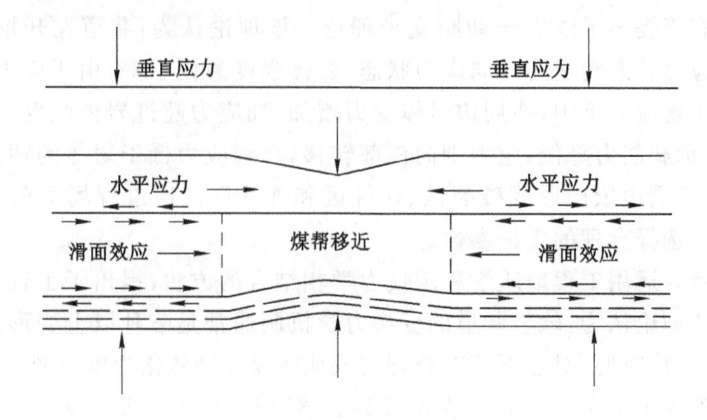

图 1-5 垂直应力与水平应力作用机理

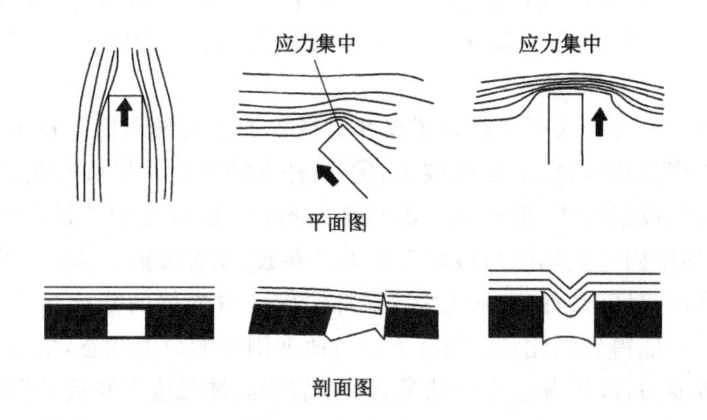

图 1-6 水平应力方向对巷道变形与破坏的作用机理

当前,锚杆支护已经被认为是非常有效和经济的支护方式,广泛应用于岩土工程中。世界上主要产煤国家的锚杆支护技术的发展过程概括如下:

1872 年,N. Wales 采石场第一次应用了锚杆,挪威 A/SsulitJelma 煤矿最先采用锚杆支护,他们把锚杆支护称为"悬岩的缝合"。

美国是世界上最早将锚杆作为煤矿顶板唯一支护方式的国家。1943 年开始有计划系统地使用锚杆;1947 年锚杆得到普遍应用;20 世纪 50 年代初,发明了世界上第一个涨壳式锚头;20 世纪 60 年代末发明树脂锚固剂,相当一部分锚杆都是采用树脂锚固剂全长胶结的形式;20 世纪 70 年代末,首次将涨壳式锚头与树脂锚固剂联合使用,使得锚杆具有很高的预拉力,达到杆体本身强度的 50%~75%。

澳大利亚主要推广全长树脂锚固锚杆,注重锚杆强度。其锚杆设计方法是将地质调研、设计、施工、监测、信息反馈等相互关联、相互制约的各个部分作为一个系统工程进行考察，形成了锚杆支护系统的设计方法。

英国从 1952 年开始大规模使用机械式锚杆，但最终证明英国较软弱的煤系地层不适合使用机械式锚杆。到 20 世纪 60 年代中期，英国逐渐开始放弃锚杆支护技术。1987 年，由于煤矿亏损，煤矿逐渐私有化。随后，英国煤炭公司参观澳大利亚煤矿，引进澳大利亚成套锚杆支护技术，并在全行业推广。

德国自 20 世纪 80 年代以来，由于采深加大，U 型钢支架支护费用高，巷道维护日益困难，开始使用锚杆支护。20 世纪 80 年代初期，锚杆支护在鲁尔矿区试验成功，现已应用到千米的深井巷道中，取得了许多有益的经验。

波兰没有一个煤矿将锚杆支护用作永久顶板支护，所有井工矿都采用 U 型钢支架。由于缺乏操作经验、作业标准，加上地质条件差，波兰向锚杆支护技术的转变过程比较缓慢。

俄罗斯在采区巷道支护中同时发展各类支护方式，其中锚杆支护技术的发展引人瞩目，研制了多种类型的锚杆，在库兹巴斯矿区巷道支护中锚杆支护所占比重已达 50%以上。但由于缺乏资金，对现代化锚杆支护设备的维护和改进工作进展非常缓慢。

南非大部分井工矿煤层是硬砂岩顶板，开采条件良好，采用了不同的顶板锚杆安装形式，锚杆安装作业并不构成采煤作业的“瓶颈”，为了阻止顶板岩层的局部冒落，一些煤矿安装了严格的顶板岩层监控系统。

法国在 20 世纪 60 年代中后期引进了商品化的全长锚固锚杆，由于发生了严重的坍塌事故，对锚杆支护进行了深入研究，煤巷锚杆支护技术发展迅速，1986 年其所占比重已达到 50%。

印度大多数井工矿采用锚杆支护方式，主要是点锚固锚杆或承载能力为 60～80 kN 的水泥锚杆，同时树脂锚杆也已得到使用。

我国煤矿自 1956 年开始使用锚杆支护，最初在岩巷中发展迅速，20 世纪 60 年代进入采区煤巷，80 年代开始把锚杆支护作为行业重点攻关方向，并在“九五”期间形成了成套高强螺纹钢树脂锚杆支护技术，基本解决了煤矿Ⅰ、Ⅱ、Ⅲ类顶板支护问题，在部分更复杂条件下也取得了成功。据统计，2006 年国有大中型煤矿锚杆支护率已达到 65%，有些矿区甚至超过了 90%，锚杆支护技术水平大幅度提高。但是，这期间形成的锚杆支护技术在赋存广泛的Ⅳ、Ⅴ类巷道中使用时存在两个缺陷：① 围岩变形剧烈，断面得不到有效控制；② 局部冒顶现象常有发生，锚杆锚固区内离层，甚至锚杆锚固区整体垮冒等恶性事故时有发生。原因在于：① 对顶板离层、垮冒的失稳机理认识不清，巷道围岩控制理论没有突破；② 支护方法没有创新，支护手段较单一。煤巷锚杆支护万米冒顶率为 3%～5%和 3 万～5 万 m 一次死亡事故制约着该技术的进一步推广。

杨双锁等对锚杆受力演化机理进行了探讨，提出了锚固体第1、第2临界变形概念，揭示了锚杆轴向锚固力随着锚固体变形而演变的三阶段特征，即锚固力强化变形阶段、锚固力恒定变形阶段和锚固力弱化变形阶段。变形量小于第1临界变形时，锚固力随变形量而增强；变形量介于第1、第2临界变形之间时，随着变形增加整体锚固力保持最大，而黏锚力分布发生转移；变形量大于第2临界变形后，锚固力随变形增加而衰减；第2临界变形与锚固长度成正比，不同变形特征的巷道应采用不同的锚固长度，使锚杆在围岩变形过程中尽量保持在锚固力演变的第2阶段。最后提出了确定锚固长度时应考虑巷道变形量大小的观点。

康红普等在分析锚杆支护作用机制的基础上，提出高预应力、强力锚杆支护理论，强调锚杆预应力及其扩散的决定性作用；指出对于复杂困难巷道，应尽量实现一次支护就能有效控制围岩变形与破坏；研究开发出煤矿锚杆支护成套技术，包括巷道围岩地质力学测试技术、动态信息锚杆支护设计方法、高强度锚杆与锚索支护材料、支护工程质量检测与矿压监测技术，以及锚固与注浆联合加固技术，此成套技术成功应用于千米深井巷道、软岩巷道、强烈动压影响巷道、大断面开切眼、深部沿空掘巷与留巷、采空区内留巷及松软破碎硐室加固。实践表明，采用高预应力、强力锚杆支护系统，必要时配合注浆加固，能够有效控制巷道围岩的强烈变形，并取得良好的支护效果。

1.2.3.2 锚索支护技术发展概况

自从1934年阿尔及利亚的Coyne工程师首次将锚索加固技术应用于水电工程的坝体加固并取得成功后，随着高强钢材和钢丝的出现、钻孔灌浆技术的发展，以及对锚索技术研究的深入和对锚固技术认识的逐步提高，预应力锚索加固技术已广泛应用于各个工程领域，并成为岩土工程技术发展史上的一个里程碑。

近年来，英国、澳大利亚等采矿业较发达的国家，注重锚索技术的应用和发展，在较差的围岩条件下，为提高支护强度和效果，通常采用锚索进行加强支护。在交叉点、断层带、破碎带和受采动影响难于支护的巷道中，都采用锚索进行加强支护。

我国的锚索加固技术研究始于20世纪60年代，1964年梅山水库在右岸坝基的加固中首次成功地应用了锚索加固技术。目前，锚喷技术已经成为我国煤矿巷道支护采用的主要技术之一。而预应力锚索在锚固技术中也占有重要地位，应用范围已从原来的岩巷扩展到煤巷。尤其是深井煤巷、围岩松散或受采动影响大的巷道、大硐室、切眼、交叉点及构造带等需要加大支护长度和提高支护效果的地方，采用预应力锚索是非常有效的方法。

随着综放开采技术的发展，煤层巷道中采用的锚杆支护技术成为其重要的技术支柱。由于综放面回采巷道断面大、围岩松软变形大，采用单一的锚杆支护已难以适应。因此，在煤层巷道中采用锚杆与锚索联合支护，变得越来越普遍。锚索是采用有一定弯曲柔性的钢绞线通过预先钻出的钻孔以一定的方式锚固在围岩深部，外露端由工作锚通过压紧托盘对围岩进行加固补强的一种手段。作为一种新型、可靠、有效的加强支护形式，锚索在巷道支护中占有重要地位。其特点是锚固深度大、承载能力高，将下部不稳定岩层锚固在上部稳定的岩层中，可靠性较大；可施加预应力，主动支护围岩，因而可获得比较理想的支护加固效果，其加固范围、支护强度、可靠性是普通锚杆支护所无法比拟的。锚索除具有普通锚杆的悬吊作用、组合梁作用、组合拱作用、楔固作用外，还具有对顶板进行深部锚固而产生的强力悬吊作用。

1.2.3.3 棚式支护技术发展现状

由于煤矿井下地质条件相当复杂，巷道支护结构承受的载荷以及载荷分布不断变化，特别是一些围岩变形量较大的巷道，如受采动影响巷道、软岩巷道、深井巷道、位于断层破碎带的巷道，巷道支护工作难度很大。由于棚式支护技术具有优良的力学性能、优越的几何参数、合理的断面形状等优点，因而现场应用仍然广泛。

1932 年，联邦德国开始在井下使用 U 型钢可缩性支架。1965—1967 年德国主要煤炭产地鲁尔矿区可缩性拱形支架仅占 27%，1972—1977 年已达 90%，并已系列化。1953 年，英国煤矿水平巷道总长度为 22 400 km，金属支架比重已占 72%。波兰有 66 个煤矿，使用金属支架支护的巷道占 95%以上。苏联 1978 年拱形金属支架占 57.2%，主要用于采区内的巷道，1980 年已占到全部井下巷道的 62%。

国外巷道棚式支护发展的特点：① 由木支架向金属支架发展，由刚性支架向可缩性支架发展；② 重视巷旁充填和壁后充填，完善拉杆、背板，提高支护质量；③ 由刚性梯形支架向拱形可缩性支架发展，同时研制与应用非对称可缩性支架。

我国巷道棚式支护也取得了很大发展：① 支架材料主要有矿用工字钢和 U 型钢，并已形成系列；② 发展了力学性能较好、使用可靠、方便的连接件；③ 研究、设计了多种新型可缩性金属支架；④ 提出了确定巷道断面和选择支架的方法；⑤ 改进了支架本身力学性能，重视实际使用效果；⑥ 建立了巷道支架整架实验台；⑦ 随着可缩性金属支架用量的增加，支架的成形、整形以及架设机械化有了新的发展。

1.2.4 大跨度巷道研究现状

管学茂等在大型平面应变模型试验台上，采用相似模拟试验技术和实测方法研究了对埋深不同的大断面煤巷采用不同桁架锚杆布置方式时，其支护效果和适用范围。

卢军明进行了桁架锚杆用于加固大跨度巷道顶板的研究，发现桁架锚杆支护相对于一般锚杆支护而言，整体性好，能深入巷道两帮不受破坏的稳定岩体中锚固；锚固力较大，不仅改善了巷道中部顶板的应力状态，而且对巷帮的维护起到显著作用。

邢龙龙在总结现有锚杆支护参数设计的基础上，针对大跨度巷道的特点，依据巷道围岩物理力学参数，提出了“工程地质资料分析—初始设计—现场监测—信息反馈—修改设计”的动态信息设计方法。

张柯通过理论分析、数值模拟和有限元模拟，较深入地研究了锚喷支护的作用原理，并探讨了不同的锚杆联合支护形式以及不同的断面形状在一些特殊地质条件下的巷道中运用的可能性。研究发现，对高地压地质条件下的煤巷，卸压之后再进行支护是一个合理且必要的支护手段，而且将各种卸压手段如导硐卸压、钻孔卸压、拉槽卸压及爆破松动卸压等多种方式结合起来使用能起到更好的效果。

杜波等结合现场条件，运用桁架锚索联合控制技术原理设计出了适用的支护方案并在现场试验实施，矿压观测结果表明，桁架锚索联合控制技术能很好地控制大跨度切眼的巷道变形，对于促进巷道支护技术改革有重要的意义。

阚甲广等针对深井大跨度切眼支护难题，采用数值模拟研究了一次成巷、二次成巷与三次成巷 3 种开挖方式下切眼围岩变形特点与应力分布特征，研究结果表明：一次成巷、二次成巷底鼓量小，但顶板下沉量大，且切眼周围应力集中程度很高，塑性区范围较大；三次成巷开挖方式切眼顶板下沉量较小、围岩塑性区较小，更有利于围岩稳定。矿压观测表明，采用高强度锚杆锚索组合支护系统维护深井大跨度切眼，围岩变形在控制范围内，锚网支护结构可靠。

侯琴等通过现场调研、理论分析、地质力学评估、数值模拟、现场应用及观测相结合的综合研究途径和方法，对大跨度煤巷锚索补强支护技术进行全面系统的分析和研究，提出了锚索支护连续梁（连续板）减跨理论和软弱顶板悬吊理论，以及拱形截面冒落体、三角形冒落体、关键层冒落体 3 种计算模型，填补了国内外有关大跨度煤巷研究方面的一些空白，对我国锚索支护技术不断提高和完善具有一定的促进作用。

韩立军等针对构造复杂区域内煤巷存在的高应力、围岩破碎和支护困难等问题，提出了控顶卸压原理及配套的三锚支护技术，即在巷道掘进过程中，首先以较小的断面进行超前掘进，并对顶板采用高强度锚杆进行及时支护，而对巷道两帮煤体不支护，允许两帮煤体产生一定的变形和破坏，形成松动圈，从而使围岩中的高应力得到释放；当两帮煤体出现片帮后再进行刷帮和锚杆支护，并对顶角补充锚杆进行支护，然后再采用预应力锚索对顶板进行加强支护，且对巷道底角采用内注浆锚杆进行锚注加固。这样就形成了一套完善的控顶卸压原理和三锚支护技术。该原理和技术被应用于肥城矿区陶阳煤矿构造复杂区域煤巷的支护实践中，回采实践和矿压观测表明，其应用带来了较好的技术与经济效果，为构造复杂区域煤巷的支护提供了一条有效途径。

国外针对深部巷道压力大、变形量大的特点，发展了深部巷道的专门支护技术。概括起来主要有：① 采用结构复杂的全封闭系统；② 采用锚喷网联合支护系统；③ 采用特种钢和加大型钢质量(达 44 kg/m 甚至更大)；④ 采用硬石膏、水泥砂浆、聚氨酯或其他建筑材料进行壁后充填。总之，国外深部巷道支护都有一个共同点，即具有可缩装置或让压结构，允许支架或支护系统可缩，以适应深井巷道压力大、变形量大的特点。同时，巷道支护设计时预留大的变形量。

近年来，我国利用围岩自稳能力采用先进支护技术，采用跨采和沿采空区布置巷道，使巷道维护再度改善。回采巷道采用组合锚杆支护、可缩性金属支架支护和无煤柱护巷技术，以及准备巷道的锚喷支护技术。在软岩巷道矿压控制中研究试验了壁后充填技术、注浆锚固技术及沿空留巷的高材料巷旁充填技术。

蒋金泉从巷道围岩结构的思路出发，根据围岩结构各部分的稳定性特征不同，在整体稳定性基础上进行结构稳定性亚分类来反映巷道稳定性的具体特征，并建立了系统的巷道支护参数定量设计体系。

陆家梁等提出了联合支护技术，在支护过程中实行“先柔后刚，先让后抗，柔让适度，稳定支护”的原则。该技术在软岩支护方面是对新奥法的发展。

何满潮提出了软岩巷道关键部位二次耦合支护技术，根据支护体和围岩的耦合状态，将关键部位分为四类，以分析高应力腐蚀作为确定关键部位的基础，合理地确定最佳二次耦合与支护时间。我国对跨采卸压、掘前预采和开卸压槽等卸压技术的研究也取得了阶段性成果。

1.3 研究存在的问题

世界上主要采煤国家对复杂特殊地质条件的巷道支护技术研究较少。美国的地质条件简单，支护效果良好；英国的主要能源消费已不再依靠煤炭；澳大利亚采用高强锚杆支护效果理想，深部、复杂条件不开采；德国与波兰普遍采用 U 型钢与壁后充填进行特殊复杂条件的支护；其他国家的地质条件相对简单，对支护技术的研究也不够深入。

我国地域广阔，赋存地质条件变化频繁，松散破碎条件下煤炭资源较多，常规支护方法不能满足各类复杂地质条件的要求，巷道掘进支护不合理，顶板离层垮冒事故经常发生，从而造成伤人事故，在此背景下，深部大跨度巷道的安全控制就成了头等难题，必须进行系统研究，找出一套适合我国特殊地质条件的巷道支护技术。

综合以上研究成果，目前仍存在一些未完全解决的问题：

(1) 深部大跨度矩形巷道失稳的真正诱发原因不清楚，失稳机理研究甚少，还需要进一步研究。

(2) 传统的支护理论已经不能满足现有的深部大跨度巷道支护要求，深部大跨度巷道有效的减跨支护理论及控制措施需要进一步研究。

(3) 矩形巷道塑性区的分布规律不清楚，没有矩形巷道围岩应力与变形的计算公式，有待于进一步研究；矩形巷道尽管断面利用率高、成巷速度快，但其稳定性差，需要研究得出一个适合深部大跨度巷道的断面形状和结构形式。

(4) 大跨度巷道的概念不清楚，需要通过研究给出大跨度巷道的定义，划分出大跨度巷道的类型。

1.4 研究内容与技术路线

1.4.1 主要研究内容

本书以潞安矿区五阳煤矿 7801 大跨度切眼为工程背景，在目前研究现状的基础上，综合运用相似模拟试验、数值模拟、理论分析以及现场监测等手段，对深部大跨度巷道失稳机理与围岩控制技术进行系统研究，其研究内容如下：

(1) 基于复变函数理论，运用施瓦茨-克里斯托菲尔求解映射函数的方法，推导出大跨度矩形巷道围岩应力与位移的计算式，通过具体实例，计算得到了矩形巷道内部各点应力与位移的数值解，分析了矩形断面巷道应力与变形规律；考虑影响深部大跨度巷道稳定性的主要因素，分析了大跨度巷道失稳机理。

(2) 在煤岩力学试验的基础上，得到 7801 切眼围岩力学参数，采用 FLAC3D 软件模拟分析了不同跨度、不同侧压巷道围岩塑性区分布规律、围岩第一主应力及最大剪应力分布规律、围岩变形规律；根据不同跨度巷道的特点，给出大跨度巷道的定义，划分出大跨度巷道的类型。

(3) 在自行研制微型预应力锚杆装置的基础上，依据 7801 切眼原支护方式及参数，进行相似模拟试验，研究有支护和无支护条件下大跨度巷道在不同侧压、不同垂压下巷道失稳垮冒规律、围岩应力分布及变形规律，模拟锚杆受力分析等，进而得到大跨度矩形巷道失稳垮冒规律及原支护效果。

(4) 针对大跨度巷道失稳的主要因素，在分析大跨度巷道失稳机理的基础上，分析大跨度巷道控制原理，提出深部大跨度巷道卸压减跨控顶与等强协调支护理论及预应力锚杆(索)减跨支护方法。

(5) 提出了双微拱断面巷道的概念，建立了双微拱巷道的力学分析模型，运用映射函数方法，将双微拱巷道映射到单位圆上进行分析；求解得到了映射函数的具体表达式，根据基本力学公式，求解得到了双微拱巷道应力、位移的具体表达形式；建立了双微拱断面巷道拱脚重合处支撑反力计算模型，推导出了拱脚重合处支撑反力计算公式。

(6) 针对 7801 切眼支护存在的问题，分析影响切眼稳定性的主要因素，研究大跨度切眼控制原理与控制技术，确定切眼支护设计方案，分析支护效果。

(7) 将研究成果进行工程实践，现场监测支护效果，进而优化支护参数。

1.4.2 研究方法与技术路线

本书在大量调研的基础上，采用实验室试验、理论分析、数值模拟、相似模拟和工程实践相结合的综合研究方法对深部大跨度巷道失稳机理与围岩控制技术进行系统研究。技术路线如图 1-7 所示。

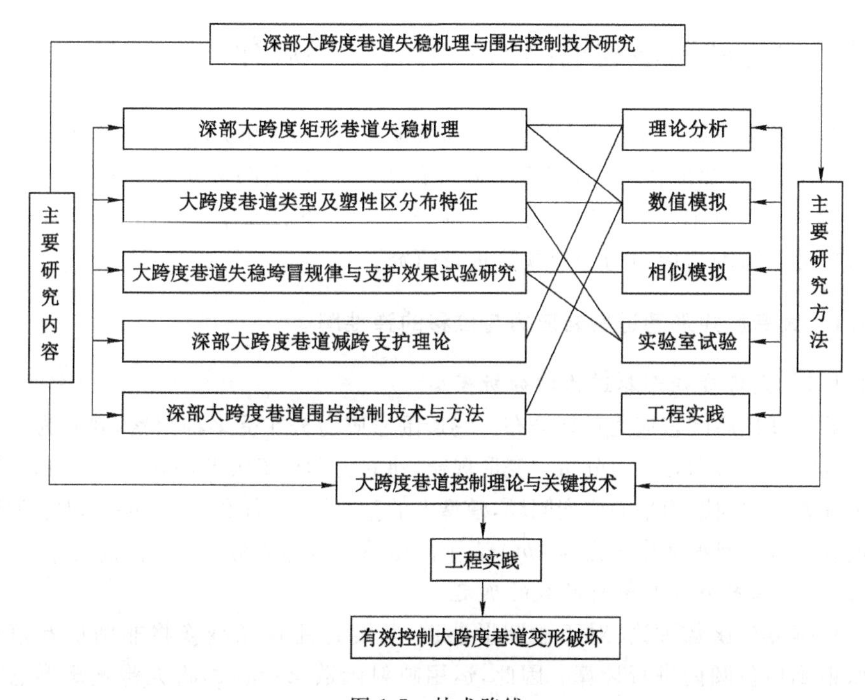

图 1-7 技术路线

2 深部大跨度矩形巷道失稳机理

随着开采深度的增加，矿井开采条件愈加复杂，给巷道稳定性控制提出难题。矩形巷道由于其具有施工方便、断面利用率较高等优点，在回采巷道中被广泛应用。但矩形巷道稳定性差，加之生产的需要需增大巷道跨度，巷道顶板离层变形较大，特别是深部大断面、大跨度矩形巷道，采用常规的支护形式和方法难以保证其稳定性。为了科学合理地采用有效的控制理论与方法，必须找出巷道失稳的真正诱发原因。因此，研究深部大跨度矩形巷道失稳机理具有重要的现实意义。本章基于复变函数理论，对大跨度矩形巷道围岩应力与变形规律进行系统研究，在分析影响大跨度巷道稳定性主要因素的基础上，给出了大跨度复合顶板巷道围岩失稳判据，为大跨度巷道稳定性控制提供参考依据。

2.1 大跨度矩形巷道围岩应力与变形规律

随着巷道支护技术的发展及高产高效矿井建设的需要，加之矩形巷道具有施工方便、成巷速度快、断面利用率高等优点，因此，大跨度矩形巷道在回采巷道中得到广泛应用。巷道失稳与巷道围岩应力及变形规律密切相关，因此有必要对矩形巷道围岩应力与变形规律进行研究。

2.1.1 大跨度矩形巷道围岩应力与位移的弹性解

2.1.1.1 大跨度矩形巷道力学分析模型

巷道开挖后围岩应力重新分布。巷道围岩应力分布受多种因素影响，为研究大跨度矩形巷道围岩应力分布与变形规律，建立力学计算模型，如图 2-1 所示。视巷道围岩受力问题为平面应变问题，模型上的垂直压力（简称垂压）$p=\gamma H$（γ 为覆岩的容重），模型水平作用力为 λp（λ 表示侧压系数），巷道跨度为 B_{hd}，高为 b。

2.1.1.2 基本公式及解析函数的确定

根据复变函数理论，对于非圆形巷道，需要运用保角变换将非圆形巷道外部映射到单位圆内进行计算。因此，运用映射函数 $Z=\omega(\zeta)$ 将大跨度矩形巷道映射到单位圆上进行围岩应力、位移计算。运用弹性力学理论进行大跨度矩形

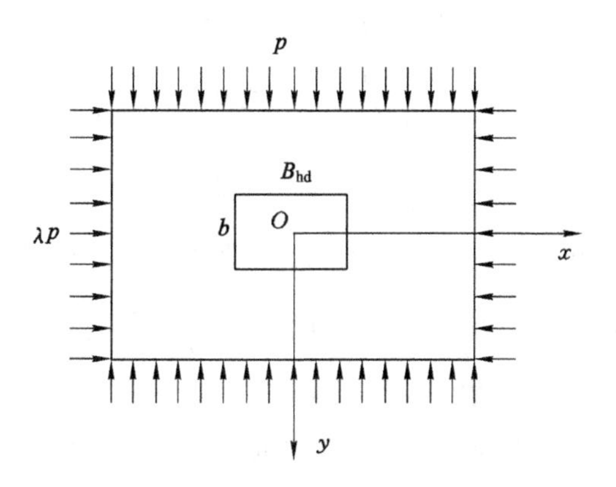

图 2-1 大跨度矩形巷道围岩力学计算模型

巷道围岩应力与位移计算，首先确定 $\varphi(\zeta)$、$\psi(\zeta)$两个解析函数，计算的基本公式如下：

$$\begin{cases}\sigma_\rho+\sigma_\theta=2[\Phi(\zeta)+\overline{\Phi(\zeta)}]=4Re\Phi(\zeta)\\ \sigma_\rho-\sigma_\theta+2\mathrm{i}\tau_{\rho\theta}=\dfrac{2\zeta^2}{\rho^2\,\overline{\omega'(\zeta)}}[\overline{\omega(\zeta)}\Phi'(\zeta)+\omega'(\zeta)\Psi(\zeta)]\end{cases}\tag{2-1}$$

$$2G(u_\rho+\mathrm{i}u_\theta)=\frac{\bar{\zeta}}{\rho}\frac{\overline{\omega'(\zeta)}}{|\omega'(\zeta)|}\left[\frac{3-\mu}{1+\mu}\varphi(\zeta)-\frac{\omega(\zeta)}{\overline{\omega'(\zeta)}}\overline{\varphi'(\zeta)}-\overline{\psi(\zeta)}\right]\tag{2-2}$$

式中：$\varphi(\zeta)$、$\psi(\zeta)$、$\Phi(\zeta)$、$\Psi(\zeta)$是关于复变量 ζ 的复变函数。

$$\begin{cases}\varphi(\zeta)=\dfrac{1+\mu}{8\pi}(X+\mathrm{i}Y)\ln\zeta+B\omega(\zeta)+\varphi_0(\zeta)\\ \psi(\zeta)=-\dfrac{3-\mu}{8\pi}(X-\mathrm{i}Y)\ln\zeta+(B'+\mathrm{i}C')\omega(\zeta)+\psi_0(\zeta)\end{cases}\tag{2-3}$$

式中：X、Y 为别为 x、y 方向上的面力之和；B、B'、C'是与远场应力 σ_1、σ_2 有关的常数。

$$\begin{cases}\Phi(\zeta)=\dfrac{\varphi'(\zeta)}{\omega'(\zeta)}\\ \Psi(\zeta)=\dfrac{\psi'(\zeta)}{\omega'(\zeta)}\end{cases}\tag{2-4}$$

$$\begin{cases}B=\dfrac{1}{4}(\sigma_1+\sigma_2)\\ B'+\mathrm{i}C'=-\dfrac{1}{2}(\sigma_1-\sigma_2)\mathrm{e}^{-2\mathrm{i}\alpha}\end{cases}\tag{2-5}$$

其中，α 为主应力方向。

$\varphi_0(\zeta)=\sum\limits_{n=1}^{\infty}\alpha_n\zeta^n$，$\psi_0(\zeta)=\sum\limits_{n=1}^{\infty}\beta_n\zeta^n$ 在中心单位圆之内是 ζ 的解析函数，并且

在圆内及圆周上是连续的,其基本公式可表示为:

$$\varphi_0(\zeta)+\frac{1}{2\pi i}\int_\sigma \frac{\omega(\sigma)}{\overline{\omega'(\sigma)}}\frac{\overline{\varphi_0'(\zeta)}}{\sigma-\zeta}d\sigma=\frac{1}{2\pi i}\int_\sigma\frac{f_0 d\sigma}{\sigma-\zeta} \tag{2-6}$$

$$\psi_0(\zeta)+\frac{1}{2\pi i}\int_\sigma \frac{\overline{\omega(\sigma)}}{\omega'(\sigma)}\frac{\varphi_0'(\zeta)}{\sigma-\zeta}d\sigma=\frac{1}{2\pi i}\int_\sigma\frac{\bar{f}_0 d\sigma}{\sigma-\zeta} \tag{2-7}$$

式中:σ 为复变量 ζ 在巷道内边界的值;f_0 是为了方便计算而引入的记号。

$$f_0=i\int(\bar{X}+i\bar{Y})ds-\frac{X+iY}{2\pi}\ln\sigma-\frac{1+\mu}{8\pi}(X-iY)\frac{\omega(\sigma)}{\overline{\omega'(\sigma)}}\sigma-$$
$$2B\omega(\sigma)-(B'-iC')\overline{\omega(\sigma)} \tag{2-8}$$

图 2-2 反映了从 Z 平面大跨度矩形巷道到 ζ 平面单位圆的映射。在 ζ 平面中,任意一点表示为 $\zeta=\rho e^{i\theta}$。施瓦茨-克里斯托菲尔给出了保角变换的基本形式:

$$\omega=K\int[(z-x_1)^{\frac{\alpha_1}{\pi}-1}(z-x_2)^{\frac{\alpha_2}{\pi}-1}\cdots(z-x_k)^{\frac{\alpha_k}{\pi}-1}\cdots(z-x_n)^{\frac{\alpha_n}{\pi}-1}]dz+c \tag{2-9}$$

式中:$\alpha_1,\alpha_2,\cdots,\alpha_n$ 为多边形的映射角;$x_1,x_2,\cdots,x_n$ 为映射点位置。

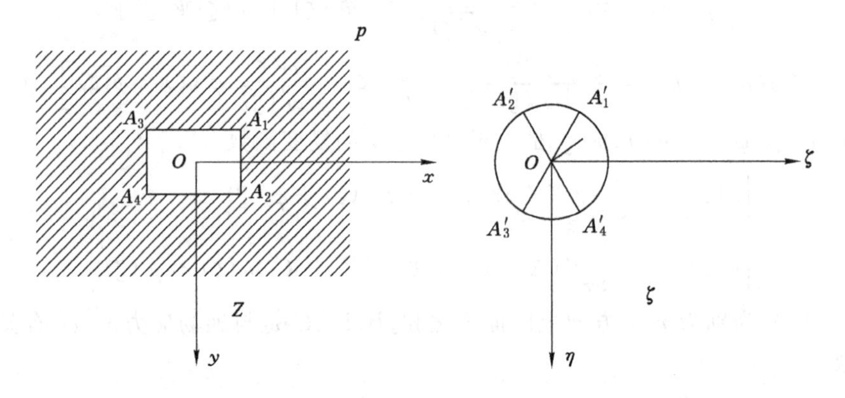

图 2-2 从 Z 平面矩形巷道到 ζ 平面单位圆的映射

由复变函数理论知,式(2-9)中 $n=4$ 且 $c=0$,据此,式(2-9)可表达为:

$$Z=\omega(\zeta)=R\int_0^\zeta[(t-x_1)^{\frac{\alpha_1}{\pi}-1}(t-x_2)^{\frac{\alpha_2}{\pi}-1}(t-x_3)^{\frac{\alpha_3}{\pi}-1}(t-x_4)^{\frac{\alpha_4}{\pi}-1}]dt \tag{2-10}$$

式中:R 是反映矩形巷道大小特性的常数。

根据映射关系可知:

$$\begin{cases}\alpha_1 = \alpha_2 = \alpha_3 = \alpha_4 = \dfrac{3\pi}{2} \\ x_1 = e^{k\pi i};x_2 = e^{(2-k)\pi i};x_3 = e^{(1+k)\pi i};x_4 = e^{(1-k)\pi i}\end{cases} \tag{2-11}$$

式中：k 取决于矩形巷道的高跨比。

将式(2-11)代入式(2-10)得到：

$$Z = \omega(\zeta) = R\left(\frac{1}{\zeta} + c_1\zeta + c_3\zeta^3 + c_5\zeta^5 + c_7\zeta^7 + \cdots\right) \tag{2-12}$$

式中：

$$\begin{cases}c_1 = \cos(2k\pi) \\ c_3 = -\dfrac{1}{6}\sin^2(2k\pi) \\ c_5 = -\dfrac{1}{10}\sin^2(2k\pi)\cos(2k\pi) \\ c_7 = \dfrac{1}{896}[10\cos(8k\pi) - 8\cos(4k\pi) - 2]\end{cases} \tag{2-13}$$

在图 2-2 ζ 平面的单位圆边界上，$\rho=1$，$\zeta=e^{i\theta}$，有：

$$\zeta = \sigma = e^{i\theta}$$

取前三项进行计算，在 Z 平面上：

$$x + iy = R(e^{-i\theta} + c_1 e^{i\theta} + c_3 e^{3i\theta}) \tag{2-14}$$

当 $\theta=0$，$\theta=\dfrac{\pi}{2}$ 时，得到：

$$\begin{cases}x = a = R\left[1 + \cos(2k\pi) - \dfrac{1}{6}\sin^2(2k\pi)\right] \qquad y = 0 \\ x = 0 \qquad y = -b = R\left[-1 + \cos(2k\pi) + \dfrac{1}{6}\sin^2(2k\pi)\right]\end{cases} \tag{2-15}$$

由式(2-15)得到：

$$-\frac{a}{b} = \frac{R\left[1 + \cos(2k\pi) - \dfrac{1}{6}\sin^2(2k\pi)\right]}{R\left[-1 + \cos(2k\pi) + \dfrac{1}{6}\sin^2(2k\pi)\right]} \tag{2-16}$$

k 可以通过式(2-16)给定的 a、b 值计算得到。

通过式(2-15)求解得：

$$R = \frac{a}{1 + \cos(2k\pi) - \dfrac{1}{6}\sin^2(2k\pi)} \tag{2-17}$$

将求解得到的 k 值代入式(2-17)可得 R 值。

将 k、R 代入式(2-12)得到映射函数，通过式(2-1)～式(2-8)的计算可得到矩形巷道应力与位移的弹性解。

2.1.2 大跨度矩形巷道围岩应力与位移的黏弹性解

2.1.2.1 黏弹性模型的确定

基于岩石的变形特征，在巷道围岩黏弹性分析过程中，选择鲍尔丁-汤姆逊黏弹性模型，如图 2-3 所示。

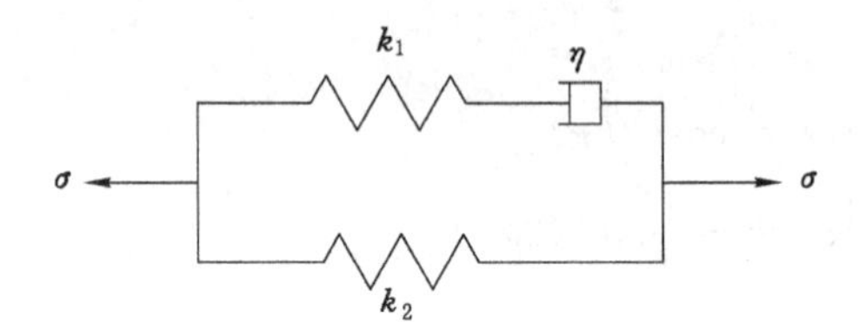

图 2-3 鲍尔丁-汤姆逊黏弹性模型

本构方程为：

$$\frac{\partial \sigma}{\partial t}+\frac{k_1}{\eta}\sigma=(k_1+k_2)\frac{\partial \varepsilon}{\partial t}+\frac{k_1 k_2}{\eta}\varepsilon \tag{2-18}$$

2.1.2.2 黏弹性问题求解的基本方法

在黏弹性问题的分析过程中，假设围岩变形是弹性的，式(2-18)表达为偏张量形式为：

$$\begin{cases}\left(D+\dfrac{k_1}{\eta}\right)s_{rs}=\left[(k_1+k_2)D+\dfrac{k_1 k_2}{\eta}\right]e_{rs}\\ \sigma=3k\varepsilon\end{cases} \tag{2-19}$$

式中：D 是对时间 t 的微分算子；$s_{rs}=\sigma_{rs}-\sigma$、$e_{rs}=\varepsilon_{rs}-\varepsilon$ 分别表示应力偏张量和应变偏张量；$\varepsilon=\frac{1}{3}(\varepsilon_x+\varepsilon_y+\varepsilon_z)$、$\sigma=\frac{1}{3}(\sigma_x+\sigma_y+\sigma_z)$ 分别表示平均应变、平均应力；k 表示体积变形模量。

式(2-18)的拉普拉斯算子为：

$$\begin{cases}f(D)=D+\dfrac{1}{\eta}=D+\dfrac{1}{\eta_{rel}}\\ g(D)=(k_1+k_2)D+\dfrac{k_1 k_2}{\eta}=G_0 D+\dfrac{G_\infty}{\eta_{rel}}\end{cases} \tag{2-20}$$

式中：k_1 为围岩黏性组分的剪切变形模量 G_m；k_2 为围岩弹性组分的剪切变形模量 G_h，即围岩长期剪切变形模量 G_∞；G_0 为围岩瞬时剪切变形模量，有 $G_0=G_m+G_h$；η_{rel} 为围岩松弛时间，有 $\eta_{rel}=\frac{\eta_1}{G_m}$，$\eta_1$ 为围岩黏性组分的黏性系数。

计算中所需的拉普拉斯变化系数为：

$$\begin{cases} f(s)=s+\dfrac{1}{\eta_{\mathrm{rel}}} \\ g(s)=G_0 s+\dfrac{G_{\infty}}{\eta_{\mathrm{rel}}} \end{cases} \tag{2-21}$$

将式(2-19)与胡克定律比较，黏弹性问题的本构关系只要在应力、位移分量的弹性解以$\dfrac{g(s)}{f(s)}$代替G，以$\dfrac{p}{s}$代替p，所得结果用拉普拉斯逆变换求得围岩的黏弹性解。

由应力计算公式和位移计算公式可以分别计算得到矩形巷道围岩应力最大值和位移最大值，进而判断矩形巷道围岩各部位应力、变形情况，为矩形巷道围岩稳定性控制提供参考基础。

2.1.3 大跨度矩形巷道围岩应力与位移分析

由于应力和位移的计算式过于复杂，无法求出解析解，只能进行数值分析。

某矩形巷道埋深为 800 m，巷道跨度为 6 m，高跨比为 0.68，初始应力 $p=$ 20 MPa，岩石瞬时剪切变形模量 $G_0=850$ MPa，长期剪切变形模量 $G_{\infty}=600$ MPa，松弛时间 $\eta_{\mathrm{rel}}=5$ d。计算可得：

$$k=0.225\,4, R=1.614,$$
$$c_1=0.154, c_3=-0.163, c_5=-0.015, c_7=0.015\,4$$

只取前三项，得到映射函数为：

$$Z=\omega(\zeta)=1.614\left(\frac{1}{\zeta}+0.154\zeta-0.163\zeta^3\right)$$

其中：$\zeta=\rho e^{i\theta}$。

2.1.3.1 算例求解

$$X=Y=\bar{X}=\bar{Y}=0 \tag{2-22}$$

$$\begin{cases} B=\dfrac{1}{4}(1+\lambda)q \\ B'+\mathrm{i}C'=-\dfrac{1}{2}(1-\lambda)q \end{cases} \tag{2-23}$$

将得到的各参数代入式(2-23)，得到：

$$\omega(\sigma)=1.614\left(\frac{1}{\sigma}+0.154\sigma-0.163\sigma^3\right);\overline{\omega(\sigma)}=1.614\left(\sigma+0.154\frac{1}{\sigma}-0.163\frac{1}{\sigma^3}\right);$$

$$\omega'(\sigma)=1.614\left(-\frac{1}{\sigma^2}+0.154-0.489\sigma^2\right);\overline{\omega'(\sigma)}=1.614\left(-\sigma^2+0.154-0.489\frac{1}{\sigma^2}\right);$$

$$\frac{\omega(\sigma)}{\overline{\omega'(\sigma)}}=\frac{\frac{1}{\sigma}+0.154\sigma-0.163\sigma^3}{-\sigma^2+0.154-0.489\frac{1}{\sigma^2}};\frac{\overline{\omega(\sigma)}}{\omega'(\sigma)}=\frac{\sigma+0.154\frac{1}{\sigma}-0.163\frac{1}{\sigma^3}}{-\frac{1}{\sigma^2}+0.154-0.489\sigma^2}$$

代入式(2-8)得到：

$$f_0=-0.807(1+\lambda)q\left(\frac{1}{\sigma}+0.154\sigma-0.163\sigma^3\right)+0.807(1-\lambda)q\cdot\left(\sigma+0.154\frac{1}{\sigma}-0.163\frac{1}{\sigma^3}\right) \tag{2-24}$$

代入式(2-6)得到：

$$\begin{aligned}\frac{1}{2\pi\mathrm{i}}\int_\sigma\frac{\omega(\sigma)}{\omega'(\sigma)}\frac{\overline{\varphi_0'(\zeta)}}{\sigma-\zeta}\mathrm{d}\sigma&=\frac{1}{2\pi\mathrm{i}}\int_\sigma\frac{\frac{1}{\sigma}+0.154\sigma-0.163\sigma^3}{-\sigma^2+0.154-0.489\frac{1}{\sigma^2}}\left(\bar{\alpha}_1+\frac{2\bar{\alpha}_2}{\sigma}+\frac{3\bar{\alpha}_3}{\sigma^2}+\cdots\right)\frac{\mathrm{d}\sigma}{\sigma-\zeta}\\&=\frac{1}{2\pi\mathrm{i}}\int_\sigma\left(0.163\sigma+\frac{0.791\sigma^2+6.642}{-\sigma^4+0.099\,111\,3\sigma^2-0.495\,087}\right)\\&\quad\left(\bar{\alpha}_1+\frac{2\bar{\alpha}_2}{\sigma}+\frac{3\bar{\alpha}_3}{\sigma^2}+\cdots\right)\frac{\mathrm{d}\sigma}{\sigma-\zeta}=0.163\bar{\alpha}_1\zeta+0.326\bar{\alpha}_2\end{aligned} \tag{2-25}$$

将式(2-24)代入式(2-6)，右边积分：

$$\frac{1}{2\pi\mathrm{i}}\int_\sigma\left[-0.807(1+\lambda)q\left(\frac{1}{\sigma}+0.154\sigma-0.163\sigma^3\right)+0.807(1-\lambda)\cdot q\left(\sigma+0.154\frac{1}{\sigma}-0.163\frac{1}{\sigma^3}\right)\right]\frac{\mathrm{d}\sigma}{\sigma-\zeta}=0.132(1+\lambda)q\zeta^3+(0.683-0.931\lambda)q\zeta \tag{2-26}$$

于是有：

$$\varphi_0(\zeta)=(0.587-0.8\lambda)q\zeta+0.132(1+\lambda)q\zeta^3 \tag{2-27}$$

同理求解 $\psi_0(\zeta)$：

$$\psi_0(\zeta)=(0.127-0.121\lambda)q\zeta+\frac{0.38\zeta^2-1.79}{\zeta^4-0.315\zeta^2+2.045}(1+\lambda)q\zeta-0.132(1-\lambda)q\zeta^3 \tag{2-28}$$

分别将式(2-27)、式(2-28)代入式(2-3)得到：

$$\begin{cases}\varphi(\zeta)=0.43(1+\lambda)q\frac{1}{\zeta}-(0.617+0.865\lambda)q\zeta-(0.202-0.125\lambda)q\zeta^3\\\psi(\zeta)=-(0.427-1.187\lambda)q\frac{1}{\zeta}+0.003(1+\lambda)q\zeta-0.264(1-\lambda)q\zeta^3\end{cases} \tag{2-29}$$

将式(2-29)与 $\omega'(\zeta)$表达式代入式(2-4)得到：

$$\begin{cases} \Phi(\zeta) = \dfrac{-0.43(1+\lambda)q\dfrac{1}{\zeta^2}-(0.617+0.865\lambda)q-(0.606-0.375\lambda)q\zeta^2}{1.614\left(-\dfrac{1}{\zeta^2}+0.154-0.489\zeta^2\right)} \\ \Psi(\zeta) = \dfrac{(0.427-1.187\lambda)q\dfrac{1}{\zeta^2}+0.003(1+\lambda)q-0.792(1-\lambda)q\zeta^2}{1.614\left(-\dfrac{1}{\zeta^2}+0.154-0.489\zeta^2\right)} \end{cases} \tag{2-30}$$

$$\begin{aligned} \sigma_\rho = {} & \frac{2q}{-0.489\rho^4[\sin(4\theta)+\cos(4\theta)]+0.154\rho^2[\sin(2\theta)+\cos(2\theta)]-1}\cdot \\ & [0.266(1+\lambda)+(0.34+0.5\lambda)\rho^2\cos(2\theta)+(0.45-0.18\lambda)\rho^4\cos^4\theta+ \\ & (0.13+0.3\lambda)\rho^6\cos^6\theta+(0.18-0.11\lambda)\rho^2\cos^2\theta-(1.58-0.22\lambda)\rho^2\sin(2\theta)+ \\ & (0.033+0.075\lambda)\rho^6\sin^2(2\theta)\cos^2\theta+(0.18+0.12\lambda)\rho^8\sin^2(2\theta)\cos^4\theta+ \\ & (0.45-0.18\lambda)\rho^4\sin^4\theta-(0.033+0.075\lambda)\rho^6\sin^2(2\theta)\sin^2\theta+ \\ & (0.138-0.085\lambda)\rho^8\sin^4(2\theta)-(0.13+0.3\lambda)\rho^6\sin^6\theta+ \\ & (0.19+0.13\lambda)\rho^8\sin^2(2\theta)\sin^4\theta+(0.18+0.11\lambda)\rho^6\sin^8\theta]+ \\ & \frac{\rho^6 q}{[\rho^8-0.31\rho^6\cos(2\theta)+0.954\rho^4\cos(4\theta)-0.15\rho^2\cos(2\theta)+0.14]}\cdot \\ & \frac{1}{2[0.24\rho^8-0.31\rho^6\cos(2\theta)+0.954\rho^4\cos(4\theta)-0.31\rho^2\cos(2\theta)+0.1]^2}\cdot \\ & [-(0.000\,11+0.000\,6\lambda)\rho^6\cos^4\theta-(0.000\,74+0.003\,8\lambda)\rho^8\cos^4\theta+ \\ & (0.01+0.06\lambda)\rho^6\cos^6\theta+(0.01+0.078\lambda)\rho^8\cos^6\theta+ \\ & (0.0068+0.05\lambda)\rho^{10}\cos^6\theta-(0.021+0.2\lambda)\rho^6\cos^8\theta- \\ & (0.0005+0.034\lambda)\rho^8\cos^8\theta-(0.0035+0.218\lambda)\rho^{10}\cos^8\theta+ \\ & (0.00023+0.0012\lambda)\rho^2\cos^6\theta-(0.027+0.177\lambda)\rho^2\cos^8\theta+ \\ & (0.0032+0.018\lambda)\rho^6\cos^6\theta-(0.033+0.3\lambda)\rho^4\cos^8\theta- \\ & (0.003\,4+0.02\lambda)\cos^8\theta] \end{aligned} \tag{2-31}$$

$$\begin{aligned} \sigma_\theta = {} & \frac{2q}{-0.489\rho^4[\sin(4\theta)+\cos(4\theta)]+0.154\rho^2[\sin(2\theta)+\cos(2\theta)]-1}\cdot \\ & [0.266(1+\lambda)+(0.34+0.5\lambda)\rho^2\cos(2\theta)+(0.45-0.18\lambda)\rho^4\cos^4\theta+ \\ & (0.13+0.3\lambda)\rho^6\cos^6\theta+(0.18-0.11\lambda)\rho^2\cos^2\theta-(1.58-0.22\lambda)\rho^2\sin(2\theta)+ \\ & (0.033+0.075\lambda)\rho^6\sin^2(2\theta)\cos^2\theta+(0.18+0.12\lambda)\rho^8\sin^2(2\theta)\cos^4\theta+ \\ & (0.45-0.18\lambda)\rho^4\sin^4\theta-(0.033+0.075\lambda)\rho^6\sin^2(2\theta)\sin^2\theta+ \\ & (0.138-0.085\lambda)\rho^8\sin^4(2\theta)-(0.13+0.3\lambda)\rho^6\sin^6\theta+ \end{aligned}$$

$$(0.19+0.13\lambda)\rho^8\sin^2 2\theta\sin^4\theta+(0.18+0.11\lambda)\rho^6\sin^8\theta]-$$

$$\frac{\rho^6 q}{[\rho^8-0.31\rho^6\cos(2\theta)+0.954\rho^4\cos(4\theta)-0.15\rho^2\cos(2\theta)+0.14]}\cdot$$

$$\frac{1}{2\,[0.24\rho^8-0.31\rho^6\cos(2\theta)+0.954\rho^4\cos(4\theta)-0.31\rho^2\cos(2\theta)+0.1]^2}\cdot$$

$$[-(0.000\,11+0.000\,6\lambda)\rho^6\cos^4\theta-(0.000\,74+0.003\,8\lambda)\rho^8\cos^4\theta+$$
$$(0.01+0.06\lambda)\rho^6\cos^6\theta+(0.01+0.078\lambda)\rho^8\cos^6\theta+$$
$$(0.006\,8+0.05\lambda)\rho^{10}\cos^6\theta-(0.021+0.2\lambda)\rho^6\cos^8\theta-$$
$$(0.000\,5+0.034\lambda)\rho^8\cos^8\theta-(0.003\,5+0.218\lambda)\rho^{10}\cos^8\theta+$$
$$(0.000\,23+0.001\,2\lambda)\rho^2\cos^6\theta-(0.027+0.177\lambda)\rho^2\cos^8\theta+$$
$$(0.003\,2+0.018\lambda)\rho^6\cos^6\theta-(0.033+0.3\lambda)\rho^4\cos^8\theta-$$
$$(0.003\,4+0.02\lambda)\cos^8\theta] \tag{2-32}$$

$$\tau_{\rho\theta}=\frac{q}{2}\frac{1}{[\rho^8-0.31\rho^6\cos(2\theta)+0.954\rho^4\cos(4\theta)-0.15\rho^2\cos(2\theta)+0.14]}\cdot$$

$$\frac{1}{[0.24\rho^8-0.31\rho^6\cos(2\theta)+0.954\rho^4\cos(4\theta)-0.31\rho^2\cos(2\theta)+0.1]^2}\cdot$$

$$[-(0.000\,1+0.001\,2\lambda)\cos^2\theta\sin(2\theta)-(0.001\,5+0.007\,5\lambda)\rho^2\cos^2\theta\sin(2\theta)+$$
$$(0.034+0.18\lambda)\cos^4\theta\sin(2\theta)-(0.000\,2+0.001\,2\lambda)\rho^8\cos^4\theta\sin(2\theta)+$$
$$(0.003\,6+0.019\lambda)\rho^{10}\cos^4\theta\sin(2\theta)] \tag{2-33}$$

将式(2-30)代入式(2-2)得到轴向以及环向应力表达式为：

$$u_\rho=\frac{q}{2G}\frac{1}{\sqrt{[-1.489\cos(2\theta)+0.154]^2+[0.511\sin(2\theta)]^2}}\cdot$$

$$\Big[\frac{0.000\,462(1-\lambda)\cos(2\theta)}{\rho}+\frac{0.2(1+\lambda)\cos(2\theta)}{(1+\mu)\rho}-\frac{0.066(1+\lambda)\mu\cos^2\theta}{(1+\mu)\rho}-$$

$$(0.16-0.05\lambda)\rho\cos(2\theta)-\frac{(0.042-0.04\lambda)\cos^4\theta}{\rho^3}-$$

$$\frac{(0.63+0.63\lambda-0.21\mu-0.21\mu\lambda)\cos^4\theta}{(1+\mu)\rho^3}+\frac{(0.51-0.16\lambda)\cos^4\theta}{\rho}-$$

$$0.03(1+\lambda)\rho\cos^4\theta-\frac{(1.29+1.29\lambda-0.43\mu-0.43\mu\lambda)\rho\cos^4\theta}{(1+\mu)}+$$

$$(1-0.3\lambda)\rho^3\cos^4\theta\Big] \tag{2-34}$$

$$u_\theta=\frac{q}{2G}\Big[-\frac{0.000\,462(1+\lambda)\sin 2\theta}{\rho}-\frac{(0.2-0.066\mu)(1+\lambda)\sin(2\theta)}{(1+\mu)\rho}\Big] \tag{2-35}$$

按照上述的方法进行围岩黏弹性分析。以$\frac{g(s)}{f(s)}$代替 G、$\frac{q}{s}$代替 q 代入式(2-31)～式(2-35)。同时注意，应力公式中，仅含有 q，而 $1/s$ 进行拉普拉斯逆变换之后为1，所以黏弹性应力表达式与弹性问题的应力表达式是相同的。通过材料本身的性质也可以解释，这主要是由于在黏弹性问题与线弹性问题中，只是模型本构关系及物理方程式不一样，即只是材料本身的性质发生了变化，所以模型黏弹性问题的应力解答与线弹性问题是相同的。

对于式(2-34)、式(2-35)，在表达式中变化的量为 $\frac{q}{G}$，所以将 $\frac{g(s)}{f(s)}$、$\frac{q}{s}$ 代入 $\frac{q}{G}$，然后进行拉普拉斯逆变换，将得到的结果代替 $\frac{q}{G}$ 就可以得到黏弹性问题的位移解答。

引入以下符号：

$$\tilde{\omega}=\frac{s+\dfrac{1}{\eta_{\mathrm{rel}}}}{G_0 s+\dfrac{G_\infty}{\eta_{\mathrm{rel}}}}\frac{q}{s}$$

将 $\tilde{\omega}$ 进行拉普拉斯逆变换之后，得到：

$$\tilde{\omega}'=\frac{q}{G_0}\mathrm{e}^{-\frac{G_\infty}{G_0\eta_{\mathrm{rel}}}t}+\frac{qG_\infty}{\eta_{\mathrm{rel}}G_0}(1-\mathrm{e}^{-\frac{G_\infty}{G_0\eta_{\mathrm{rel}}}t}) \tag{2-36}$$

将式(2-36)替换式(2-34)、式(2-35)中的 $\frac{q}{G}$ 就可以得到巷道围岩黏弹性位移分量，表达式为：

$$\begin{aligned}
u_\rho=\tilde{\omega}'=&\frac{q}{G_0}\mathrm{e}^{-\frac{G_\infty}{G_0\eta_{\mathrm{rel}}}t}+\frac{qG_\infty}{\eta_{\mathrm{rel}}G_0}(1-\mathrm{e}^{-\frac{G_\infty}{G_0\eta_{\mathrm{rel}}}t})\cdot\\
&\frac{1}{\sqrt{[-1.489\cos(2\theta)+0.154]^2+[0.511\sin(2\theta)]^2}}\cdot\\
&\left[\frac{0.000\,462(1-\lambda)\cos(2\theta)}{\rho}+\frac{0.2(1+\lambda)\cos(2\theta)}{(1+\mu)\rho}-\frac{0.066(1+\lambda)\mu\cos^2\theta}{(1+\mu)\rho}-\right.\\
&(0.16-0.05\lambda)\rho\cos(2\theta)-\frac{(0.042-0.04\lambda)\cos^4\theta}{\rho^3}-\\
&\frac{(0.63+0.63\lambda-0.21\mu-0.21\mu\lambda)\cos^4\theta}{(1+\mu)\rho^3}+\frac{(0.51-0.16\lambda)\cos^4\theta}{\rho}-\\
&0.03(1+\lambda)\rho\cos^4\theta-\frac{(1.29+1.29\lambda-0.43\mu-0.43\mu\lambda)\rho\cos^4\theta}{1+\mu}+\\
&\left.(1-0.3\lambda)\rho^3\cos^4\theta\right]
\end{aligned}$$

$$\begin{aligned}
u_\theta=&\left[\frac{\eta_{\mathrm{rel}}q}{G_0}\mathrm{e}^{-\frac{G_\infty}{G_0}t}+\frac{1}{G_\infty}(1-\mathrm{e}^{-\frac{G_\infty}{G_0}t})\right]\cdot\\
&\left[-\frac{0.000\,462(1+\lambda)\sin(2\theta)}{\rho}-\frac{(0.2-0.066\mu)(1+\lambda)\sin(2\theta)}{(1+\mu)\rho}\right]
\end{aligned}$$

2.1.3.2 计算结果分析

根据模型受力对称关系，将矩形巷道围岩周边不同点映射到单位圆上，如图 2-4 所示。其中，1 点代表巷道围岩两帮位置，8 点代表顶底板位置，5 点代表角点位置。通过计算，得到如表 2-1 所示的不同 λ 条件下矩形巷道围岩各点 σ_ρ 值，其拟合曲线如图 2-5 所示。

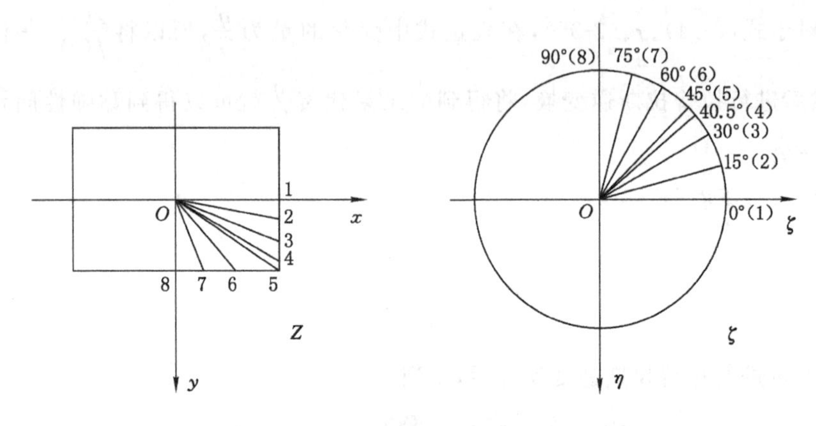

图 2-4 矩形巷道与单位圆上的点的映射关系

表 2-1 不同 λ 条件下矩形巷道围岩各点 σ_ρ 值 单位：MPa

λ	θ/(°)							
	0	15	30	40.5	45	60	75	90
0	3.050 81	3.072 99	5.510 7	7.197 91	6.413 2	3.266 09	2.405 27	2.320 23
0.2	3.350 75	3.419 58	5.732 5	7.718 60	6.180 2	3.366 13	2.520 19	2.576 61
0.3	3.510 13	3.592 88	5.343 5	7.978 90	6.563 6	3.566 16	2.790 09	2.604 80
0.5	3.801 60	3.939 47	5.565 3	8.299 60	7.330 6	3.566 20	2.805 16	2.611 77
0.8	4.252 45	4.459 35	5.398 0	8.680 60	7.481 1	3.666 30	2.931 42	2.654 25
1.0	4.553 01	4.805 95	5.619 8	9.601 30	8.248 1	3.866 30	3.015 99	2.897 88

由图 2-5 可知：随着 λ 的增加，径向应力 σ_ρ 逐渐增大，矩形巷道也变得越来越不稳定；当 λ 不变时，矩形巷道角点处应力最大，最先到达塑性屈服极限，这是由于矩形巷道角隅点应力集中；对比两帮可看出，两帮应力大于顶底板应力值。不同巷道断面，围岩应力分布不同，巷道稳定性不同，矩形巷道周边是直线，容易出现受拉区，应力状态差，角隅点应力集中程度大，拱形巷道顶板角隅点应力集中较矩形巷道小得多。因此采用拱形巷道，增加了顶角的曲率半径，降低了角隅点的应力集中程度，提高了巷道的稳定性。

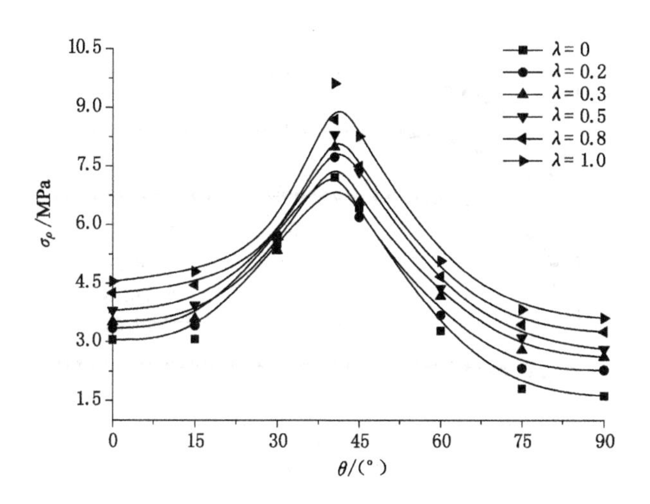

图 2-5 不同λ矩形巷道围岩各点σ_ρ值拟合曲线

通过以上方法，可得到围岩径向位移表达式 u_ρ(单位：cm)，在此只研究顶底板与两帮(1点和8点)位移情况，分别取λ=0.5和λ=1.0分析矩形巷道围岩变形情况。位移表达式如式(2-37)所示，其中，$u_{0.5/0}$表示当λ=0.5时，0°位置即1点的径向位移量。只考虑矩形巷道的黏弹性问题，为了表现出黏弹性规律，将围岩变形进行时间延拓，使其到达40 d，4条曲线如图2-6所示。

$$\begin{cases} u_{0.5/0} = 0.269\left(\dfrac{1}{30} - \dfrac{1}{102}e^{-\frac{20}{85}t}\right) \\ u_{1.0/0} = 1.099\left(\dfrac{1}{30} - \dfrac{1}{102}e^{-\frac{20}{85}t}\right) \\ u_{0.5/90} = 1.299\left(\dfrac{1}{30} - \dfrac{1}{102}e^{-\frac{20}{85}t}\right) \\ u_{1.0/90} = 1.543\left(\dfrac{1}{30} - \dfrac{1}{102}e^{-\frac{20}{85}t}\right) \end{cases} \tag{2-37}$$

由图2-6可知：在相同λ条件下，矩形巷道顶底板径向位移明显大于两帮；随着λ的增大，巷道顶底板和两帮径向位移都增大；矩形巷道顶底板径向位移和两帮径向位移随时间的变化逐渐增大，最终都趋于稳定。巷道跨度越大，顶板挠度就越大；顶板受拉应力越大，顶底板变形也就越大。巷道支护的目的就是控制巷道围岩的有害变形，针对大跨度巷道，必须采取减跨措施保证巷道稳定。

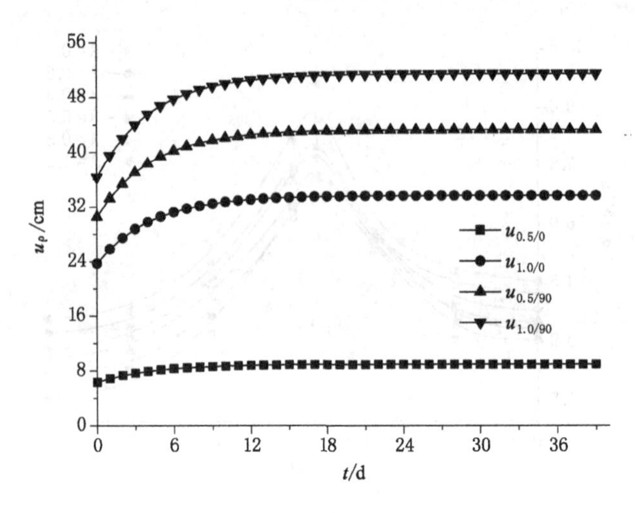

图 2-6　不同 λ、不同位置 u_p-t 曲线

2.2　大跨度复合顶板矩形巷道失稳机理

巷道工程失稳的根源是围岩压力作用的结果，当围岩压力超过围岩加固体的承载能力时，巷道围岩就会发生变形、破坏。在一定条件下，巷道的跨度和侧压系数增加，围岩加固体要承担的压力增大，围岩形变压力使围岩破坏并转变为松动压力，就会引起围岩失稳。矩形巷道四周是直线周边，应力集中程度高，其稳定性差，容易失稳。

2.2.1　基于压力拱理论巷道失稳分析

巷道开挖以后，由于围岩应力重新分布，巷道顶部往往出现拉应力。如果这些拉应力超过岩石的抗拉强度，则顶部岩石破坏，一部分岩块失去平衡而随着时间向下逐渐坍落，坍落到一定程度后，就不再继续坍落，岩体进入新的平衡状态。根据观察结果，新的平衡界面形状近似于一个拱形，我们把这个自然平衡拱称为压力拱或坍落拱。根据普氏理论，同时考虑侧压的影响建立计算模型，如图 2-7 和图 2-8 所示。推导出侧压及跨度影响下，垮落拱的拱高计算公式：

$$b_1 = l + \frac{a_2}{\sqrt{\lambda}} - 2b \tag{2-38}$$

式中：$l = \dfrac{a\tan\theta + b(\lambda + \tan^2\theta)}{\lambda}$，$a_2 = \sqrt{a^2 + b^2}$，$b_1$ 为拱高。

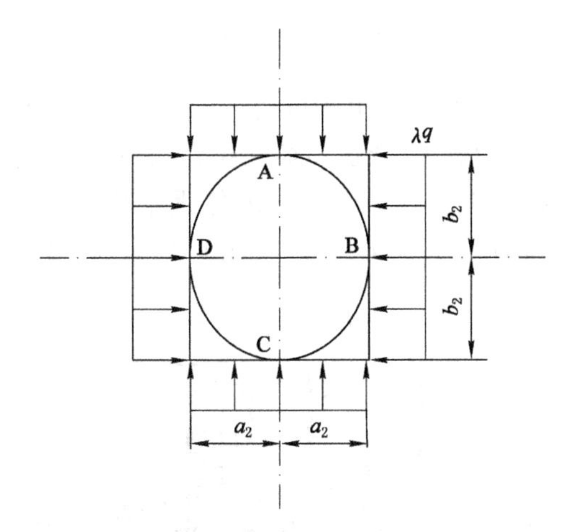

图 2-7　拱高计算模型

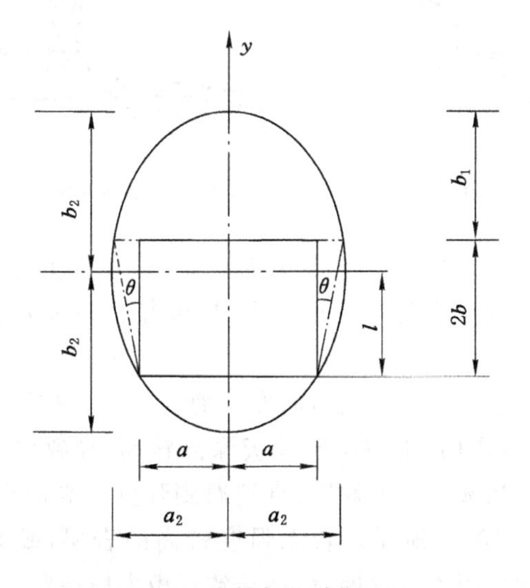

图 2-8　拱线与巷道位置图

根据极限平衡理论，塌落角 θ 的表达式如下：

$$\theta = \frac{\pi}{4} - \frac{\varphi}{2}$$

考虑侧压的情况下，计算出的拱高比普氏理论计算得到的拱高结果偏大。由式(2-38)不难看出：巷道跨度越大，垮落拱越高，需要的支护强度就越大；若支护强度不够，巷道就可能失稳。

2.2.2 水平构造应力作用造成巷道失稳分析

构造应力是地质构造作用产生的应力,其是水平方向的构造应力,即水平构造应力。水平构造应力越大,巷道顶板受拉伸、剪切作用越大,会造成巷道顶板卸荷压力拱拱高增加,卸荷压力拱下的岩体重量超过支护结构的强度,巷道变形较大,从而导致锚杆支护系统失效,巷道顶板失稳。构造应力作用下锚杆支护示意图如图 2-9 所示。

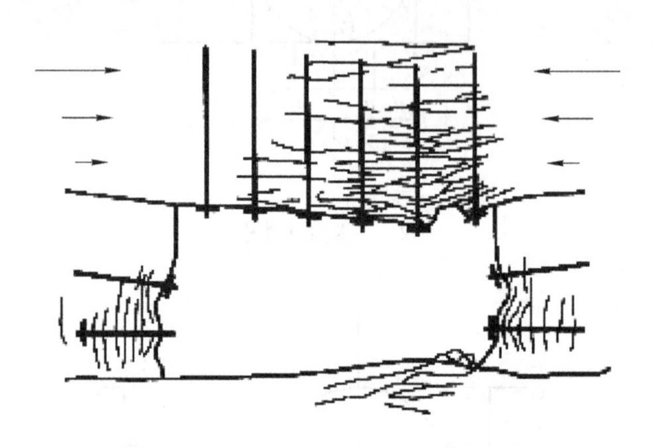

图 2-9 构造应力作用下锚杆支护示意图

煤体传递的一部分构造应力向顶板转移,导致顶板下部岩层中的水平应力增大;巷道顶板的垂直压力逐渐减小到零,导致复合顶板岩层在构造应力作用下产生相互滑移离层,如图 2-10(a)所示。因构造应力增大,垂直方向应力减小,巷道顶板岩层强度低于围岩应力而发生剪切破坏,如图 2-10(b)所示。剪切破坏的岩层失去支承作用,承载层向顶板深部转移,导致水平构造应力进一步向顶板深处转移,顶板破坏向上发展,直到遇到强度较高的岩层,或被有效的支护系统阻止,如图 2-10(c)所示。若无强度较高的岩层,或支护体系统强度不高,顶板破坏继续向顶板深处发展,最终导致顶板失稳垮冒。

2.2.3 深部大跨度巷道复合顶板遇水失稳分析

五阳煤矿 7605 切眼顶板是复合顶板,顶板砂岩层含水,巷道跨度为 7 m、高度为 3.2 m,断面形状是矩形,沿顶掘进,切眼受构造应力影响严重,埋深为 760 m,切眼支护方式采用锚网索联合支护。2009 年,7605 切眼距掘进头 20 多米的范围内发生过大面积顶板垮落,先采用 FLAC2D 软件对五阳煤矿 7605 切眼顶板垮落失稳过程进行数值模拟分析,平面数值计算模型如图 2-11 所示。

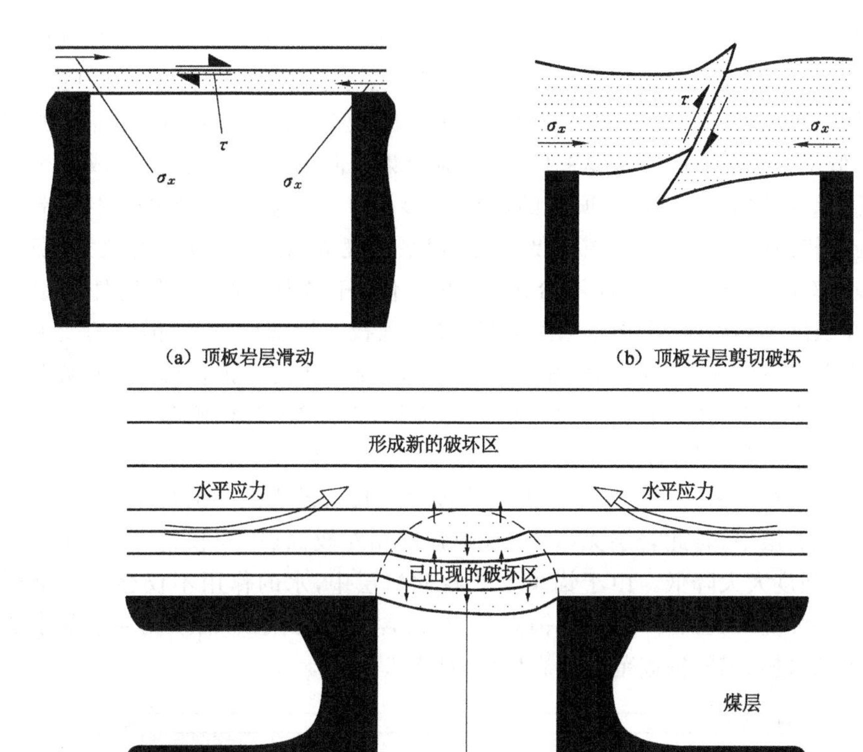

图 2-10 构造应力作用下顶板的破坏

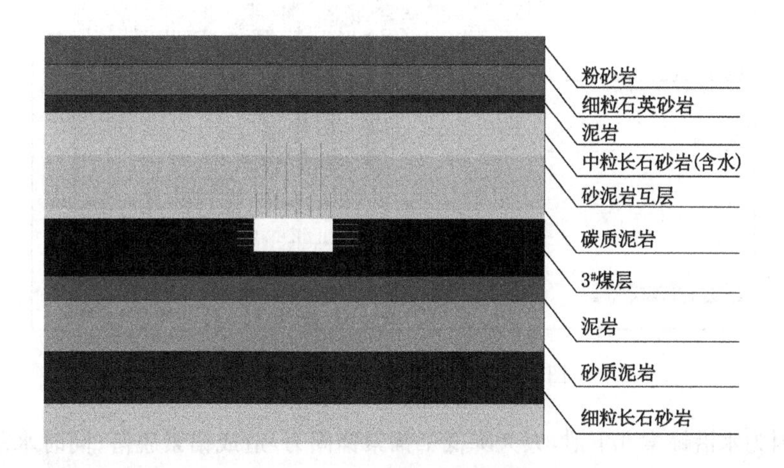

图 2-11 平面数值计算模型

锚杆主要是对锚固范围内的岩层进行加固，增强各岩层的摩擦力和抗剪切能力，使巷道顶板形成组合梁锚固承载结构；通过锚索把锚杆加固形成的组合梁锚固承载结构悬吊于顶板深部稳定围岩中，这样充分调动了深部围岩的作用，降低了浅部围岩的应力集中程度，使应力集中向围岩深部转移，形成一个大的锚固承载结构，控制巷道顶板的离层变形。由于切眼顶板岩层受小构造影响，局部较破碎，稳定性差，强度低，加上切眼跨度大，顶板受拉应力较大，挠度大，锚杆（索）支护参数设计不合理，预紧力低，杆体强度低，组合构件与锚杆（索）在强度上不匹配，支护效果不明显，导致顶板离层变形较大，锚索的变形与顶板下沉量不匹配；锚杆、锚索始终不能同步承载、共同支护，导致支护初期的荷载集中于锚索，使锚索锚固段发生黏结破坏，锚索被拔出、脱落，甚至产生剪切破坏，造成整个锚固结构失稳。

切眼失稳的另外一个主要原因是顶板中粒长石砂岩层中局部地段含水，锚索打到此岩层中，若此岩层无水影响，则强度相对较高、结构较稳定；但在水的影响下，强度大大降低。由于锚索安装在此岩层中，水的作用不仅会大幅度弱化围岩的强度，而且会降低锚索锚固力；在富含水地段，水顺锚索孔穿过隔水层向下流动，进入锚杆锚固范围的岩层中，如图 2-12 所示。

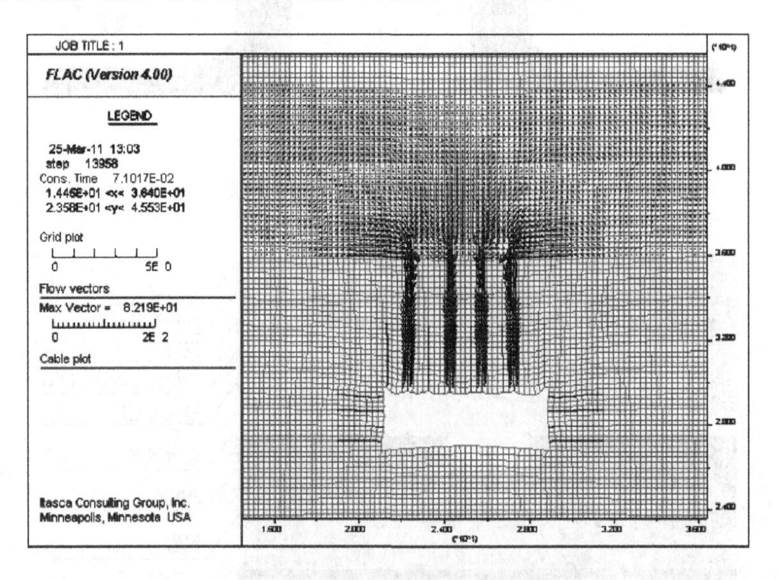

图 2-12　顶板砂岩水沿锚索孔流动

因为水沿锚索孔下泄，大大降低了锚索锚固力，造成锚索脱落；同时水的存在造成锚固范围内围岩强度降低，顶板下沉量急剧增大，如图 2-13 所示。泥岩遇水崩解或体积膨胀，使锚杆加固的碳质泥岩、砂泥互层的岩层产生膨胀变形，各层之间摩擦力减小，锚固力降低，加之锚杆杆体应力快速增加，可能导致锚杆被拉断，或者因锚固力降低而脱落；在水和氧气的作用下，锚杆（索）以及组合构件发生锈蚀，支护体本身强度降低，导致锚杆（索）支护系统失效，切眼顶板大面积垮落。

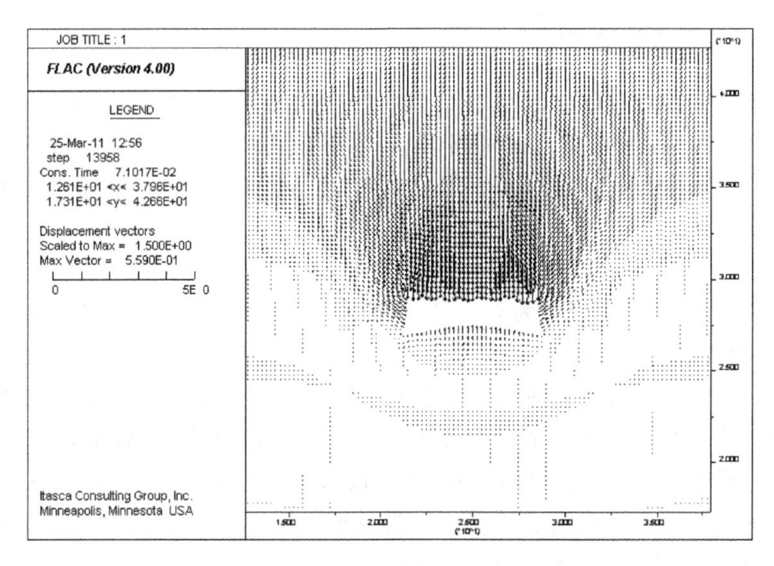

(a) 无支护巷道围岩位移矢量图

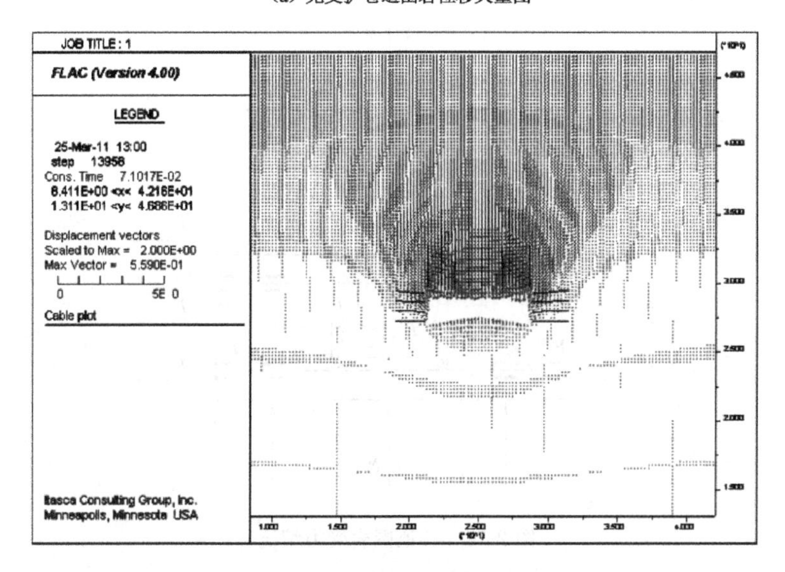

(b) 有支护巷道围岩位移矢量图

图 2-13 巷道围岩位移矢量图

2.3 大跨度复合顶板巷道围岩失稳判据

2.3.1 巷道顶板失稳判据

最大水平主应力理论认为,围岩层状特征比较突出的回采巷道开挖后引起应力重新分布时,垂直应力向两帮转移,水平应力向顶底板转移,从而引起水平、垂直应力的相互转换叠加,引起应力集中,导致顶板离层、底板鼓起及两帮外移。

图 2-14 为开掘巷道后岩体的受力情况,N 为垂直应力,F 为原水平应力。巷道开挖后,巷道的顶板变为双支梁,开挖段的压力向两帮转移,造成两帮压力增大,引起两帮的水平应力 F' 与原 F 叠加造成水平应力集中,导致两帮煤体向里移动。由于顶底板和煤体的层理作用,煤体向里位移,层面间就产生剪切力(摩擦力)F''。剪切力 F'' 随着顶底板的加厚而减小,其与原 F 叠加,造成顶底板水平应力集中,特别是与煤层接触的顶底板水平应力最大,引起顶底板弯曲,即顶板下沉、底鼓,甚至造成巷道破坏。当顶板岩层所受的拉应力大于顶板岩层的抗拉强度时,顶板岩层就会失稳。

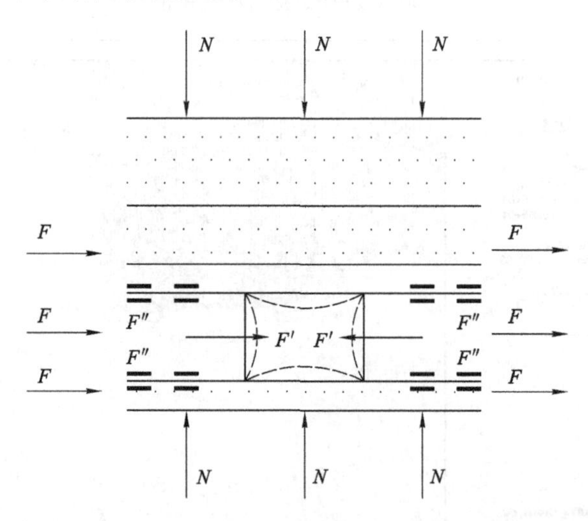

图 2-14 巷道围岩受力情况

矩形巷道复合层状顶板为薄层状岩体,在平行于层理方向的压力作用下(包括顶板的自重应力),顶板将产生离层和挠曲。现场复合层状顶板发生破断、冒顶的实例表明:层状顶板岩梁的挠曲失稳破坏是自下而上渐进发展的。

对于顶板岩梁的挠曲(见图 2-15),首先考虑第一层岩梁,根据材料力学梁受力理论,挠曲失稳时的临界荷载(假设岩梁的重力与层间黏结力相等)为:

$$p_{cr} = \frac{\pi^2 EI}{(\mu B_{hd})^2} \tag{2-39}$$

式中:μ 为长度系数,对两端固定的岩梁,取值 0.5。E 为弹性模量。B_{hd} 为巷道跨度。I 为岩梁界面对中轴线的惯矩,$I=\frac{bh^3}{12}$;b 为岩梁沿巷道轴向长度,取 1;h 为岩梁的厚度。

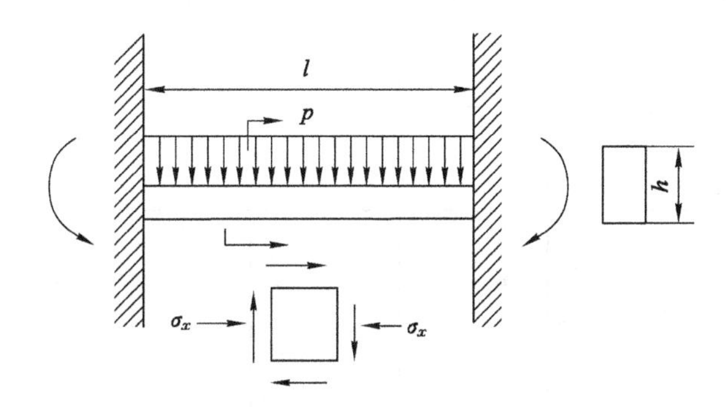

图 2-15　岩梁上任意点的应力分析

则第一层岩梁发生挠曲失稳破坏时其临界应力为:

$$\sigma_{cr} = \frac{p_{cr}}{h} = \frac{\pi^2 E}{3}\left(\frac{h}{B_{hd}}\right)^2 \tag{2-40}$$

从式(2-40)中可以看出,层状复合顶板发生冒顶情况与巷道断面形状和高跨比有关。高跨比值越大,巷道越稳定;反之,巷道可能发生冒顶事故。

在均布荷载 q 和水平推力 F 作用下,岩梁弯曲变形方程为:

$$\frac{d^2\omega}{dx^2} = -\frac{M_x}{EJ} \tag{2-41}$$

推导可得:

$$F_{cr} = \frac{\pi^2 El}{12}\mathrm{i}^3 \tag{2-42}$$

由式(2-42)可以看出,当 B_{hd} 一定时,F_{cr} 随 i 的增加而增大。因此,当岩梁厚度较大时,一般不易发生弯曲破坏;而当岩梁厚度较小时,则易发生弯曲破坏,从而造成岩梁结构失稳。此外,由于横向水平应力 F 随岩梁的回转而增大,因此当破断的岩层下方的回转空间较大时,也易发生弯曲变形破坏而造成岩梁再次破断。

当第一层顶板不能保持稳定而破断后,第二层顶板的受力又相当于第一层，只不过顶板岩梁长度发生变化，岩层厚度又与第一层不同，因而其弯矩和弯曲应力的大小又有所不同，但仍可按上述判别准则判断其是否会破坏，若仍破坏，则再向上推，直到岩梁不破断为止，最终形成由破断岩梁形成的多层叠加的梁-拱式结构。

2.3.2 巷道帮部失稳判据

布置在煤层中的巷道，其围岩属于不稳定单一岩层，因此需要支护才可以达到稳定。巷道巷帮失稳计算模型如图 2-16 所示。

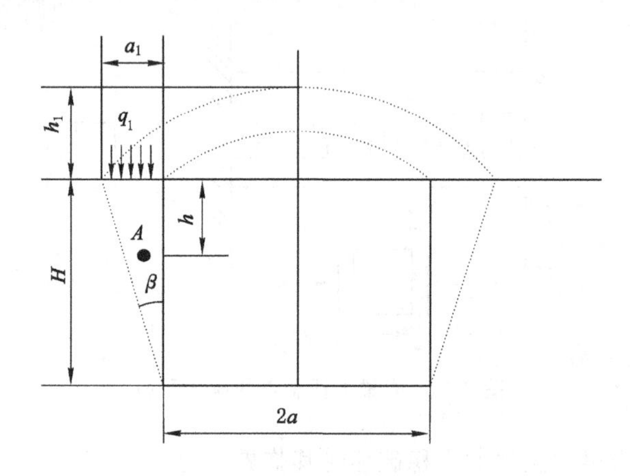

图 2-16 巷帮失稳计算模型

$$q_1 = \gamma \frac{a + H\tan\beta}{f} \tag{2-43}$$

式中：q_1 为顶压载荷集度；γ 为岩石的容重；a 为巷道跨度的一半；H 为巷帮高度；β 为帮的滑移角，依据莫尔-库仑准则，$\beta=90°-\alpha\left[\alpha\text{为岩石的破断角}，\alpha=45°+\frac{\varphi}{2}(\varphi\text{为岩石的内摩擦角})\right]$，故 $\beta=45°-\frac{\varphi}{2}$；$f$ 为岩石的普氏系数。

在巷帮失稳的岩体范围内，距离帮顶为 h 的 A 点位置处，其垂直方向上的压应力为：

$$\sigma_{A1} = q_1 + \gamma h \tag{2-44}$$

根据莫尔-库仑准则，若巷帮不发生失稳，则应满足：

$$\sigma_1 = 2C\frac{\cos\varphi}{1-\sin\varphi} + \sigma_3\frac{1+\sin\varphi}{1-\sin\varphi} \tag{2-45}$$

由于该巷道帮已经处于失稳状态，故 $C=0$，此时式(2-45)可表示为：

$$\sigma_1 = \sigma_3 \frac{1+\sin\varphi}{1-\sin\varphi} \tag{2-46}$$

式中：σ_1 为垂直方向上的应力值，对于 A 点，$\sigma_1 = \sigma_{A1}$；σ_3 为巷帮支护所提供的支护力。

将式(2-44)代入式(2-46)整理得：

$$\sigma_3 = \sigma_{A1}\tan^2\left(45° - \frac{\varphi}{2}\right) = (q_1 + \gamma h)\tan^2\left(45° - \frac{\varphi}{2}\right) \tag{2-47}$$

将式(2-43)代入式(2-47)整理得：

$$\sigma_3 = \frac{\gamma}{f}\left[a + H\tan\left(45° - \frac{\varphi}{2}\right) + fh\right]\tan^2\left(45° - \frac{\varphi}{2}\right)$$

按照最大的侧向力($h=H$)来考虑时，有：

$$\sigma_{3\max} = \frac{\gamma}{f}\left[a + H\tan\left(45° - \frac{\varphi}{2}\right) + fh\right]\tan^2\left(45° - \frac{\varphi}{2}\right) \tag{2-48}$$

由式(2-48)可知，若保持巷帮不失稳而堆积下来，则支护提供的支护力 p' 应满足 $p' \geqslant \sigma_{3\max}$。

2.4 本章小结

本章基于复变函数理论，对大跨度矩形巷道围岩应力与变形规律、失稳机理进行了系统研究，得到了如下主要结论：

(1) 基于复变函数理论，运用施瓦茨-克里斯托菲尔求解映射函数的方法，推导得出了 Z 平面矩形到 ζ 平面单位圆的映射函数；根据黏弹性理论，采用鲍尔丁-汤姆逊模型针对矩形巷道围岩应力与变形黏弹性分析的力学模型，给出了黏弹性问题分析的一般步骤。

(2) 根据巷道具体条件，计算得到了矩形巷道内部各点 σ_ρ 与 u_ρ 的数值解，发现随着侧压系数 λ 的增加，径向应力 σ_ρ 逐渐增加，角隅点处应力最大，最先到达塑性屈服极限，同时，顶底板的应力大于两帮的应力值；随着 λ 的增加，径向位移 u_ρ 逐渐增大，顶底板径向位移明显大于两帮。

(3) 考虑影响大跨度巷道稳定性的主要因素，分析了深部大跨度矩形巷道失稳机理，巷道跨度越大，构造应力越大，巷道越容易失稳。对于复合顶板，且顶板岩层具有砂岩水的深部大跨度巷道，顶板水的存在降低了锚杆、锚索的锚固力，同时弱化了顶板围岩的强度，是造成顶板大面积垮冒的根源。

(4) 高跨比值越大，巷道顶板越稳定；反之，巷道可能发生冒顶事故。通过分析大跨度复合顶板巷道围岩失稳的影响因素，分别建立力学模型，给出巷道顶板及两帮失稳判据。

3 大跨度巷道类型及塑性区分布特征

巷道跨度是影响巷道稳定性的主要因素之一，巷道跨度增大到一定值时，巷道变形产生突变，破坏严重，特别是深部大跨度巷道，采用常规跨度巷道支护理论与方法，无法控制巷道稳定性。因此有必要针对不同跨度巷道围岩破坏、变形规律进行研究，掌握其变化特征，便于采取相应的控制措施，确保巷道围岩稳定，控制巷道围岩有害变形。本章以潞安矿区五阳煤矿 7801 切眼(切眼跨度为 8 m)为工程背景，采用 FLAC3D 数值计算软件分析不同跨度巷道在不同侧压系数条件下，其围岩塑性区分布、围岩应力分布及变形规律。依据不同侧压不同跨度巷道的特点及控制难度，给出大跨度巷道的定义，并划分了不同跨度巷道类型，为针对不同跨度采取相应措施控制巷道围岩有害变形提供基础。

3.1 工程地质条件

3.1.1 工程概况

山西潞安环保能源开发股份有限公司五阳煤矿位于山西省襄垣县内，井田走向长约 10 km，倾向长约 70 km，面积约 700 km^2，矿井生产能力为 300 万 t/a，采用立井开拓方式，开采深度超过 800 m，主采煤层为 3# 煤层，煤层倾角平均为 10°，平均厚度为 5.45 m。煤层顶板是碳质泥岩和砂质页岩，底板为砂质泥岩。井田地质构造比较复杂，以简单开阔的褶皱伴有较密集的大、中型断层为主。小断层发育，已经揭露断层 200 余条，煤层受冲刷及岩溶陷落柱破坏。随着开采年限的增加和开采强度的加大，根据生产及安全的需要，巷道的断面越来越大，7801 工作面两平巷断面为 5.0 m×3.5 m，切眼断面为 8.0 m×3.2 m，切眼两端头断面为 10.0 m×3.2 m，7801 切眼埋深为 800 m。切眼顶板离层、变形严重。

3.1.2　巷道顶底板岩性特征

7801切眼顶底板岩性特征如图3-1所示。7801切眼顶底板是泥岩、碳质泥岩、砂质泥岩互层，围岩受小构造、砂岩水的影响，强度不高，顶板是弱化复合型顶板。

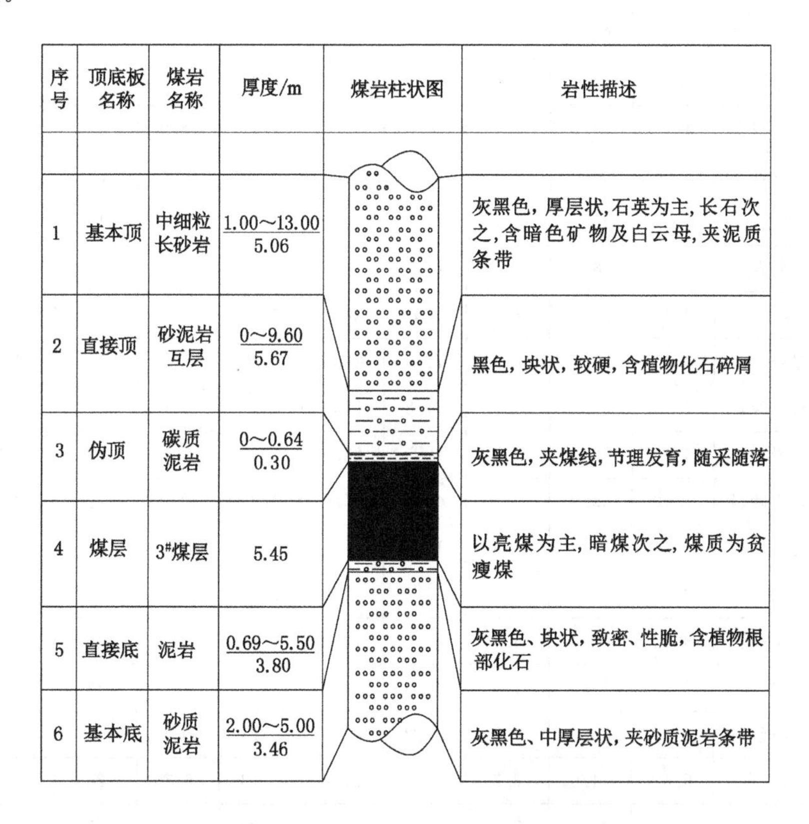

序号	顶底板名称	煤岩名称	厚度/m	煤岩柱状图	岩性描述
1	基本顶	中细粒长砂岩	1.00～13.00 5.06		灰黑色，厚层状，石英为主，长石次之，含暗色矿物及白云母，夹泥质条带
2	直接顶	砂泥岩互层	0～9.60 5.67		黑色，块状，较硬，含植物化石碎屑
3	伪顶	碳质泥岩	0～0.64 0.30		灰黑色，夹煤线，节理发育，随采随落
4	煤层	3#煤层	5.45		以亮煤为主，暗煤次之，煤质为贫瘦煤
5	直接底	泥岩	0.69～5.50 3.80		灰黑色、块状，致密、性脆，含植物根部化石
6	基本底	砂质泥岩	2.00～5.00 3.46		灰黑色、中厚层状，夹砂质泥岩条带

图3-1　7801切眼顶底板综合柱状图

3.1.3　巷道围岩力学参数

为了了解软岩的基本特性，对软岩做了以下两类基本试验：一是力学性质试验，测量获得了岩石的单轴抗压强度、三轴抗压强度、抗拉强度、弹性模量、变形模量、泊松比、内摩擦角、黏聚力等力学参数；二是物理性质试验，测量获得了颗粒密度、块体密度和孔隙率等力学参数。煤岩力学参数如表3-1所示。

表 3-1 煤岩力学参数表

岩性	厚度/m	单轴抗压强度 R_c/MPa	单轴抗拉强度 R_t/MPa	剪切模量 S/GPa	体积模量 B/Gpa	泊松比 μ	黏聚力 C/MPa	内摩擦角 φ/(°)	密度 ρ/(kg/m³)
细粒石英砂岩	5.00	65.4	5.6	45.0	75.0	0.25	14.0	45	2 700
砂质泥岩	3.80	28.0	2.7	15.5	30.0	0.28	7.0	25	2 500
中粒石英砂岩	3.40	63.2	5.4	51.8	72.0	0.21	12.0	40	2 650
砂质泥岩	8.00	28.0	2.7	15.5	30.0	0.28	7.0	25	2 500
煤	0.50	22.0	2.1	5.2	5.5	0.14	1.5	18	1 300
砂质泥岩	2.00	28.0	2.7	15.5	30.0	0.28	7.0	25	2 500
煤	0.40	22.0	2.1	5.2	5.5	0.14	1.5	18	1 300
泥岩	3.10	25.0	2.3	12.9	28.0	0.30	5.6	22	2 450
中粒石英砂岩	2.40	63.2	5.4	51.8	72.0	0.21	12.0	40	2 650
泥岩	3.40	25.0	2.3	12.9	28.0	0.30	5.6	22	2 450
细粒石英砂岩	1.00	65.4	5.6	45.0	75.0	0.25	14.0	45	2 700
泥岩	1.60	25.0	2.3	12.9	28.0	0.30	5.6	22	2 450
粉砂岩	3.00	32.0	3.1	19.2	32.0	0.25	8.0	35	2 400
细粒石英砂岩	3.00	65.4	5.6	45.0	75.0	0.25	14.0	45	2 700
泥岩	1.50	25.0	2.3	12.9	28.0	0.30	5.6	22	2 450
中粒长石砂岩	5.06	55.0	5.2	34.2	42.0	0.18	11.0	37	2 550
砂泥岩互层	5.67	24.0	2.2	28.0	27.5	0.12	6.7	24	2 500
碳质泥岩	0.30	22.0	2.1	11.7	24.0	0.29	5.4	19	2 480
3#煤	5.45	21.0	2.0	14.7	15.0	0.13	1.4	17	1 250
泥岩	3.80	25.0	2.3	12.9	28.0	0.30	5.6	22	2 450
砂质泥岩	3.46	28.0	2.7	15.5	30.0	0.28	7.0	25	2 500
细粒长石砂岩	5.00	58.5	5.6	21.8	34.6	0.24	13.0	41	2 600
砂质泥岩	4.00	28.0	2.7	15.5	30.0	0.28	7.0	25	2 500
中粒长石砂岩	1.80	55.0	5.2	34.2	42.0	0.18	11.0	37	2 550
泥岩	8.14	25.0	2.3	12.9	28.0	0.30	5.6	22	2 450

3.2 模型的建立及模拟方案

3.2.1 模型的建立

根据五阳煤矿工程地质条件，建立了如图 3-2 所示的数值计算网格模型，采用 FLAC3D 数值计算软件进行数值模拟分析。为了减小边界效应的影响，设计模型沿走向长度为 45 m，宽度为 50 m，高度为 82 m。考虑计算精度和计算时间的要求，对巷道附近围岩进行网格加密，模型共划分了 230 000 个网格。采用莫尔-库仑准则，沿顶掘巷，支护方式为预应力锚杆、锚索支护。边界条件如图 3-3 所示。上覆岩层重量以等效面力方式加载于模型顶部，大小为 18.75 MPa。巷道高度 H_{hd} 为 3.2 m，模型中各岩层力学性能参数如表 3-1 所示。

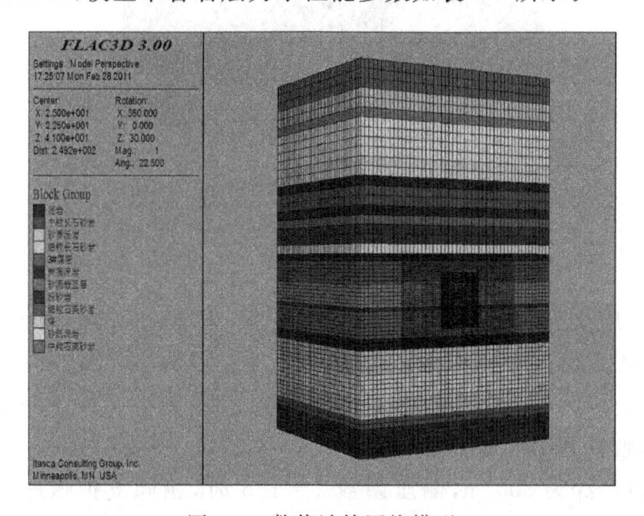

图 3-2 数值计算网格模型

3.2.2 数值计算方案

考虑巷道埋深、构造引起的侧压以及巷道跨度对巷道稳定性的影响等，设置如下几种数值计算方案：

(1) 巷道埋深为 800 m，侧压系数 $\lambda=0.5$ 时，相同支护强度下，巷道跨度 B_{hd} 为 4.0 m、4.5 m、5.0 m、5.5 m、6.0 m、6.5 m、7.0 m、7.5 m、8.0 m、8.5 m、9.0 m、9.5 m、10.0 m 时，其塑性区分布规律、围岩第一主应力分布规律、最大剪应力分布规律、围岩位移分布规律；

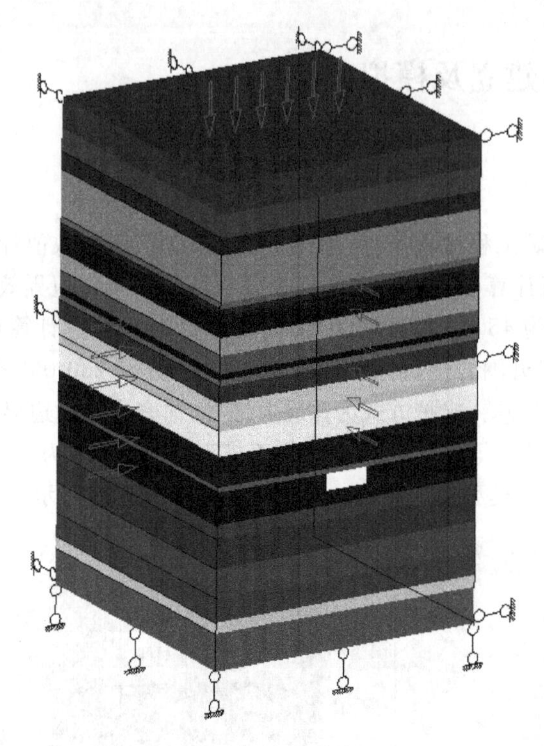

图 3-3　边界条件

（2）巷道埋深为 800 m，侧压系数 λ＝1.0 时，相同支护强度下，巷道跨度 B_{hd}为4.0 m、4.5 m、5.0 m、5.5 m、6.0 m、6.5 m、7.0 m、7.5 m、8.0 m、8.5 m、9.0 m、9.5 m、10.0 m 时，其塑性区分布规律、围岩第一主应力分布规律、最大剪应力分布规律、围岩位移分布规律；

（3）巷道埋深为 800 m，侧压系数 λ＝1.5 时，相同支护强度下，巷道跨度 B_{hd}为 4.0 m、4.5 m、5.0 m、5.5 m、6.0 m、6.5 m、7.0 m、7.5 m、8.0 m、8.5 m、9.0 m、9.5 m、10.0 m 时，其塑性区分布规律、围岩第一主应力分布规律、最大剪应力分布规律、围岩位移分布规律；

（4）巷道埋深为 800 m，侧压系数 λ＝2.0 时，相同支护强度下，巷道跨度 B_{hd}为4.0 m、4.5 m、5.0 m、5.5 m、6.0 m、6.5 m、7.0 m、7.5 m、8.0 m、8.5 m、9.0 m、9.5 m、10.0 m 时，其塑性区分布规律、围岩第一主应力分布规律、最大剪应力分布规律、围岩位移分布规律。

模拟中 B_{hd}＝8.0 m，其支护布置如图 3-4 所示。其支护参数和 7801 切眼支护参数相同，在相同巷道高度下，改变跨度时，其支护参数会相应地变化，但其支护强度都与跨度为 8.0 m 时的相同。

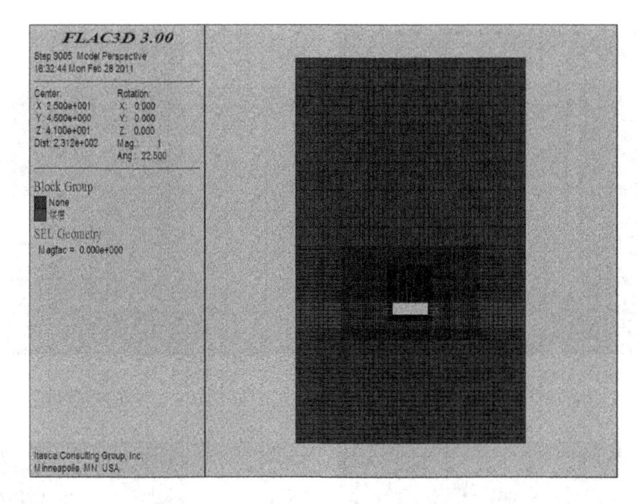

图 3-4　8.0 m 跨度巷道锚杆(索)支护图

3.3 数值模拟计算结果分析

3.3.1 不同跨度巷道围岩塑性区分布规律

图 3-5～图 3-8 分别为在侧压系数 λ 为 0.5、1.0、1.5、2.0，巷道高度为 3.2 m 和巷道埋深为 800 条件下，巷道跨度不同时围岩塑性区分布云图。表 3-2 为不同侧压系数、不同跨度巷道围岩塑性区等效半径，图 3-9 为不同侧压系数围岩塑性区等效半径随巷道跨度变化曲线。

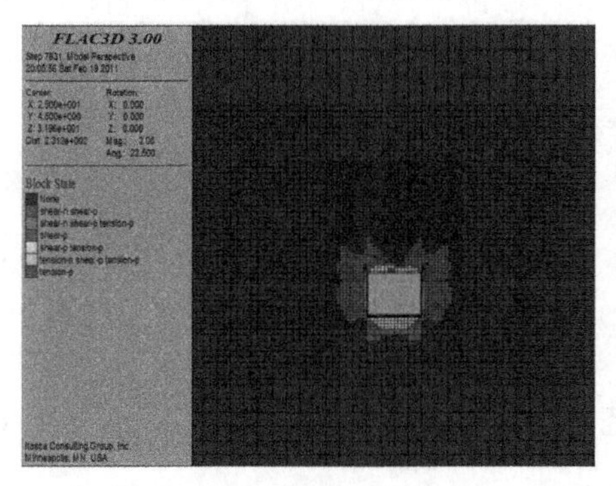

B_{hd}=4.0 m

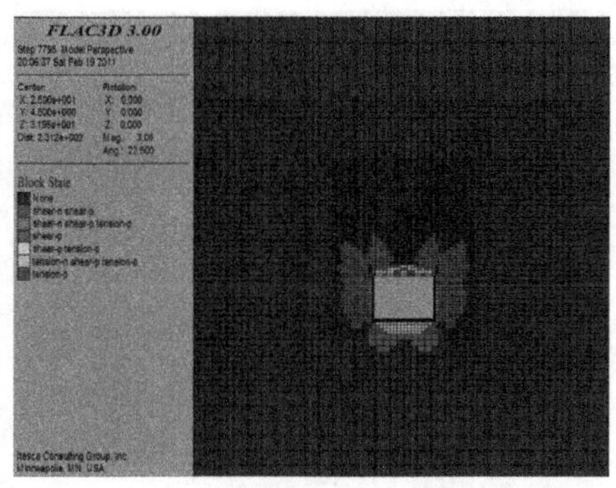

B_{hd}=4.5 m

图 3-5　不同跨度矩形巷道围岩塑性区分布云图(侧压系数 λ=0.5)

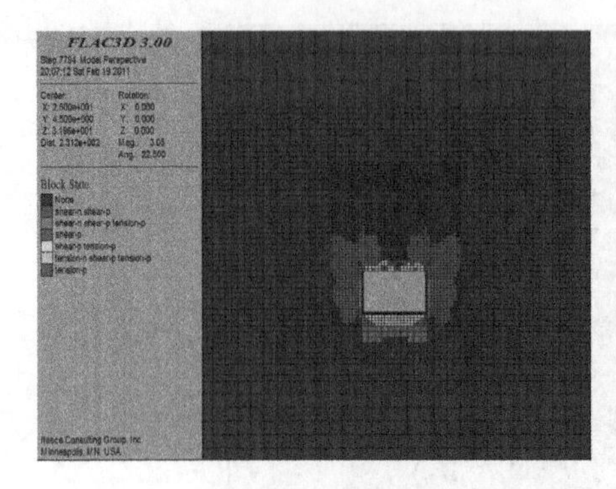

B_{hd}=5.0 m

B_{hd}=5.5 m

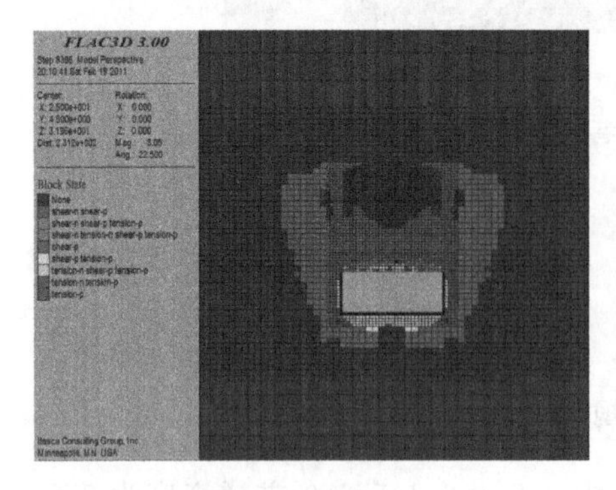

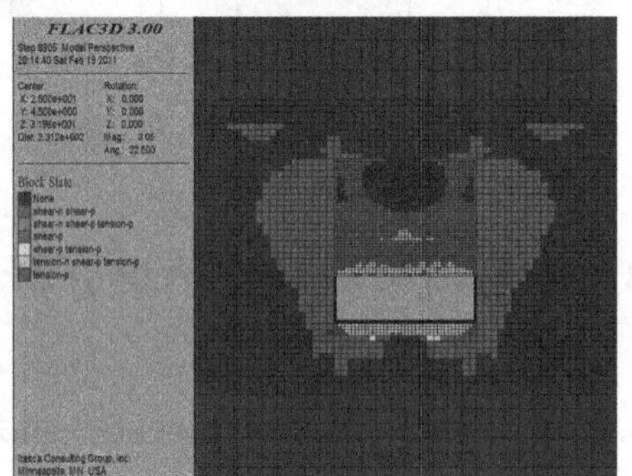

B_{hd}=8.0 m

B_{hd}=10.0 m

图 3-5(续)

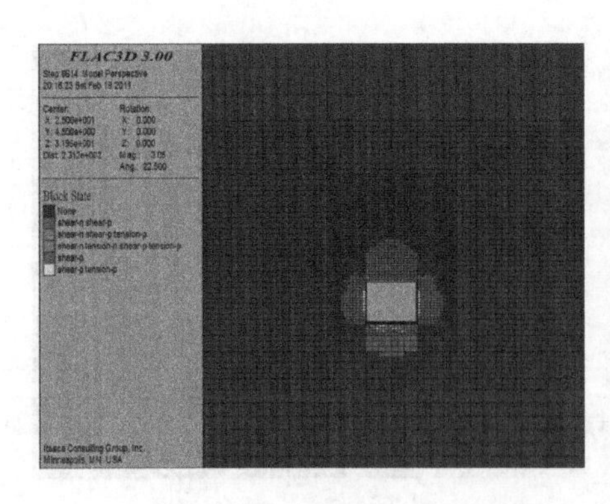

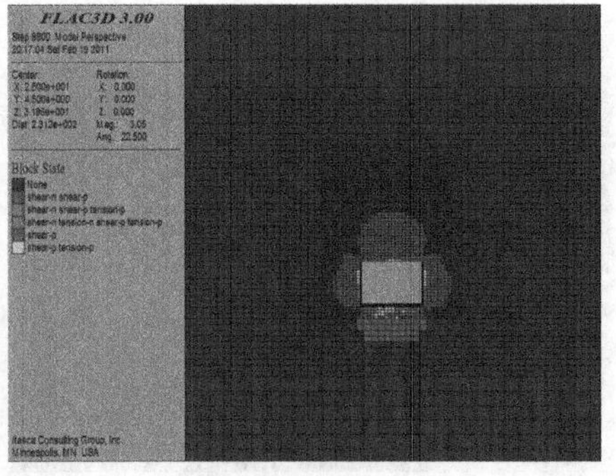

B_{hd}=4.0 m

B_{hd}=4.5 m

图 3-6　不同跨度矩形巷道围岩塑性区分布云图(侧压系数 λ=1.0)

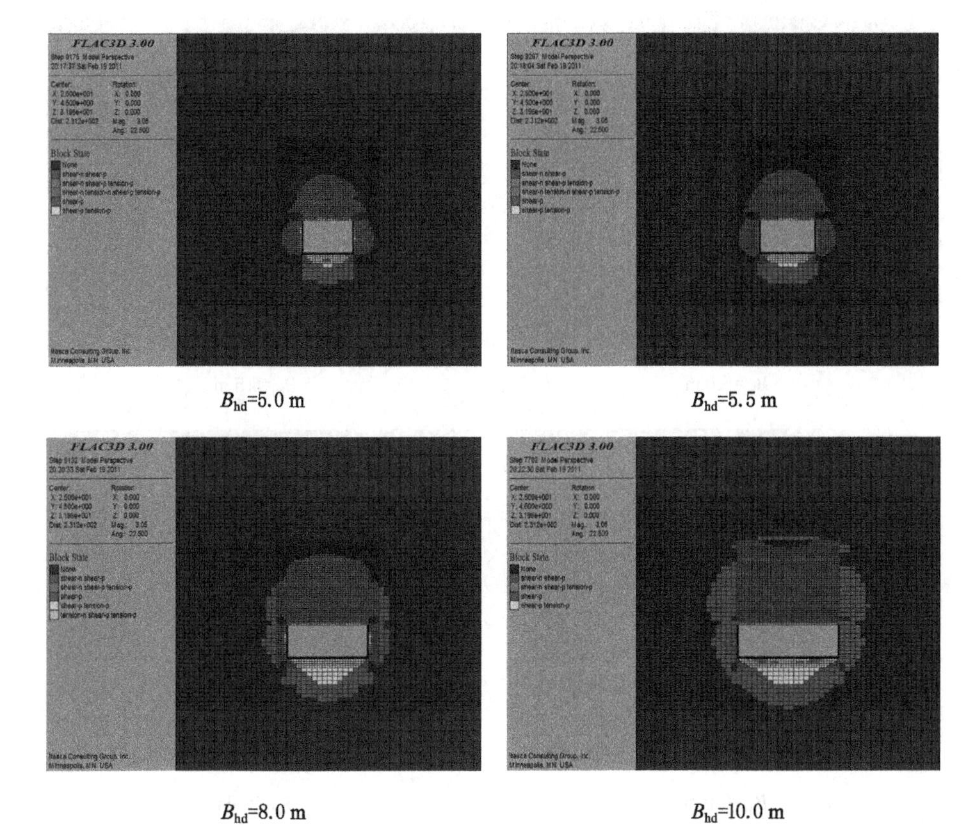

B_{hd}=5.0 m　　B_{hd}=5.5 m

B_{hd}=8.0 m　　B_{hd}=10.0 m

图 3-6(续)

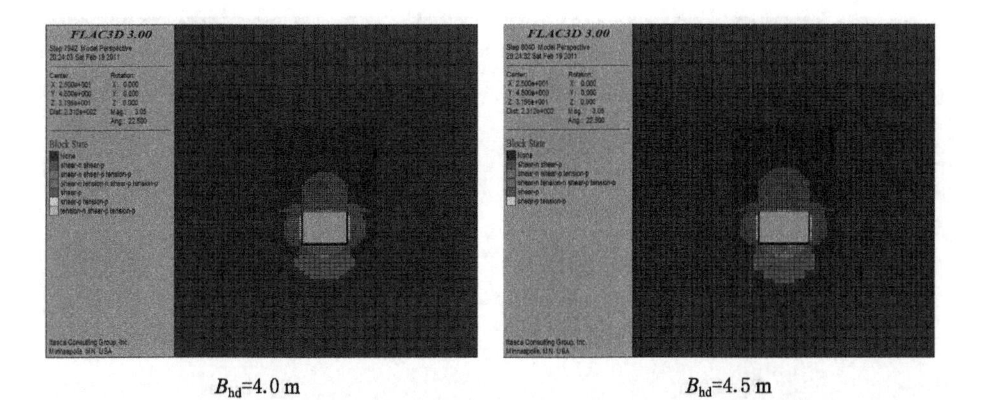

B_{hd}=4.0 m　　B_{hd}=4.5 m

图 3-7　不同跨度矩形巷道围岩塑性区分布云图(侧压系数 λ=1.5)

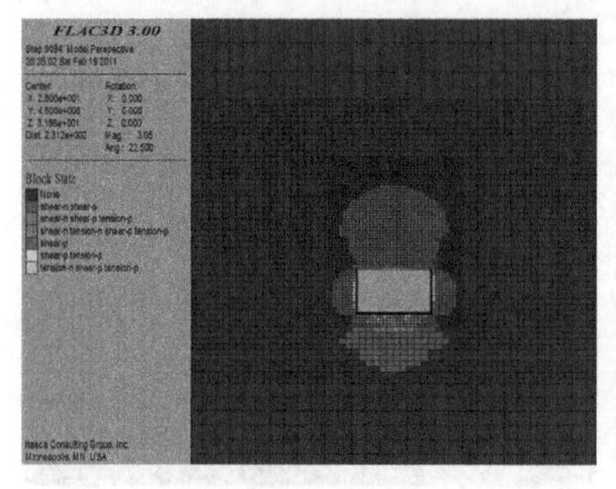

B_{hd}=5.0 m

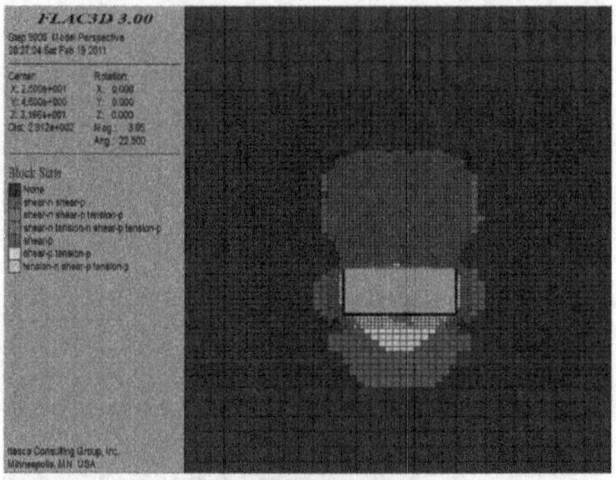

B_{hd}=5.5 m

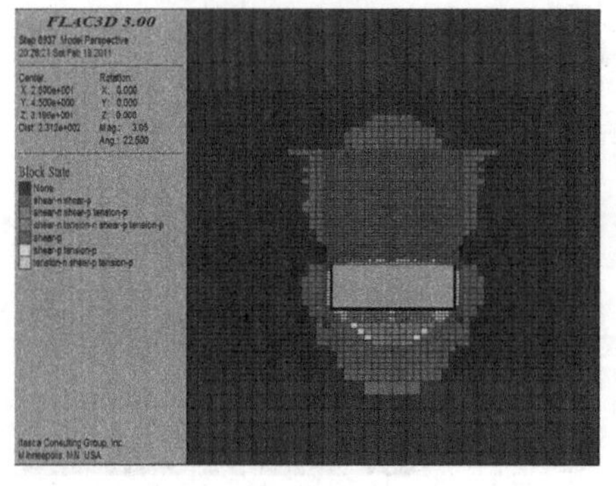

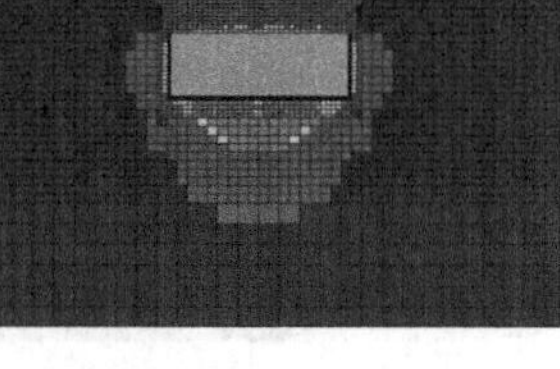

B_{hd}=8.0 m

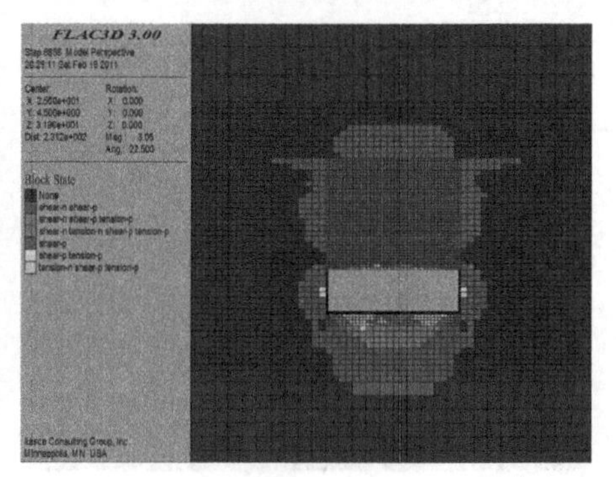

B_{hd}=10.0 m

图 3-7(续)

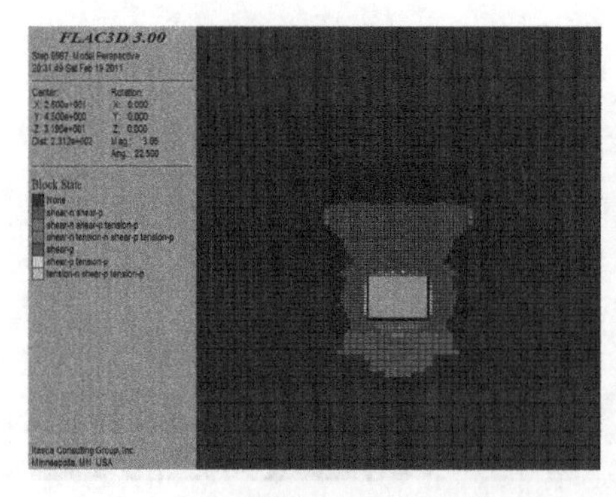

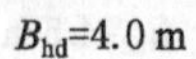

B_{hd}=4.0 m

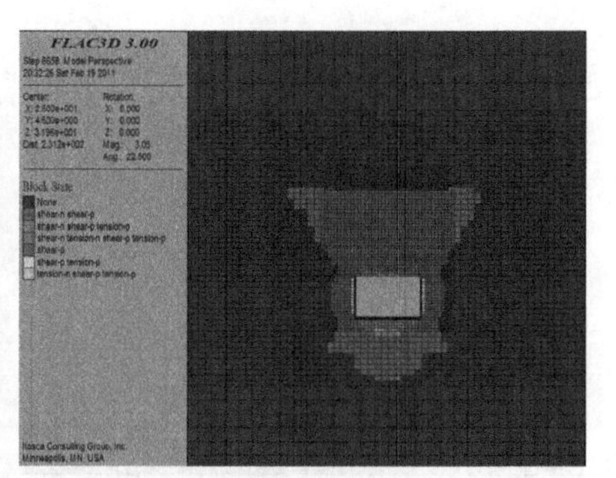

B_{hd}=4.5 m

图 3-8　不同跨度矩形巷道围岩塑性区分布云图(侧压系数 λ=2.0)

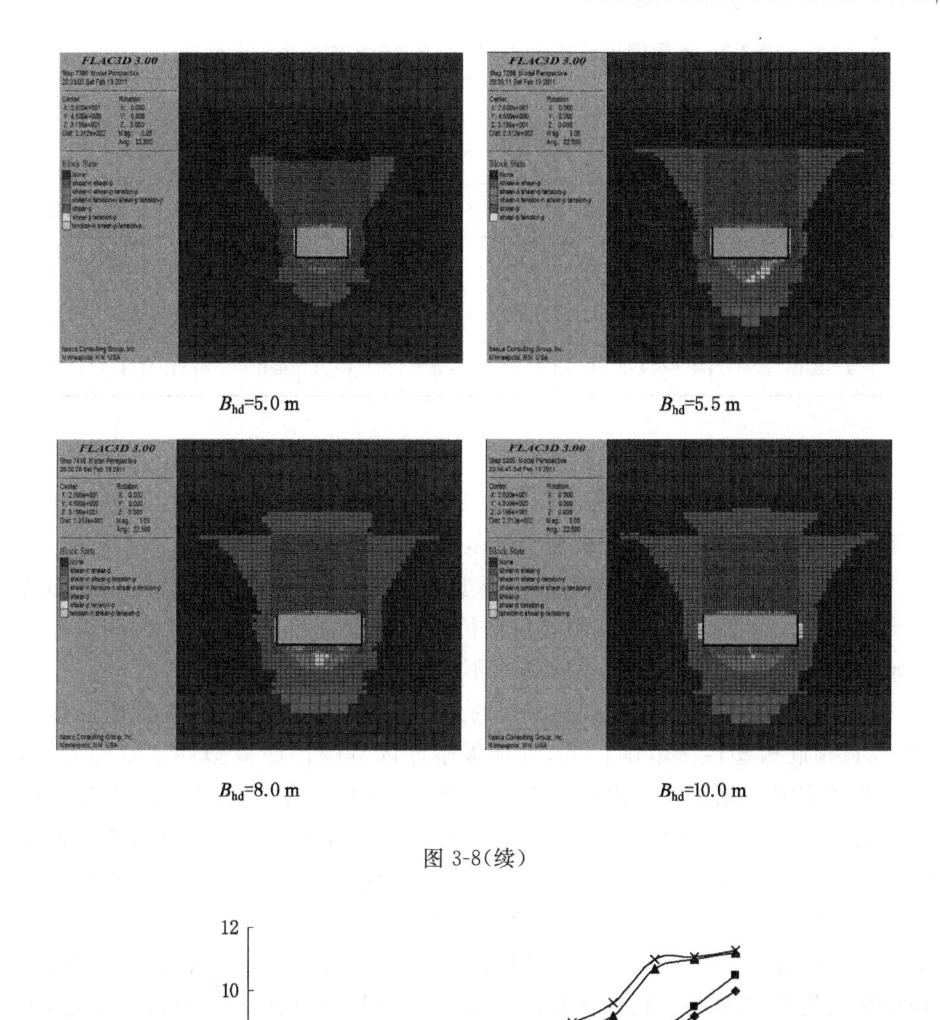

B_{hd}=5.0 m　　B_{hd}=5.5 m

B_{hd}=8.0 m　　B_{hd}=10.0 m

图 3-8(续)

图 3-9 不同侧压系数围岩塑性区等效半径随巷道跨度变化曲线

表 3-2　不同侧压系数不同跨度巷道围岩塑性区等效半径 R_P　　单位：m

λ	B_{hd}/m												
	4.0	4.5	5.0	5.5	6.0	6.5	7.0	7.5	8.0	8.5	9.0	9.5	10.0
λ=0.5	2.6	3.0	3.4	5.4	5.6	5.9	6.5	6.7	7.6	7.9	8.5	9.2	10.0
λ=1.0	3.2	3.4	4.4	5.8	5.7	6.6	7.4	7.8	8.2	8.5	8.7	9.5	10.5
λ=1.5	4.0	4.2	4.8	6.0	6.6	7.2	7.8	8.2	8.9	9.2	10.7	11.0	11.2
λ=2.0	4.6	4.8	6.0	7.0	7.5	8.0	8.0	8.5	9.0	9.6	11.0	11.1	11.3

由图 3-5～图 3-9 和表 3-2 可知：

(1) 巷道在垂压不变及巷道高度不变的条件下，巷道围岩塑性区范围随侧压系数的增大而扩大，且顶底板塑性区范围增加幅度较大。

(2) 巷道在垂压不变及巷道高度不变的条件下，巷道围岩塑性区范围随跨度增加而扩大，特别是顶板及两肩角部位塑性区发育范围变化较大，底板和两帮塑性区发育范围变化较小，甚至基本不发生变化。

(3) 巷道在垂压及巷道高度不变的条件下，相同跨度巷道，其侧压系数增大，巷道顶底板塑性区范围扩大，且顶板塑性区范围比底板塑性区范围大，两帮塑性区范围变化不大。随侧压系数的增大，塑性区发展形状发生变化。侧压系数 λ=0.5 时，塑性区呈“马鞍形”分布，关于巷道中心垂线对称，巷道顶板中间部位塑性区范围小，两肩角部位及巷道顶板在跨度 1/4、3/4 处塑性范围大，两帮塑性区范围大于顶底板塑性区发育范围，顶板塑性区发育范围大于底板发育范围；λ=1.0 时，塑性区呈“椭圆”形分布，关于巷道中心垂线对称，顶板塑性区发育范围大于底板发育范围；λ=1.5 时，塑性区呈“瘦高形”分布，关于巷道中心垂线对称，顶板塑性区范围大于底板塑性区范围；λ=2.0 时，塑性区呈“倒梯形”分布，关于巷道中心垂线对称，顶板塑性区范围大于底板塑性区范围。

(4) 当巷道侧压系数 λ≤1.0、巷道跨度 B_{hd}≤5.0 m 时，其围岩塑性区发育范围不大；当巷道跨度 B_{hd}达到 5.5 m 时，其围岩塑性区发育范围产生突变，相比巷道跨度 B_{hd}为5.0 m 时有较大变化；当巷道跨度 B_{hd}达到 10.0 m，其围岩塑性区发育范围又产生突变。当巷道侧压系数 λ>1.0、巷道跨度 B_{hd}在 5.0 m 时，围岩塑性区发育范围产生突变；当巷道跨度 B_{hd}达到 9.0 m 时，其围岩塑性区发育范围又产生突变，如图 3-5～图 3-6 所示，通过表 3-2 中数据及图 3-9 也同样可以证明此结论。

3.3.2 不同跨度巷道围岩应力分布规律

巷道跨度不同，塑性区分布规律不同，其主要原因是跨度不同的巷道，其围岩应力分布规律不同，即围岩所处的应力状态不同。随着巷道跨度的增加，其顶板挠度增加，造成顶板离层、变形增大。其主要原因是顶底板受拉增大，巷道两肩部位及两帮受剪切影响增大，巷道帮部的变形、破坏又进一步造成跨度加大，顶底板受拉应力影响增大；同时，跨度及顶板离层、变形的增大，又造成巷道两肩部位及两帮受剪切影响增大。

3.3.2.1 不同跨度巷道围岩第一主应力 σ_1 分布规律

图 3-10～图 3-13 给出了不同跨度巷道围岩第一主应力 σ_1 分布云图，图 3-14 和表 3-3 给出了不同侧压系数下巷道围岩第一主应力 σ_1 随巷道跨度变化情况。

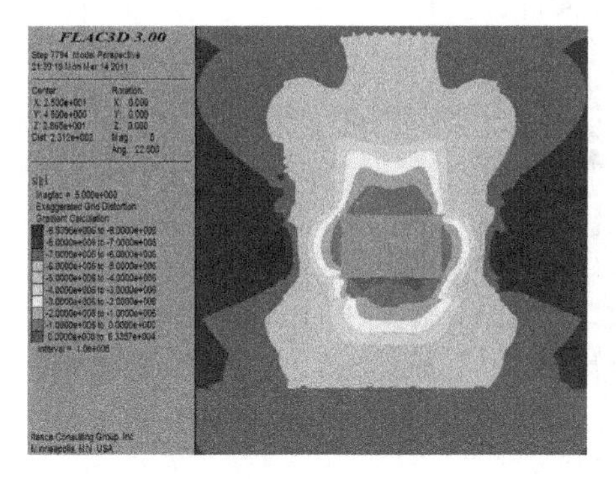

B_{hd}=5.0 m

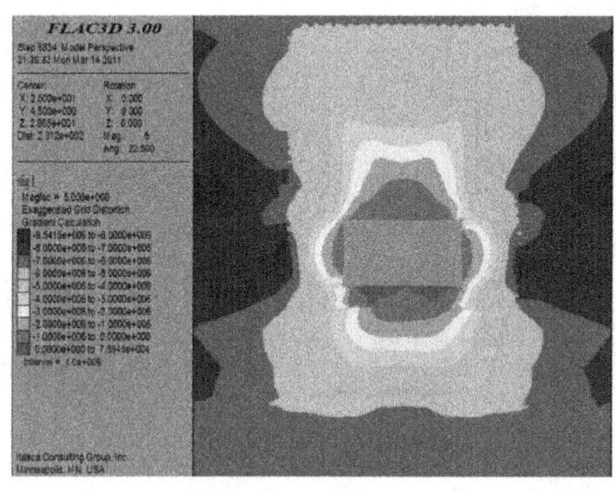

B_{hd}=5.5 m

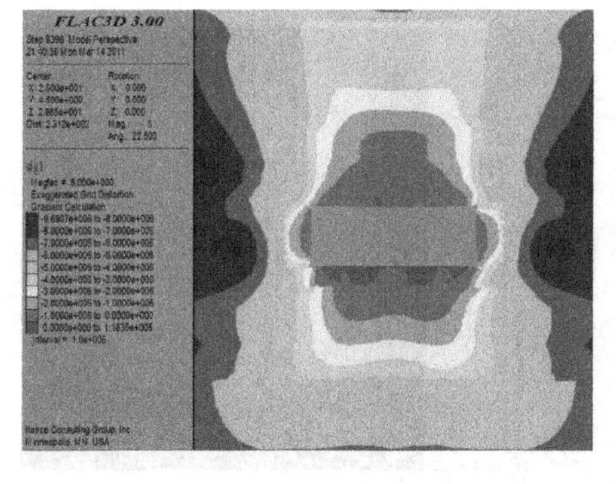

B_{hd}=8.0 m

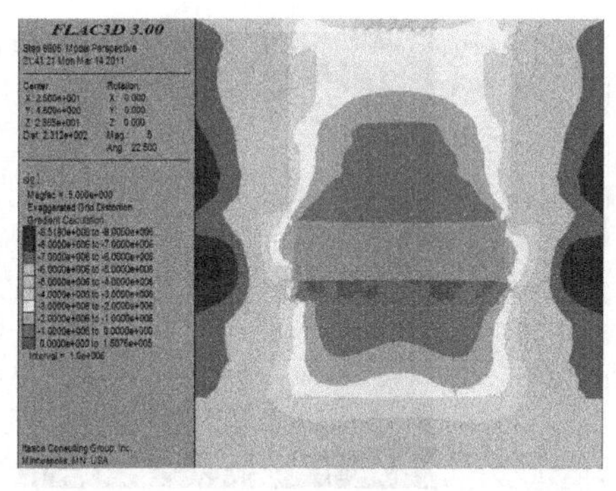

B_{hd}=10.0 m

图 3-10 不同跨度矩形巷道围岩第一主应力分布云图（侧压系数 λ=0.5）

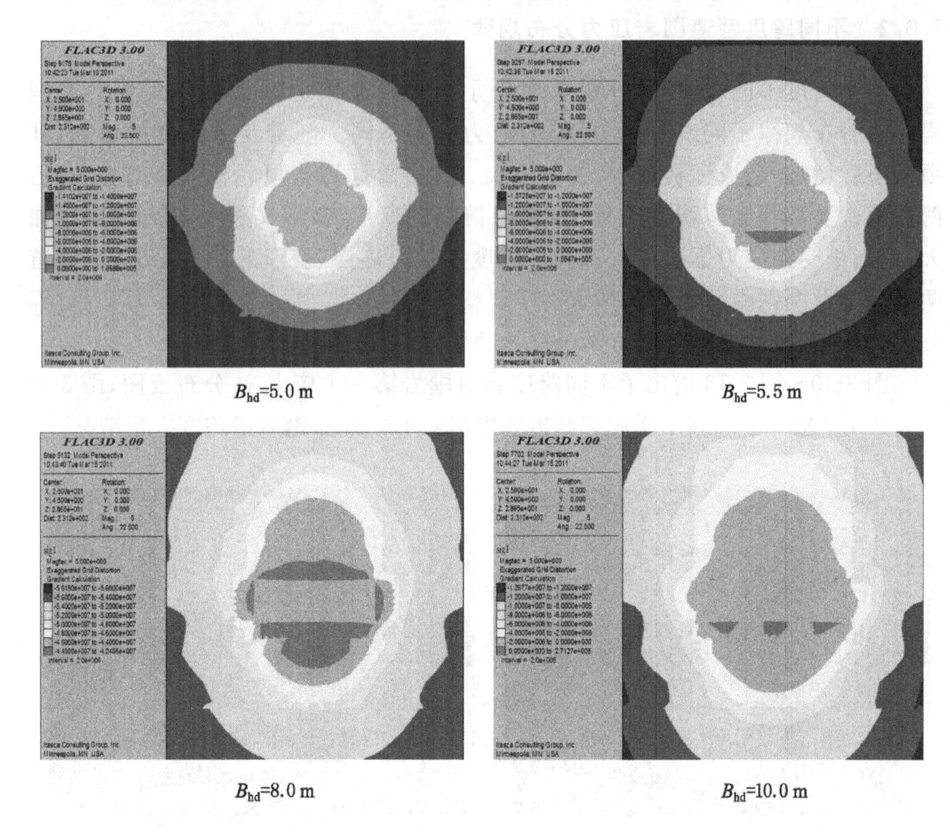

图 3-11　不同跨度矩形巷道围岩第一主应力分布云图(侧压系数 λ=1.0)

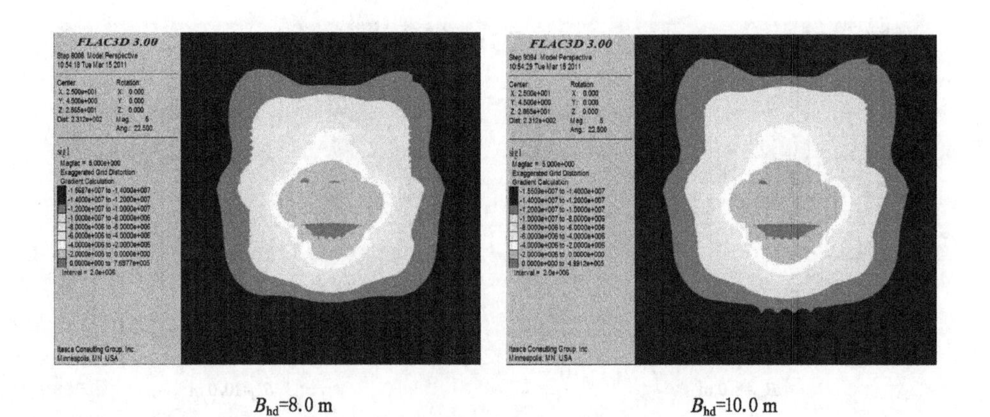

图 3-12　不同跨度矩形巷道围岩第一主应力分布云图(侧压系数 λ=1.5)

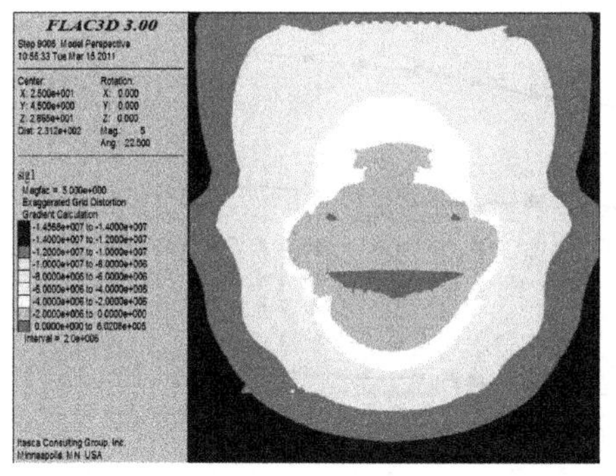

B_{hd}=5.0 m

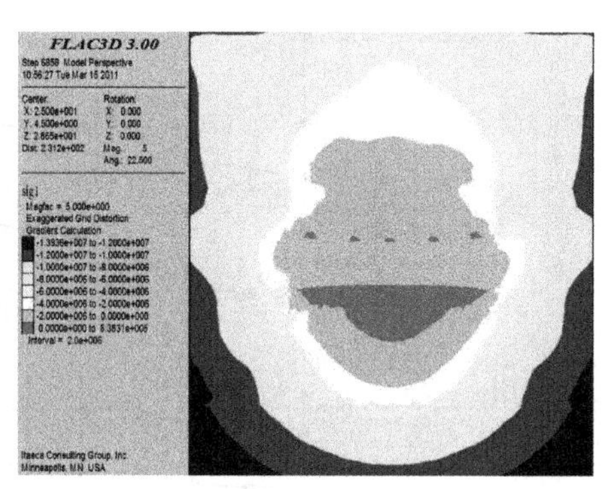

B_{hd}=5.5 m

图 3-12(续)

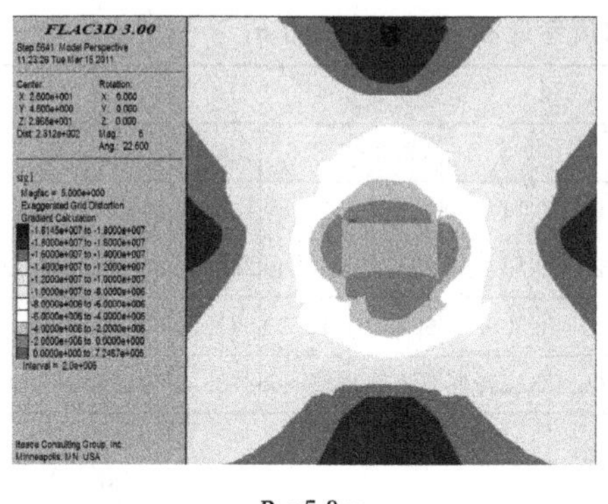

B_{hd}=5.0 m

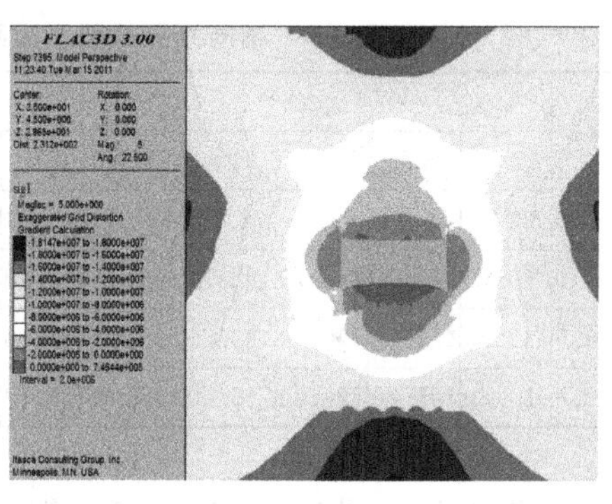

B_{hd}=5.5 m

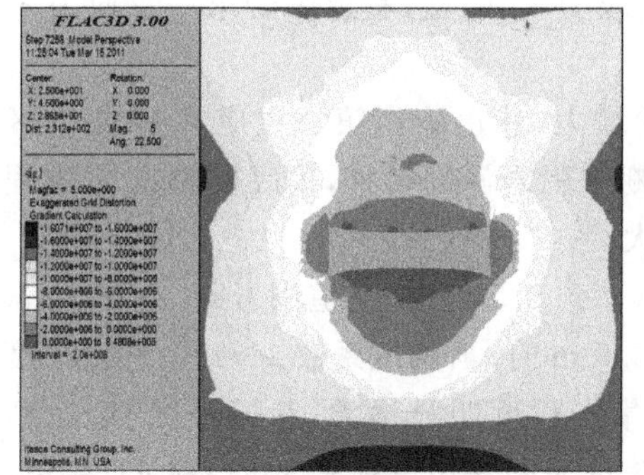

B_{hd}=8.0 m

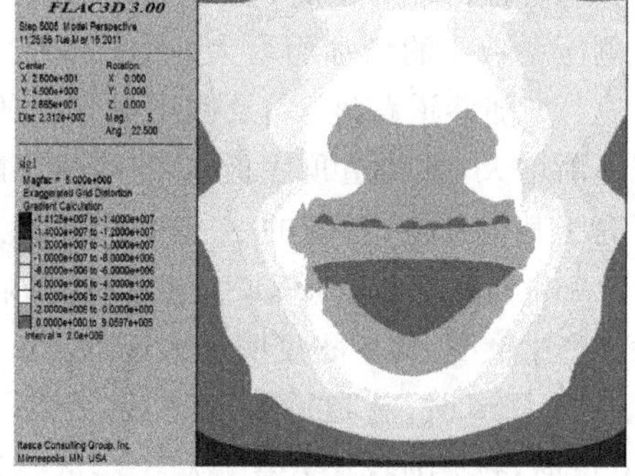

B_{hd}=10.0 m

图 3-13 不同跨度矩形巷道围岩第一主应力分布云图(侧压系数 $\lambda=2.0$)

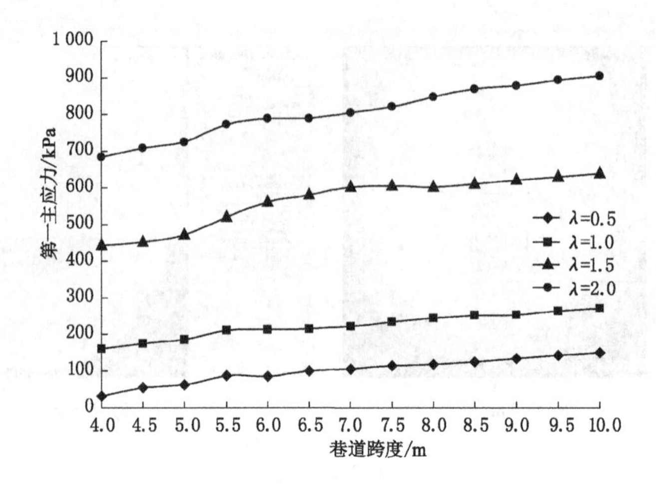

图 3-14　不同侧压系数巷道围岩第一主应力随巷道跨度变化曲线

表 3-3　不同侧压系数不同跨度巷道围岩第一主应力 σ_1　　单位：kPa

λ	B_{hd}/m												
	4.0	4.5	5.0	5.5	6.0	6.5	7.0	7.5	8.0	8.5	9.0	9.5	10.0
λ=0.5	32.50	56.11	63.28	75.80	86.10	99.80	104.70	114.20	118.50	125.80	133.70	142.50	150.80
λ=1.0	160.90	175.20	185.70	198.70	202.80	214.60	221.80	234.60	244.80	250.90	253.10	264.20	271.20
λ=1.5	442.30	451.10	470.60	499.80	523.30	541.00	561.80	585.40	602.30	610.20	621.50	630.90	639.40
λ=2.0	684.80	708.70	724.70	746.60	765.80	789.50	805.00	821.90	848.10	868.90	878.30	894.90	905.90

由图 3-10～图 3-14 和表 3-3 可知：

(1) 巷道跨度增加，巷道围岩第一主应力 σ_1 增大；巷道围岩第一主应力 σ_1 随侧压系数 λ 的增加而增大。

(2) 随巷道跨度 B_{hd} 及侧压系数 λ 的增大，巷道围岩第一主应力 σ_1 集中区域不断增大，且巷道顶底板 σ_1 的峰值不断向围岩深部转移，顶底板的 σ_1 集中程度高于其他部位，顶板的 σ_1 集中程度最大。

(3) 当侧压系数 $\lambda \leqslant 1.0$，巷道跨度 B_{hd} 达到 5.5 m 时，巷道围岩第一主应力 σ_1 大小产生突变，集中程度明显大于 B_{hd} 为 5.0 m 时；当侧压系数 $\lambda > 1.0$，巷道跨度 B_{hd} 在 5.0 m 时，巷道围岩 σ_1 发生突变，集中程度明显增大，巷道跨度 B_{hd} 达到 9.0 m 时，巷道围岩发生第二次突变，从图 3-14 及图 3-10～图 3-13 可以验证此结论。

3.3.2.2　不同跨度巷道围岩最大剪应力分布规律

由图 3-15～图 3-18 给出了不同跨度巷道围岩最大剪应力 τ_{max} 分布云图，图 3-19 和表 3-4 给出了不同侧压系数下最大剪应力随巷道跨度变化情况。

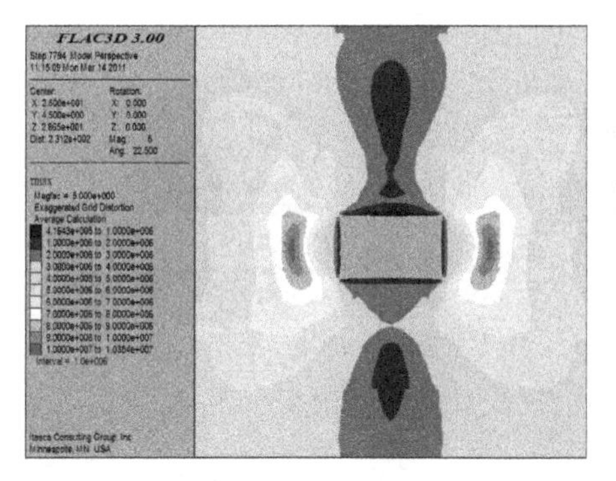

B_{hd}=5.0 m

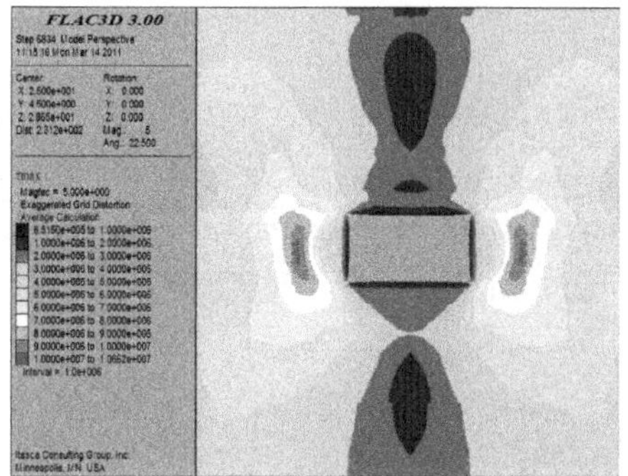

B_{hd}=5.5 m

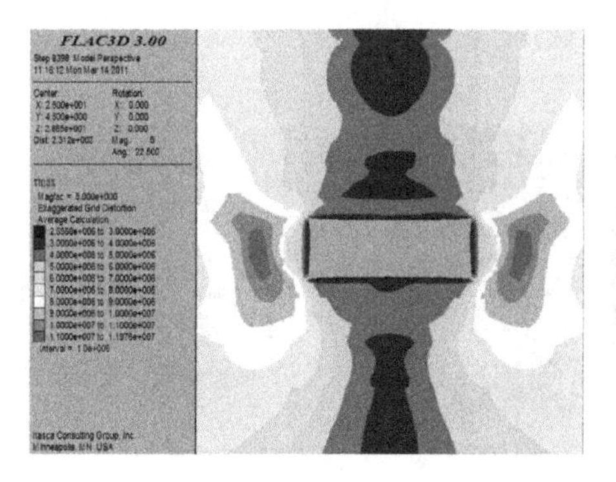

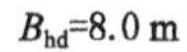

B_{hd}=8.0 m

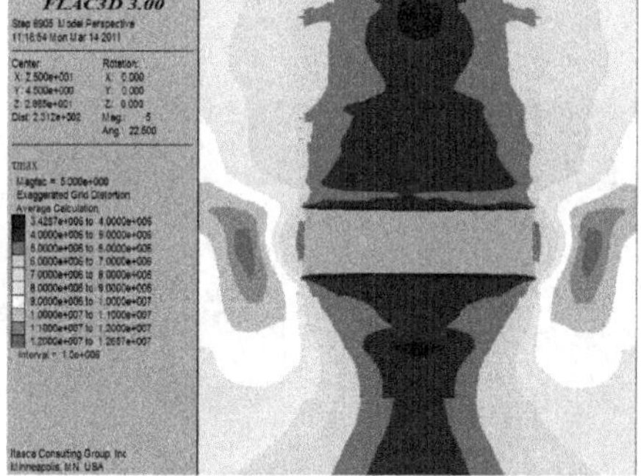

B_{hd}=10.0 m

图 3-15 不同跨度矩形巷道围岩最大剪应力 τ_{max}分布云图(侧压系数 λ=0.5)

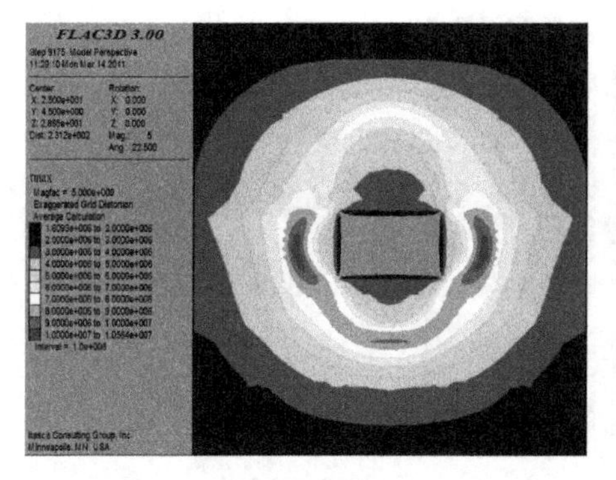

B_{hd}=5.0 m

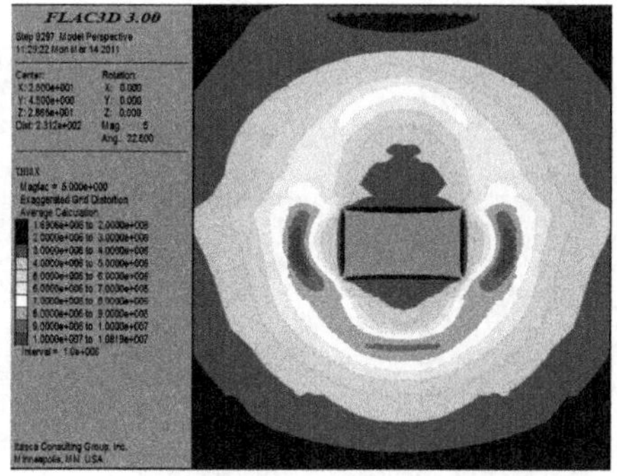

B_{hd}=5.5 m

图 3-16 不同跨度矩形巷道围岩最大剪应力 τ_{max}分布云图(侧压系数 λ=1.0)

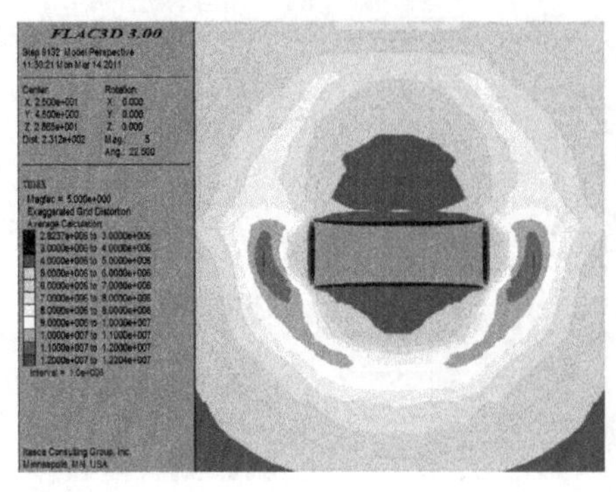

B_{hd}=8.0 m

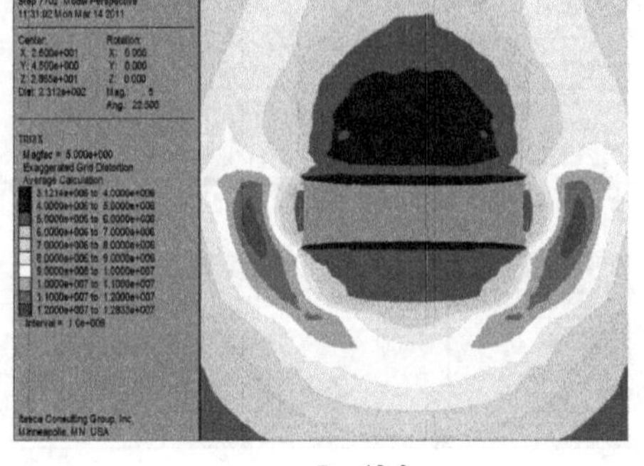

B_{hd}=10.0 m

图 3-16(续)

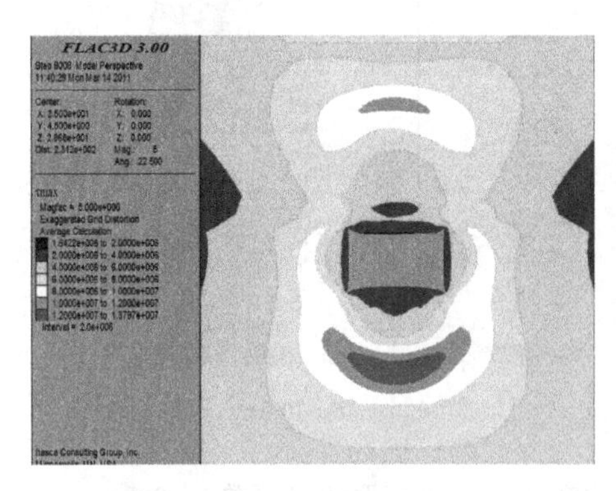

B_{hd}=5.0 m

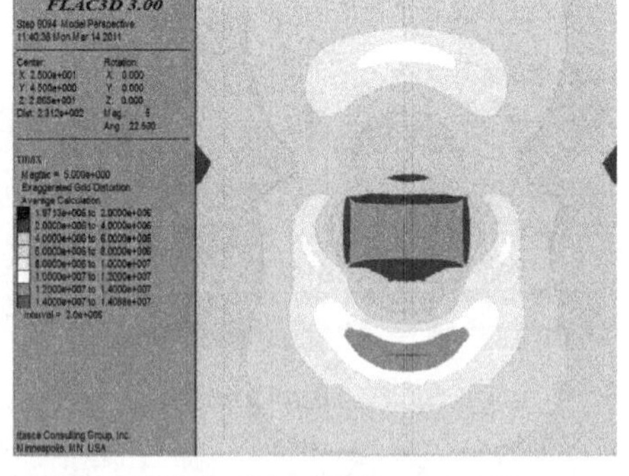

B_{hd}=5.5 m

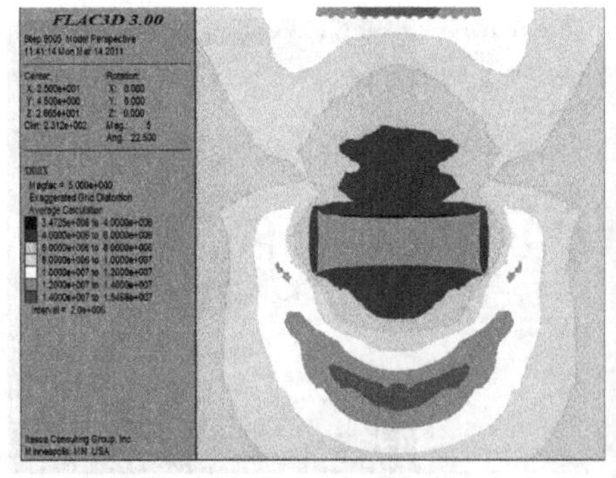

B_{hd}=8.0 m

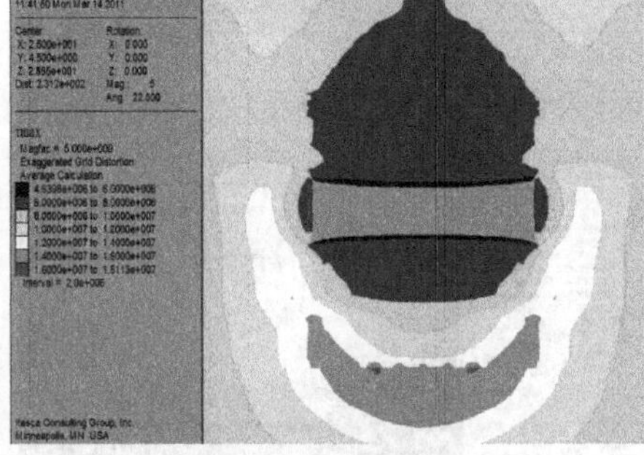

B_{hd}=10.0 m

图 3-17 不同跨度矩形巷道围岩最大剪应力 τ_{max} 分布云图(侧压系数 λ=1.5)

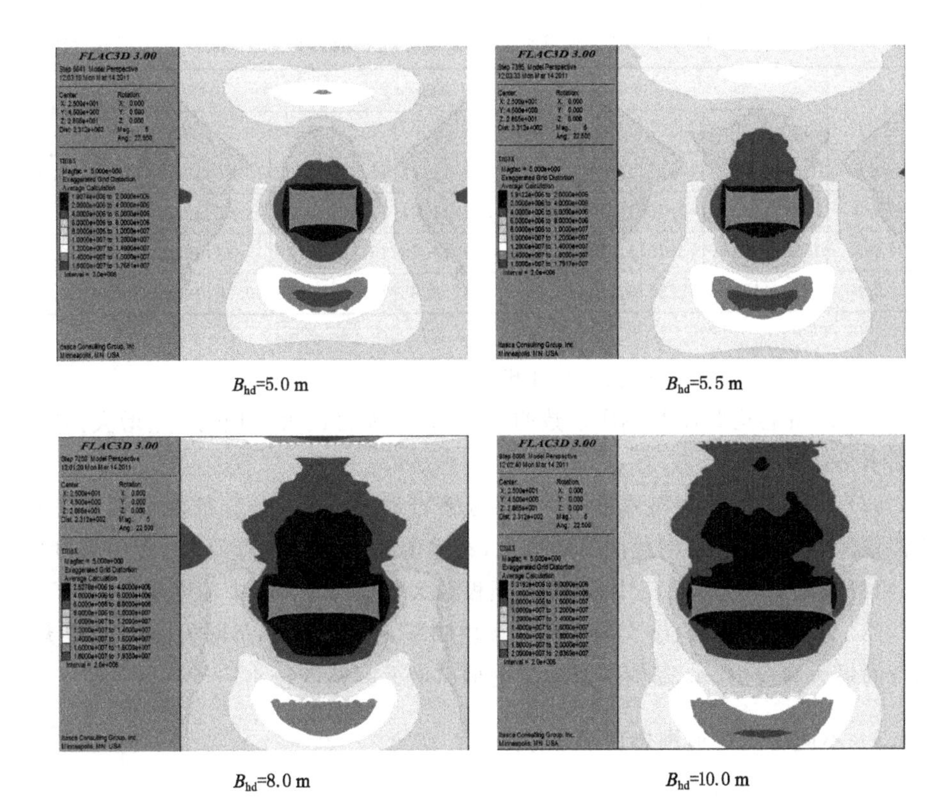

B_{hd}=5.0 m　　B_{hd}=5.5 m

B_{hd}=8.0 m　　B_{hd}=10.0 m

图 3-18　不同跨度矩形巷道围岩最大剪应力 τ_{max} 分布云图(侧压系数 λ=2.0)

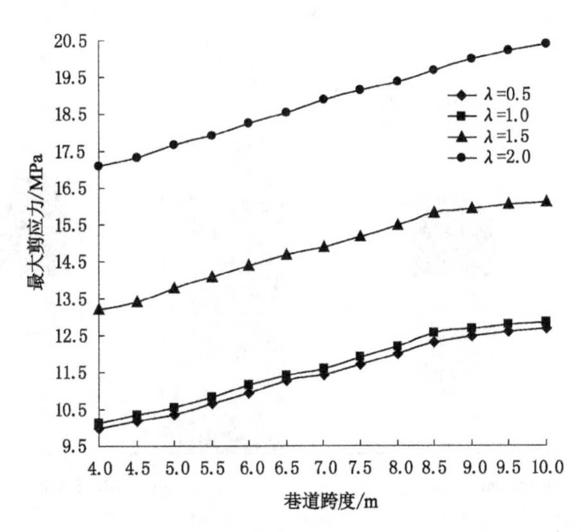

图 3-19　不同侧压系数下最大剪应力随巷道跨度变化曲线

表 3-4 不同侧压系数不同跨度巷道围岩最大剪应力 τ_{max} 单位：MPa

λ	B_{hd}/m												
	4.0	4.5	5.0	5.5	6.0	6.5	7.0	7.5	8.0	8.5	9.0	9.5	10.0
λ=0.5	9.98	10.18	10.35	10.66	10.95	11.28	11.42	11.71	11.98	12.30	12.48	12.59	12.66
λ=1.0	10.12	10.35	10.56	10.82	11.17	11.42	11.61	11.92	12.20	12.55	12.67	12.78	12.83
λ=1.5	13.22	13.41	13.79	14.09	14.41	14.69	14.88	15.16	15.47	15.81	15.92	16.05	16.11
λ=2.0	17.09	17.32	17.65	17.91	18.25	18.53	18.88	19.14	19.35	19.66	19.98	20.21	20.37

由图 3-15～图 3-18 和表 3-4 可知：

(1) 随着巷道跨度及侧压系数的增大，巷道围岩最大剪应力 τ_{max} 增大，其关系基本呈线性。

(2) 巷道跨度及侧压系数增大，巷道围岩最大剪应力 τ_{max} 的峰值不断向巷道位移深部转移，且集中范围不断扩大，巷道顶底板最大剪应力 τ_{max} 集中程度较大，两帮最大剪应力 τ_{max} 集中程度小，顶板最大剪应力 τ_{max} 集中程度最大。

(3) 巷道顶底板的最大剪应力 τ_{max} 随侧压系数的增加而增大的幅度较大，两帮的最大剪应力 τ_{max} 随侧压系数的增加而增大的幅度较小。

3.3.3 不同跨度巷道围岩变形规律

3.3.3.1 不同跨度巷道垂直位移分布规律

图 3-20～图 3-23 为不同侧压系数条件下不同跨度矩形巷道围岩垂直位移的分布云图，图 3-24～图 3-25 分别为不同侧压系数条件下巷道顶板下沉量及底鼓量随巷道跨度变化曲线；表 3-5 和表 3-6 分别给出了不同侧压系数条件下巷道顶底板变形随巷道跨度的变化规律。

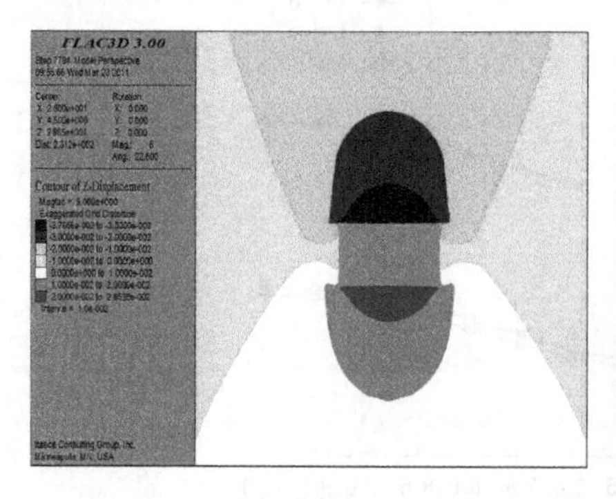

B_{hd}=5.0 m

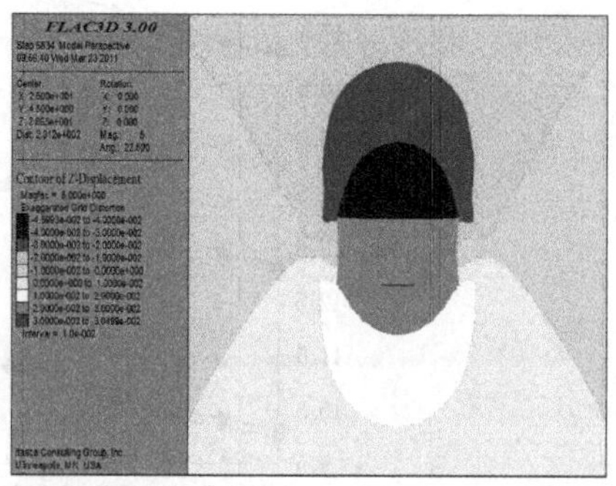

B_{hd}=5.5 m

图 3-20 不同跨度矩形巷道围岩垂直位移分布云图(侧压系数 λ=0.5)

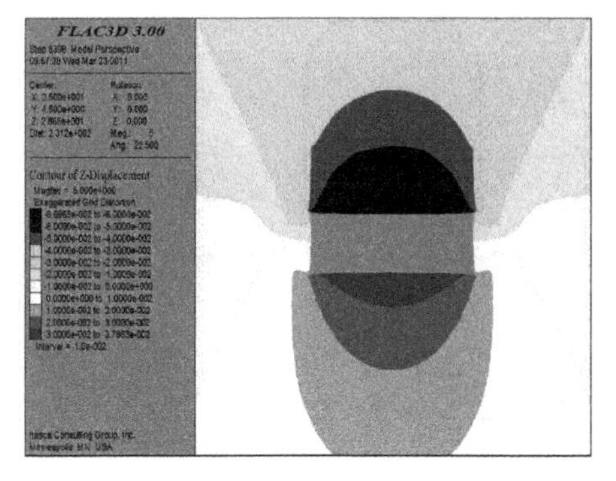

B_{hd}=8.0 m

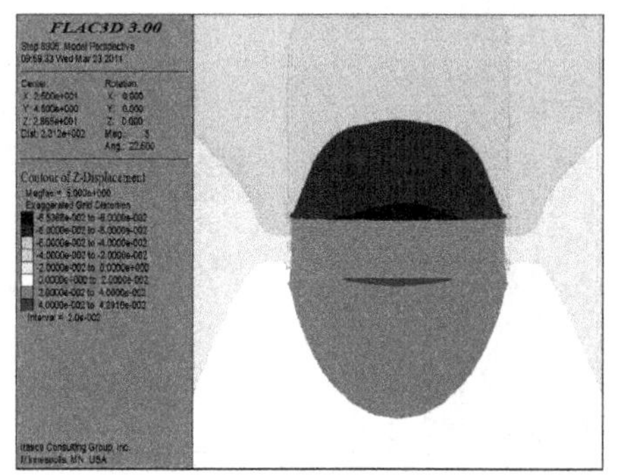

B_{hd}=10.0 m

图 3-20(续)

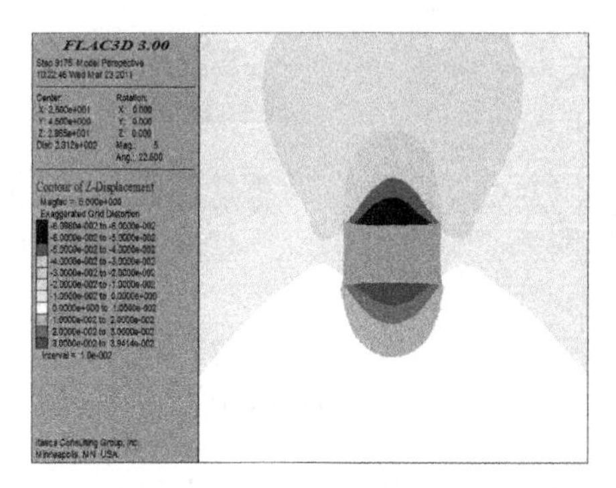

B_{hd}=5.0 m

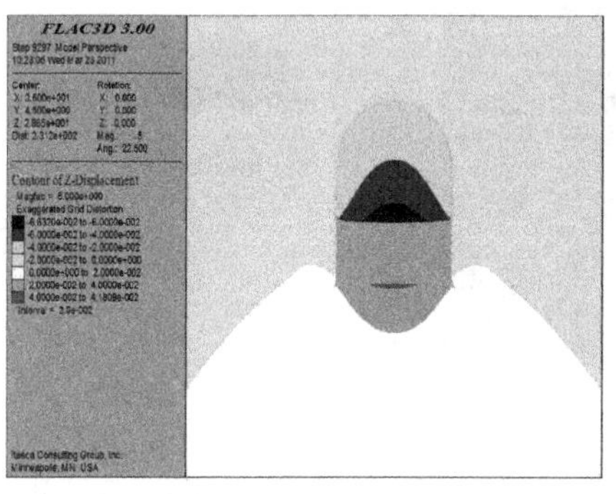

B_{hd}=5.5 m

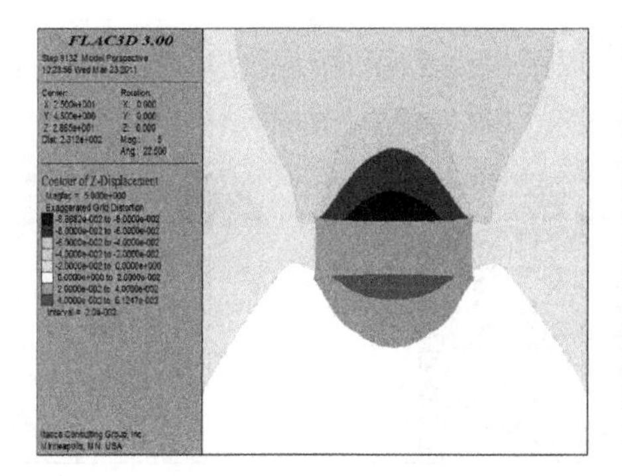

B_{hd}=8.0 m

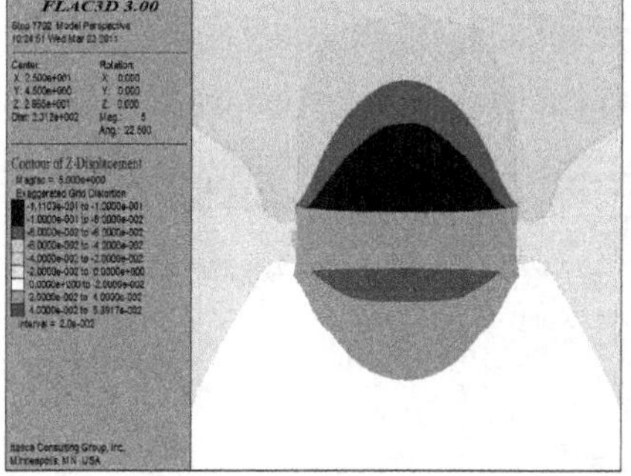

B_{hd}=10.0 m

图 3-21 不同跨度矩形巷道围岩垂直位移分布云图(侧压系数 λ=1.0)

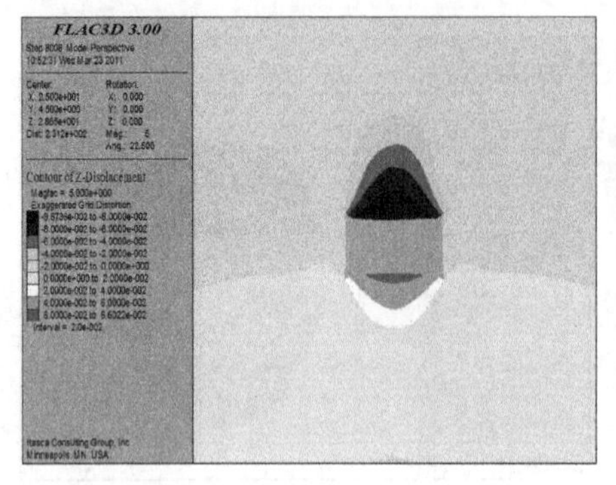

B_{hd}=5.0 m

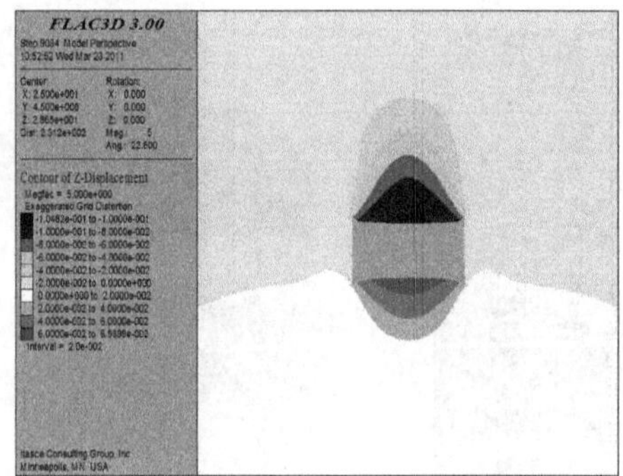

B_{hd}=5.5 m

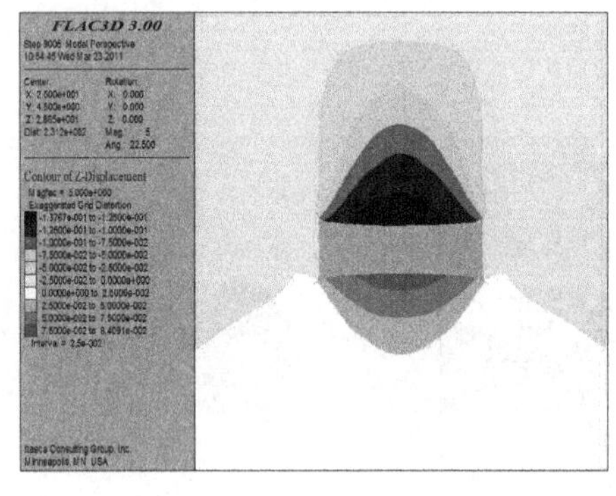

B_{hd}=8.0 m

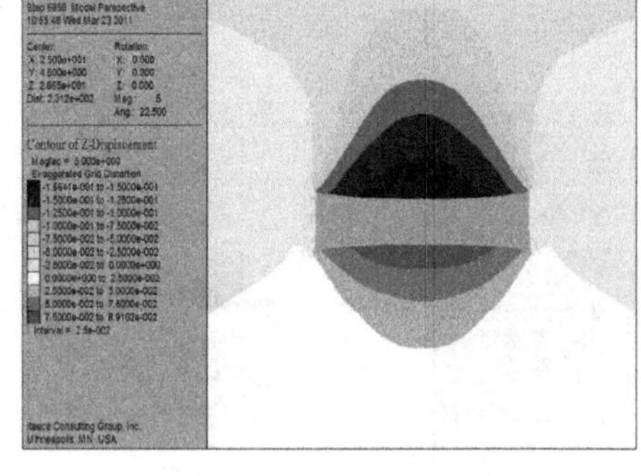

B_{hd}=10.0 m

图 3-22　不同跨度矩形巷道围岩垂直位移分布云图(侧压系数 λ=1.5)

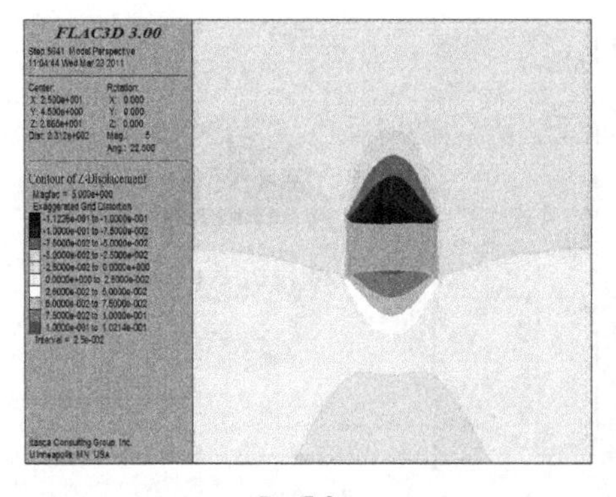

B_{hd}=5.0 m

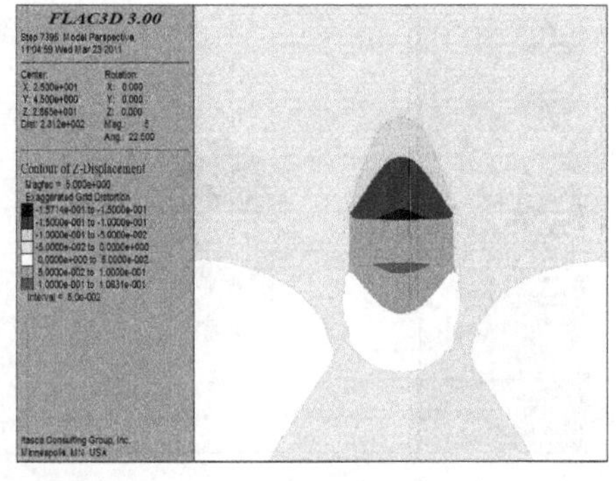

B_{hd}=5.5 m

图 3-23　不同跨度矩形巷道围岩垂直位移分布云图(侧压系数 λ=2.0)

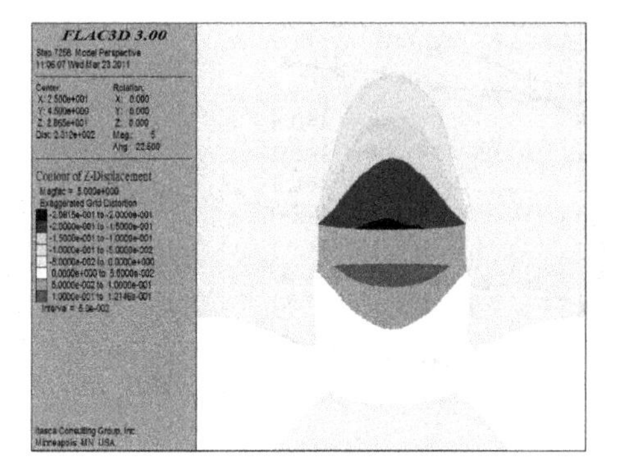

B_{hd}=8.0 m

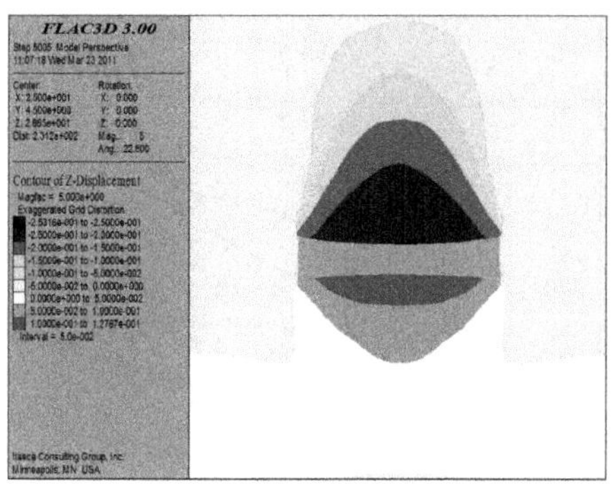

B_{hd}=10.0 m

图 3-23(续)

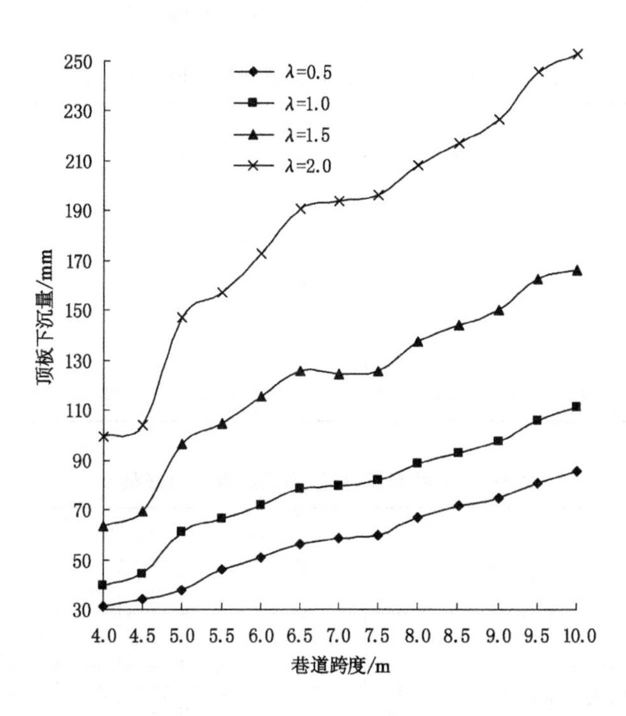

图 3-24 不同侧压系数下顶板下沉量随巷道跨度变化曲线

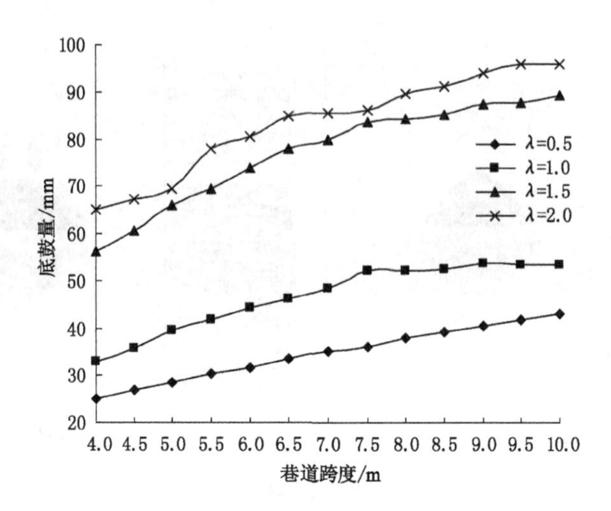

图 3-25　不同侧压系数下底鼓量随巷道跨度变化曲线

表 3-5　不同侧压系数、不同跨度巷道顶板下沉量　　单位：mm

λ	B_{hd}/m												
	4.0	4.5	5.0	5.5	6.0	6.5	7.0	7.5	8.0	8.5	9.0	9.5	10.0
λ=0.5	31.2	34.3	37.6	45.9	50.9	56.1	58.8	59.6	66.9	71.7	75.1	80.5	85.4
λ=1.0	39.7	44.2	60.9	66.3	71.9	78.5	79.7	82.1	88.8	92.7	97.4	106.1	111.0
λ=1.5	63.3	69.4	96.6	104.8	115.4	125.5	124.4	125.6	137.6	144.2	150.0	162.9	166.4
λ=2.0	99.1	104.3	146.8	157.1	173.0	191.0	193.4	196.3	208.0	217.1	226.8	245.6	253.1

表 3-6　不同侧压系数、不同跨度巷道底鼓量　　单位：mm

λ	B_{hd}/m												
	4.0	4.5	5.0	5.5	6.0	6.5	7.0	7.5	8.0	8.5	9.0	9.5	10.0
λ=0.5	25.1	26.9	28.5	30.5	31.7	33.4	35.0	36.2	37.8	39.1	40.5	41.7	42.9
λ=1.0	32.9	35.9	39.4	41.8	44.4	46.2	48.3	52.1	52.2	52.4	53.6	53.4	53.4
λ=1.5	56.1	60.7	66.0	69.4	73.9	77.9	79.8	83.6	84.1	85.1	87.3	87.8	89.2
λ=2.0	64.9	67.3	69.4	77.9	80.5	84.8	85.6	86.2	89.5	91.1	93.9	95.9	95.9

由图 3-20～图 3-25 及表 3-5～表 3-6 可知：

（1）巷道顶板下沉量及底鼓量随跨度和侧压系数的增大而增大。当侧压系数 $\lambda=0.5$ 时，巷道跨度从 4.0 m 变化到 10.0 m，顶板下沉量从 31.2 mm 变化到 85.4 mm，增大幅度为 173.7%；底鼓量从 25.1 mm 变化到 42.9 mm，增大幅度为 70.9%。当侧压系数 $\lambda=1.0$ 时，巷道跨度从 4.0 m 变化到 10.0 m，顶板下沉量从 39.7 mm 变化到 111.0 mm，增大幅度为 179.6%；底鼓量从 32.9 mm 变化到 53.4 mm，增大幅度为 62.3%。当侧压系数 $\lambda=2.0$ 时，巷道跨度从 4.0 m 变化到 10.0 m，顶板下沉量从 99.1 mm 变化到 253.1 mm，增大幅度为 155.4%；底鼓量从 64.9 mm 变化到 95.9 mm，增大幅度为 47.8%。侧压系数 λ 从 0.5 变化到 2.0 时，跨度为 4.0 m 的巷道，其顶板下沉量从 31.2 mm 增大到 99.1 mm，增加幅度为 217.6%；跨度为 5.0 m 的巷道，其顶板下沉量从 37.6 mm 增加到 146.8 mm，增大幅度为 290.4%。这说明巷道跨度及侧压系数对顶板下沉量及底鼓量的影响非常大。

（2）在侧压系数 $\lambda=0.5$ 和 1.0 时，顶板下沉量及底鼓量在巷道跨度达到 5.5 m 时发生突变，顶板下沉量及底鼓量在跨度从 5.0 m 变化到 5.5 m 时增大幅度较大。

（3）在侧压系数 $\lambda=1.5$ 和 2.0 时，顶板下沉量及底鼓量在巷道跨度达到 5.0 m 时发生突变，顶板下沉量及底鼓量在跨度从 4.5 m 变化到 5.0 m 时增大幅度较大。

3.3.3.2 不同跨度巷道水平位移分布规律

图 3-26～图 3-29 给出了不同侧压系数下不同跨度巷道围岩水平位移分布云图，表 3-7 给出了不同侧压系数下不同跨度巷道两帮移近量，图 3-30 给出了不同侧压系数条件下两帮移近量随巷道跨度变化曲线。

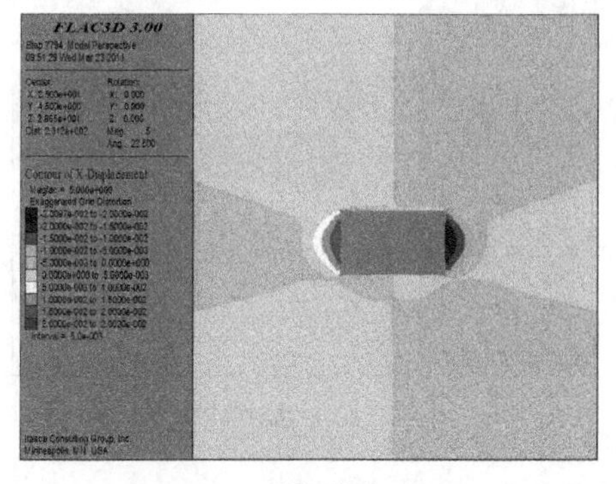

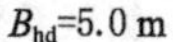
B_{hd}=5.0 m

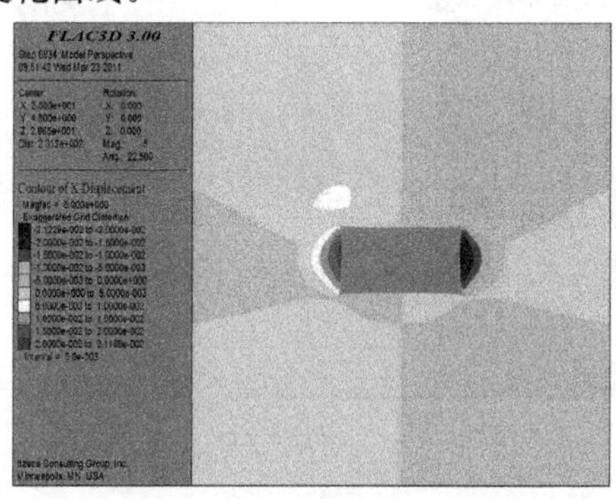

B_{hd}=5.5 m

图 3-26 不同跨度矩形巷道围岩水平位移分布云图（侧压系数 $\lambda=0.5$）

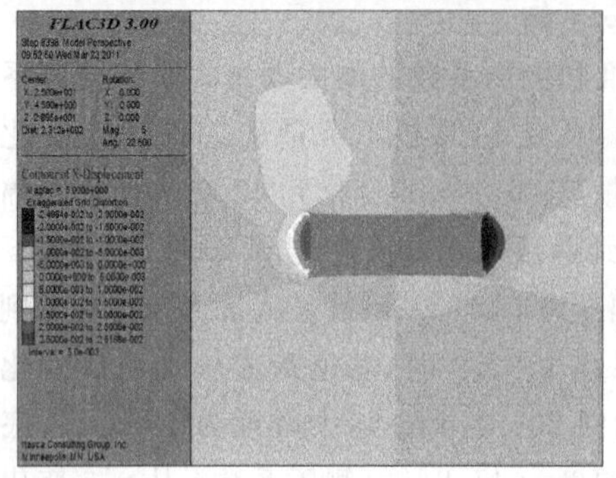

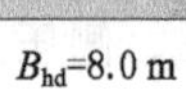

B_{hd}=8.0 m

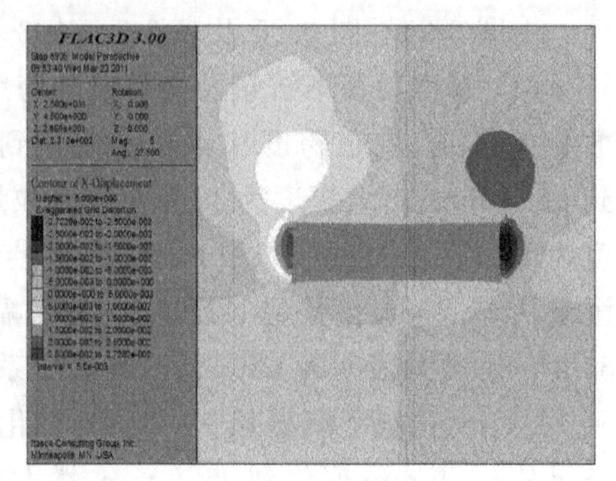

B_{hd}=10.0 m

图 3-26(续)

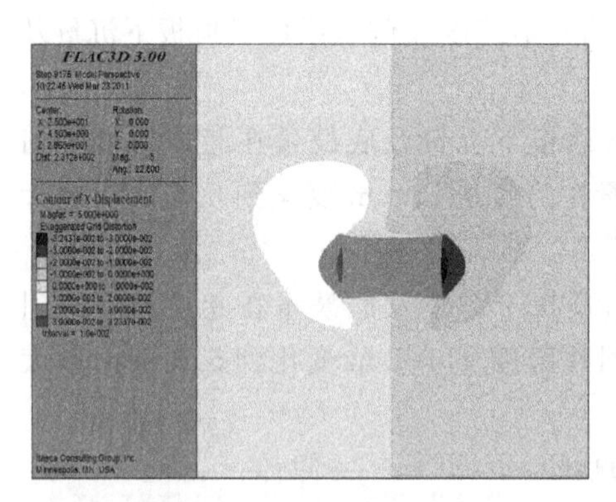

B_{hd}=5.0 m

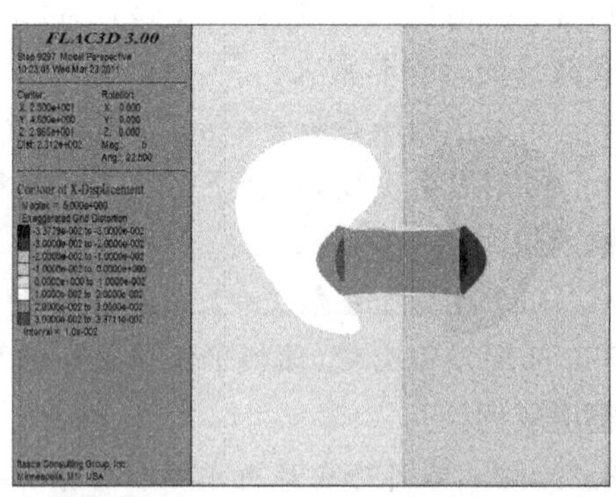

B_{hd}=5.5 m

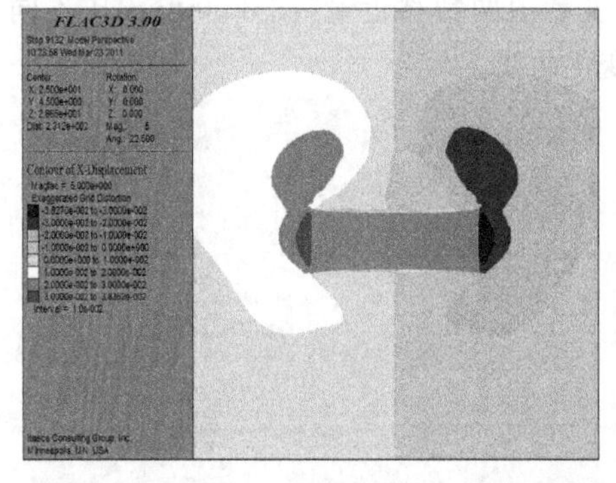

B_{hd}=8.0 m

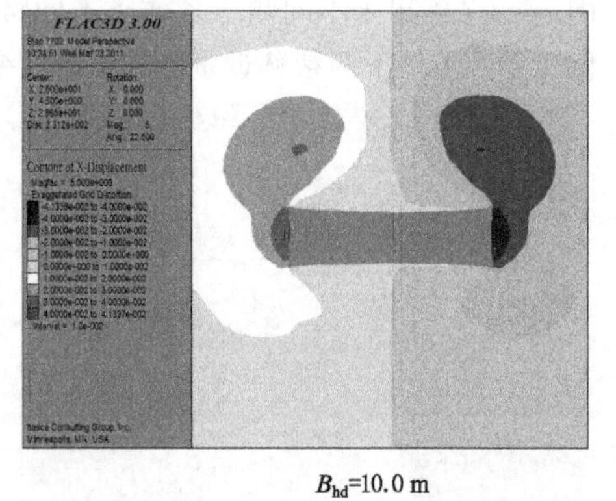

B_{hd}=10.0 m

图 3-27　不同跨度矩形巷道围岩水平位移分布云图(侧压系数 $\lambda=1.0$)

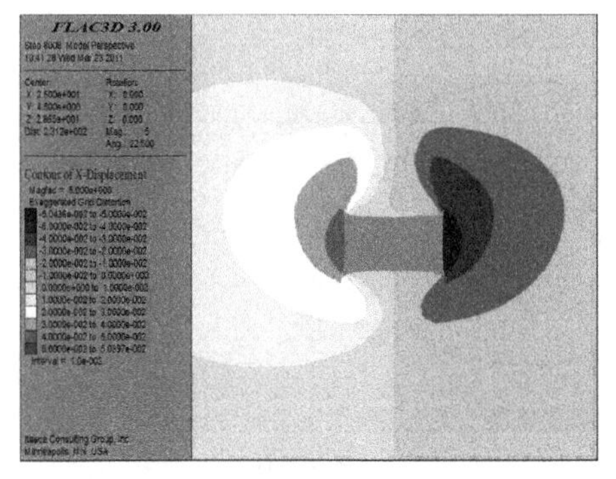

B_{hd}=5.0 m

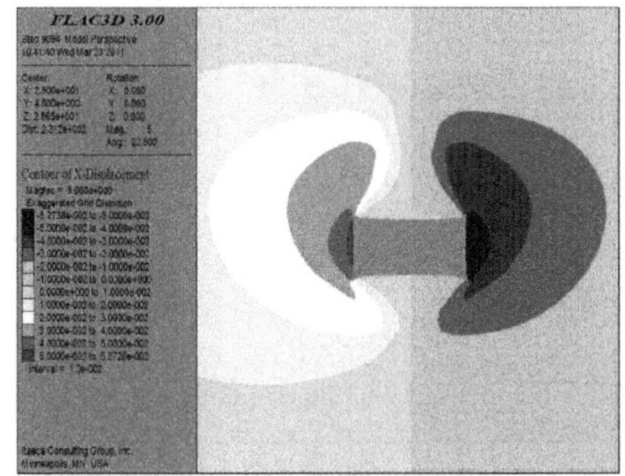

B_{hd}=5.5 m

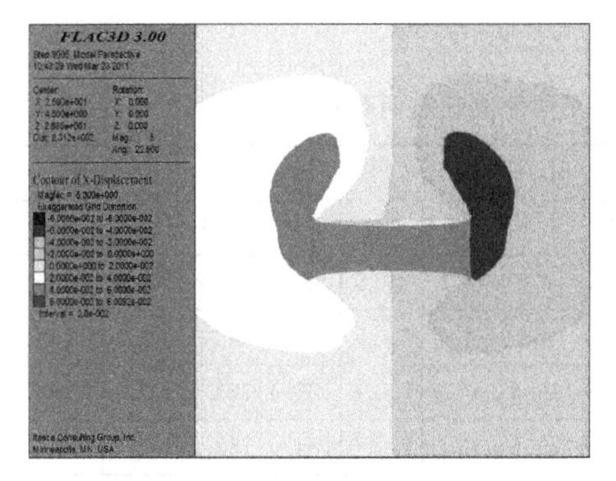

B_{hd}=8.0 m

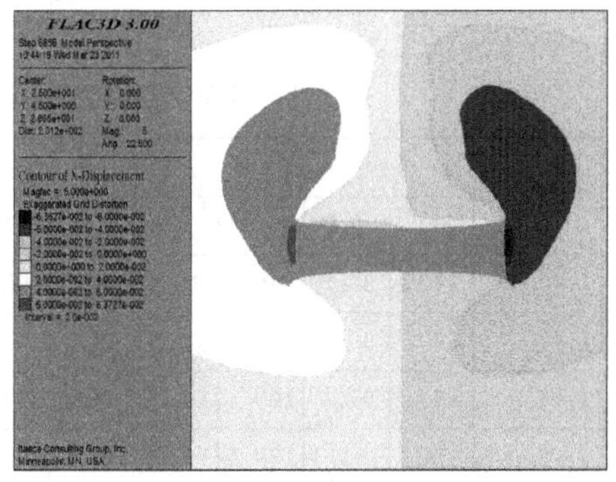

B_{hd}=10.0 m

图 3-28 不同跨度矩形巷道围岩水平位移分布云图(侧压系数 λ=1.5)

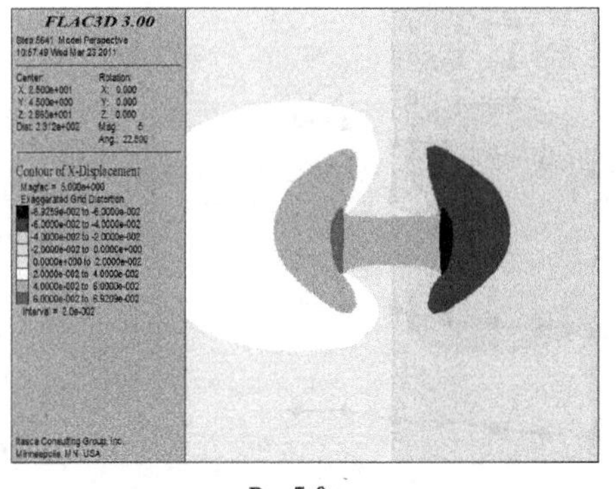

B_{hd}=5.0 m

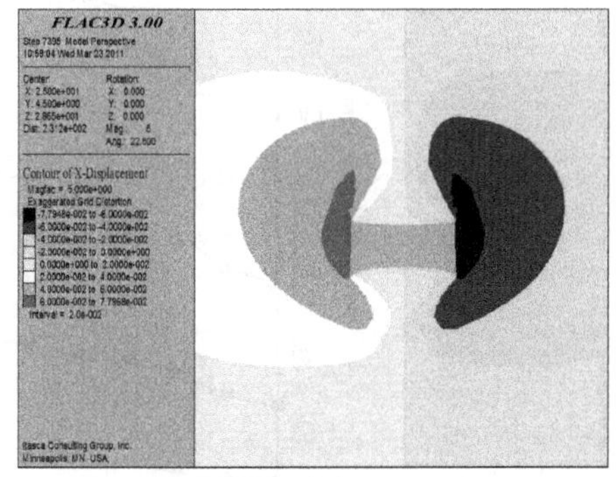

B_{hd}=5.5 m

图 3-29 不同跨度矩形巷道围岩水平位移分布云图(侧压系数 λ=2.0)

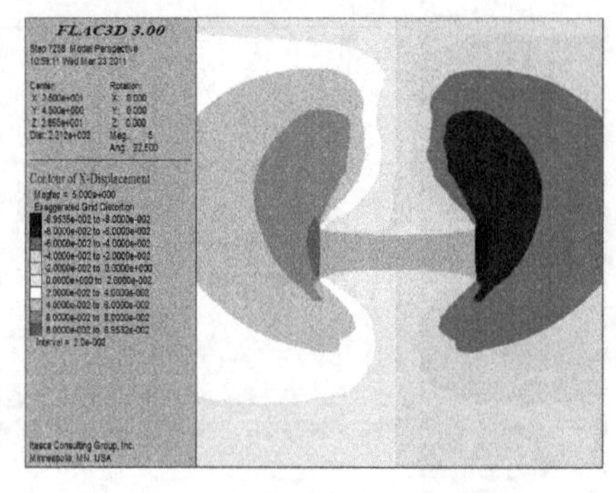

B_{hd}=8.0 m

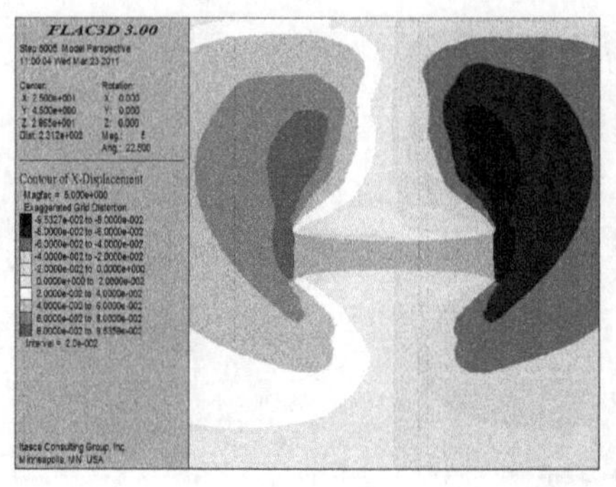

B_{hd}=10.0 m

图 3-29(续)

表 3-7　不同侧压系数条件下不同跨度巷道两帮移近量　　单位：mm

λ	B_{hd}/m												
	4.0	4.5	5.0	5.5	6.0	6.5	7.0	7.5	8.0	8.5	9.0	9.5	10.0
λ=0.5	37.5	38.5	40.2	42.4	44.7	46.6	47.8	48.8	49.8	51.5	52.2	54.5	54.5
λ=1.0	56.7	59.2	64.8	67.5	69.5	72.1	73.4	74.7	76.5	77.6	80.1	80.2	82.6
λ=1.5	87.4	91.5	100.1	105.4	109.1	114.0	115.2	117.8	120.0	122.4	123.6	127.8	128.1
λ=2.0	129.2	134.4	138.5	155.8	160.8	168.9	170.6	173.2	179.0	184.0	188.0	192.8	192.2

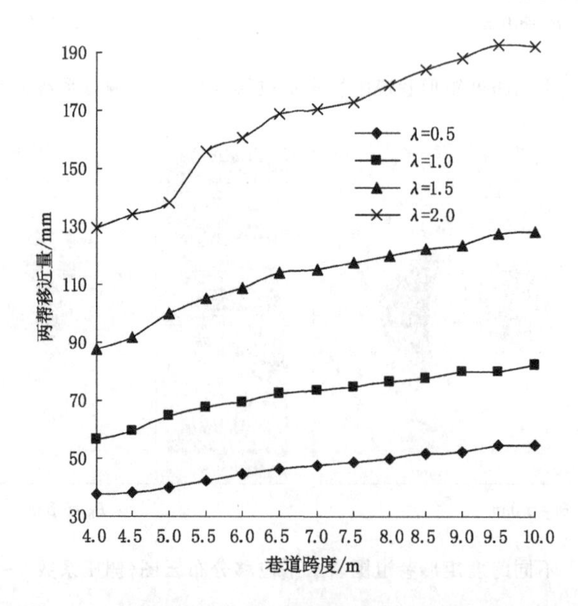

图 3-30　不同侧压系数条件下两帮移近量随巷道跨度变化曲线

由图 3-26～图 3-30 及表 3-7 可知：

(1) 巷道两帮移近量随跨度及侧压系数 λ 的增大而增大，但增加幅度小于顶底板移近量。

当侧压系数 $\lambda=0.5$，巷道跨度从 4.0 m 增大到 10.0 m 时，两帮移近量从 37.5 mm 变化到 54.5 mm，增加幅度为 45.3%；当侧压系数 $\lambda=1.0$，巷道跨度从 4.0 m 增大到 10.0 m 时，两帮移近量从 56.7 mm 变化到 82.6 mm，增加幅度为 45.7%；当侧压系数 $\lambda=2.0$，巷道跨度从 4.0 m 增大到 10.0 m，两帮移近量从 129.2 mm 变化到 192.2 mm，增加幅度为 48.8%。这说明巷道跨度及侧压系数对两帮移近量影响较大，且其增加幅度随侧压系数的增大而增加。

(2) 从图 3-30 不难看出：在侧压系数 $\lambda=0.5$ 和 1.0 时，两帮移近量在跨度从 5.0 m 增加到 5.5 m 时产生突变，增加幅度较大；在侧压系数 $\lambda=1.0$ 和 1.5 时，两帮移动量在跨度从 4.5 m 增加到 5.0 m 时增加幅度较大。

3.4 大跨度巷道的定义及类型

通过大量的调研，对不同跨度巷道稳定性的影响因素进行分析，根据巷道不同跨度其塑性区的分布规律、围岩应力分布及变形规律，针对潞安矿区的条件给出大跨度巷道的定义，并划分出不同跨度巷道的类型。

3.4.1 大跨度巷道的定义

在一定的围岩条件下及一般巷道正常高度情况下（巷道高度为 2.5～4.0 m），巷道跨度增大，顶板挠度增大，顶板弯曲离层增加，巷道围岩稳定性大幅度降低，采用一次成巷的方式，锚网索支护无法控制巷道稳定性，必须采用二次成巷的方式才能控制巷道围岩变形。以潞安矿区的工程地质条件为基础，当侧压系数 $\lambda\leqslant1.0$ 时，将巷道跨度 $B_{hd}\geqslant5.5$ m 的巷道称为大跨度巷道；当侧压系数 $\lambda>1.0$ 时，巷道跨度 $B_{hd}\geqslant5.0$ m 的巷道称为大跨度巷道。

3.4.2 大跨度巷道类型

近年来，为了满足生产、运输、通风等需要，巷道跨度越来越大，不同跨度巷道其围岩承载、抗弯、自稳能力不同，塑性区不同，应力、位移分布规律不同，采取的支护对策也不同，因此需要对大跨度巷道进行分类，为不同类型、不同跨度的巷道稳定性控制提供参考依据。巷道类型划分如表 3-8 所示。

表 3-8 巷道类型划分

$\lambda \leqslant 1$				$\lambda > 1$			
0 m$<B_{hd}<$3.0 m	3.0 m$\leqslant B_{hd} \leqslant$5.5 m	5.5 m$<B_{hd}<$10.0 m	$B_{hd} \geqslant$10.0 m	0$<B_{hd}<$2.5 m	2.5 m$\leqslant B_{hd}<$5.0 m	5.0 m$\leqslant B_{hd}<$9.0 m	$B_{hd} \geqslant$9.0 m
小跨度巷道	中等跨度巷道	大跨度巷道	特大跨度巷道	小跨度巷道	中等跨度巷道	大跨度巷道	特大跨度巷道

3.5 本章小结

本章以五阳煤矿 7801 切眼的工程地质条件为背景，采用 FLAC3D 数值计算软件系统模拟了巷道在相同埋深条件下（切眼埋深为 800 m），侧压系数 λ 为 0.5、1.0、1.5、2.0 时，巷道跨度在 4.0 m、4.5 m、5.0 m、5.5 m、6.0 m、6.5 m、7.0 m、7.5 m、8.0 m、8.5 m、9.0 m、9.5 m、10.0 m 时围岩塑性区分布特征及围岩应力分布和变形规律，提出了大跨度巷道的定义并划分出不同跨度巷道的类型。

(1) 巷道围岩塑性区范围随侧压系数的增大而扩大，且顶底板塑性区范围增加幅度较大。巷道围岩塑性区范围随跨度增加而扩大，特别是顶板及两肩角部位塑性区发育范围变化较大，底板和两帮塑性区发育范围变化较小，基本不发生变化。

(2) 相同跨度的矩形巷道，其侧压系数增大，巷道顶底板塑性区发育范围扩大，且顶板塑性区发育范围比底板塑性区发育范围大，两帮塑性区发育范围变化不大。随侧压系数增加，塑性区发展形状发生变化，$\lambda=0.5$ 时，塑性区呈“马鞍形”分布，关于巷道中心垂线对称，巷道顶板中间部位塑性区发育范围小，两肩角部位及巷道顶板在跨度 1/4、3/4 处塑性区发育范围大，两帮塑性区发育范围大于顶底板塑性区发育范围，顶板塑性区发育范围大于底板塑性区发育范围；$\lambda=1.0$ 时，塑性区呈“椭圆形”分布，关于巷道中心垂线对称，顶板塑性区发育范围大于底板塑性区发育范围；$\lambda=1.5$ 时，塑性区呈“瘦高形”分布，关于巷道中心垂线对称，顶板塑性区发育范围大于底板塑性区发育范围；$\lambda=2.0$ 时，塑性区呈“倒梯形”分布，关于巷道中心垂线对称，顶板塑性区发育范围大于底板塑性区发育范围。

(3) 巷道侧压系数 $\lambda \leqslant 1$，巷道跨度 $B_{hd} \leqslant 5$ m 时，其围岩塑性区发育范围不大；当巷道跨度 B_{hd} 达到 5.5 m 时，其围岩塑性区发育范围产生突变，相比巷道跨度 B_{hd} 为 5.0 m 时有较大变化；当巷道跨度 B_{hd} 达到 10.0 m，其围岩塑性区发育范围又产生突变。当巷道侧压系数 $\lambda>1.0$，巷道跨度 $B_{hd}=5.0$ m 时，围岩塑性区发育范围产生突变；当巷道跨度 B_{hd} 达到 9.0 m 时，其围岩塑性区发育范围又产生突变。

(4) 巷道围岩第一主应力 σ_1 随巷道跨度 B_{hd} 及侧压系数 λ 的增大而增大，其巷道围岩第一主应力 σ_1 集中区域不断增大，且巷道顶底板 σ_1 的峰值不断向围岩深部转移，顶底板的 σ_1 集中程度高于其他部位，顶板的 σ_1 集中程度最大。当侧压系数 $\lambda\leqslant1.0$，巷道跨度 B_{hd} 达到 5.5 m 时，巷道围岩第一主应力 σ_1 大小产生突变，集中程度明显大于跨度 $B_{hd}=5.0$ m 时；当侧压系数 $\lambda>1.0$，巷道跨度 $B_{hd}=5.0$ m 时，巷道围岩 σ_1 发生突变，集中程度明显增大，巷道跨度 B_{hd} 达到 9.0 m 时，巷道围岩发生第二次突变。

(5) 随巷道跨度及侧压系数的增大，巷道围岩最大剪应力 τ_{max} 增大，基本按线性规律变化，最大剪应力 τ_{max} 的峰值不断向巷道围岩深部转移，且集中范围不断扩大，巷道顶底板最大剪应力 τ_{max} 集中程度较大，两帮最大剪应力 τ_{max} 集中程度小，顶板最大剪应力 τ_{max} 集中程度最大。巷道顶底板最大剪应力 τ_{max} 随侧压系数的增加而增大的幅度较大，两帮最大剪应力 τ_{max} 随侧压系数的增加而增大的幅度较小。

(6) 巷道顶板下沉量、两帮移近量及底鼓量随跨度及侧压系数的增大而增加，两帮移近量及底鼓量增加幅度小于顶板下沉量。在侧压系数 $\lambda=0.5$ 和 1.0 时，顶板下沉量及底鼓量在巷道跨度达到 5.5 m 时发生突变，顶板下沉量及底鼓量在跨度从 5.0 m 变化到 5.5 m 过程中，增加幅度较大；在侧压系数 $\lambda=1.5$ 和 2.0 时，顶板下沉量及底鼓量在巷道跨度达到 5.0 m 时发生突变，顶板下沉量及底鼓量在跨度从 4.5 m 变化到 5.0 m 过程中，增加幅度较大。在侧压系数 $\lambda=0.5$ 和 2.0 时，两帮移近量在跨度从 5.0 m 增加到 5.5 m 时发生突变，增加幅度较大；在侧压系数 $\lambda=1.0$ 和 1.5 时，两帮移近量在跨度从 4.5 m 增加到 5.0 m 时增加幅度较大。

(7) 根据不同巷道跨度、不同侧压系数、巷道围岩塑性区的分布特征以及支护难度大小，给出大跨度巷道的定义，并划分出大跨度巷道的类型。

4 大跨度巷道失稳垮冒规律与支护效果试验研究

随着巷道支护技术与理论的不断完善，矿井向大型化、生产高效集约化的方向发展。近年来，随着矿井开采深度的逐步增大，巷道的跨度也越来越大，加之一些矿区构造复杂，巷道稳定性控制难度加大。巷道开挖后，其围岩应力重新分布，巷道附近压应力集中，造成巷道失稳垮冒，特别是跨度较大的矩形巷道失稳垮冒现象时有发生。因此，研究大跨度巷道失稳垮冒规律与支护效果具有重要的现实意义。本章采用相似模拟试验的手段，对有支护和无支护的大跨度巷道在不同侧压和不同巷道埋深条件下的巷道围岩变形破坏规律进行试验研究，通过分析巷道围岩裂隙分布规律、垮冒规律、围岩应力分布及变化规律、锚杆受力状况等，得出大跨度矩形巷道失稳垮冒规律，进而评价支护效果，为提出有效的大跨度巷道控制理论与技术提供参考依据。

4.1 试验研究背景

4.1.1 试验目的及意义

4.1.1.1 试验背景

模型试验以山西环保能源开发股份有限公司五阳煤矿 7801 切眼为工程背景。

4.1.1.2 试验目的及意义

为了研究复合顶板大跨度巷道失稳垮冒规律与支护效果，根据新的相似模拟理论建立模型进行试验研究，模拟大跨度矩形巷道在无支护和有支护两种条件下变形、破坏、垮冒规律和破坏范围、顶板离层规律，以便掌握复合顶板大跨度巷道失稳机理，进而选择合理的支护形式和支护参数，为大跨度巷道围岩控制提供参考依据，为科学预测和控制大跨度巷道围岩稳定性问题提供基础。在不同垂压、不同侧压条件下，模拟巷道的变形破坏规律，为复合顶板大跨度巷道的支护设计及参数优化提供试验和理论依据。

4.1.2 7801切眼原支护形式及支护参数

4.1.2.1 7801切眼概况

五阳煤矿7801切眼倾斜长度为220 m,切眼跨度为8 m,沿底掘进,顶板属于厚复合顶板,切眼围岩物理力学参数及综合柱状图见章节3.1.1部分。

4.1.2.2 切眼原支护形式及支护参数

7801切眼正常段采用加长锚固预应力锚杆(索)组合支护系统,矩形断面,宽度为8 m,高度为3.2 m,切眼分两次成巷,小跨断面工作面推进方向后侧宽度为3.5 m,大跨断面工作面推进方向前侧宽度为4.5 m。

1. 顶板锚杆(索)支护形式

(1) 顶板锚杆支护形式

锚杆形式和规格:杆体为22# 左旋无纵筋螺纹钢筋,钢号为500号,长度为2.4 m,杆尾螺纹为M24。

锚固方式:树脂加长锚固,采用两支锚固剂,一支规格为K2335,另一支规格为Z2360。钻孔直径为30 mm。

W钢带规格:采用W钢带护顶,厚度为4 mm,宽度为280 mm,长度分别为3 200 mm和4 200 mm。

锚杆配件:采用M24高强锚杆螺母,配合高强托板调心球垫和尼龙垫圈,托盘采用拱形高强度托盘,托盘尺寸为150 mm×150 mm×10 mm,承载能力不低于30 t。

锚杆角度:全部垂直于顶板布置。

网片规格:采用金属网护顶,网孔规格为50 mm×50 mm,网片规格分别为3 900 mm×1 000 mm和4 900 mm×1 000 mm。

锚杆布置:锚杆排距为900 mm,每排9根锚杆,间距为1 000 mm。

锚杆预紧扭矩:≥400 N·m。

(2) 顶板锚索支护形式

锚索形式和规格:锚索材料为ϕ22 mm、1×7股高强度低松弛预应力钢绞线,长度为7 300 mm,钻孔直径为30 mm,采用1支K2335和2只Z2360树脂药卷锚固。

锚索托盘:采用尺寸为300 mm×300 mm×16 mm的高强度可调心托板及配套锁具,锚索托盘强度要大于400 kN。

锚索布置:每两排打 4 根锚索,小跨断面、大跨断面内锚索间距均为 2 000 mm,垂直于顶板岩层。

锚索预紧力:250 kN。

2. 巷帮支护形式

(1) 外侧帮(靠近采空区侧)支护形式

锚杆形式和规格:杆体为 22# 左旋无纵筋螺纹钢筋,钢号为 500 号,长度为 2.4 m,杆尾螺纹为 M24。

锚固方式:树脂加长锚固,采用两支锚固剂,一支规格为 K2335,另一支规格为 Z2360。钻孔直径为 30 mm。

W 钢带规格:采用 W 钢带护帮,钢带厚度为 4 mm,宽度为 280 mm,长度为 2 400 mm。

锚杆配件:采用 M24 高强锚杆螺母,配合高强托板调心球垫和尼龙垫圈,托盘采用拱形高强度托盘,托盘尺寸为 150 mm×150 mm×10 mm,承载能力不低于 260 kN。

网片规格:采用金属网护帮,网孔规格为 50 mm×50 mm,网片规格为 2 600 mm×1 000 mm。

锚杆布置:锚杆排距为 900 mm,每排 4 根锚杆,间距为 800 mm。

锚杆角度:垂直于煤帮安设。

锚杆预紧扭矩:≥400 N·m。

(2) 内侧帮(靠近煤墙侧)支护形式

巷道掘进采用二次成巷,一次掘进位置靠工作面推进方向后侧,掘进宽度为 3.5 m。二次掘进靠近工作面推进方向前侧,其帮采用可切割玻璃钢锚杆支护。

锚杆形式和规格:杆体直径为 20 mm 的玻璃钢锚杆,长度为 2 000 mm,杆尾螺纹为 M20。

锚固方式:树脂加长锚固,采用 1 支锚固剂,规格为 Z2360。钻孔直径为 30 mm。

锚杆配件:采用尺寸为 300 mm×200 mm×100 mm 的木垫板配合锚杆托盘。

锚杆布置:锚杆排距为 900 mm,每排 4 根锚杆,间距为 800 mm。

锚杆角度:垂直于煤墙布置。

切眼正常段支护形式如图 4-1 和图 4-2 所示。

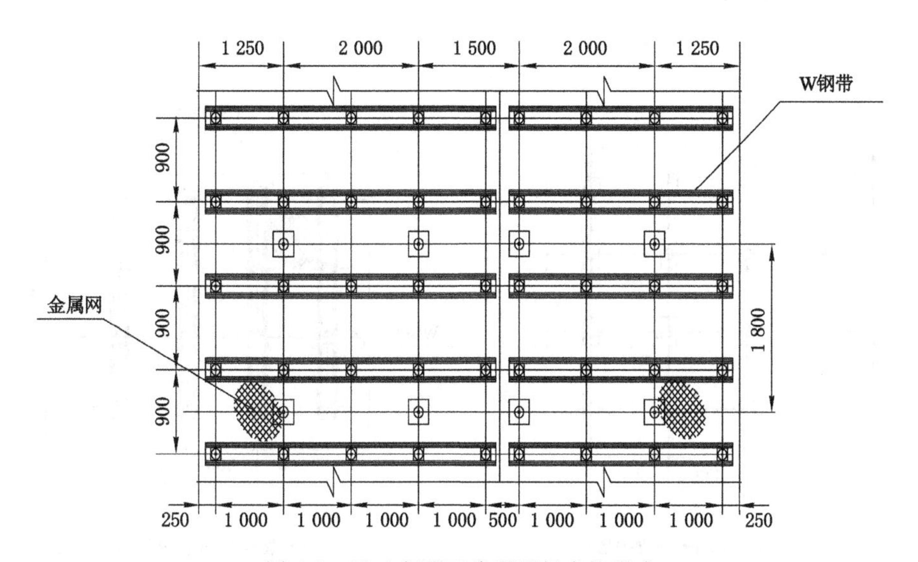

图 4-1 7801 切眼正常段顶板支护形式

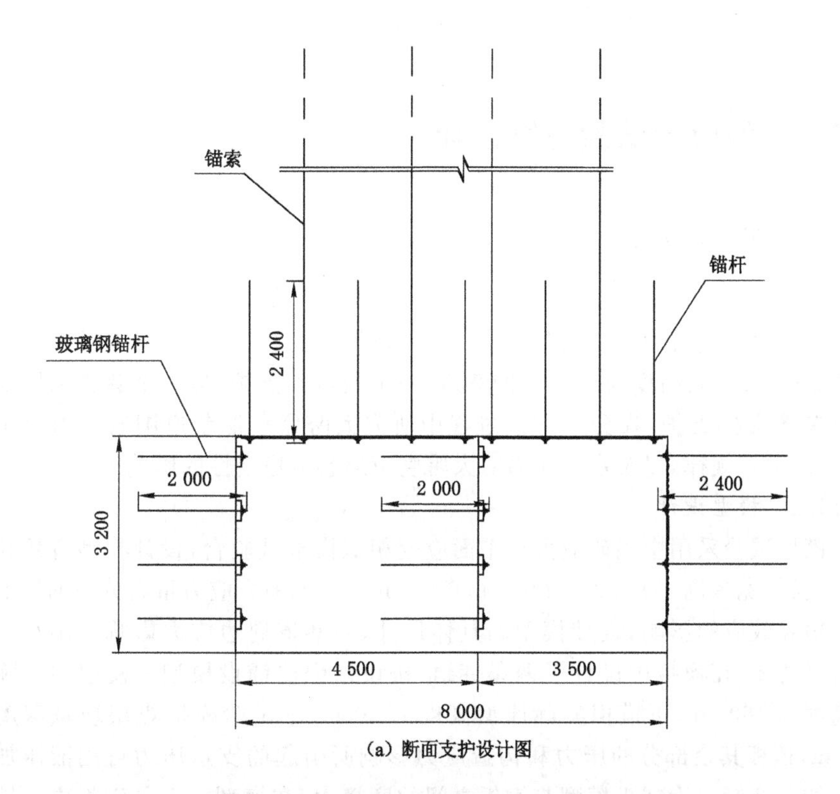

(a) 断面支护设计图

图 4-2 7801 切眼正常段断面支护设计图

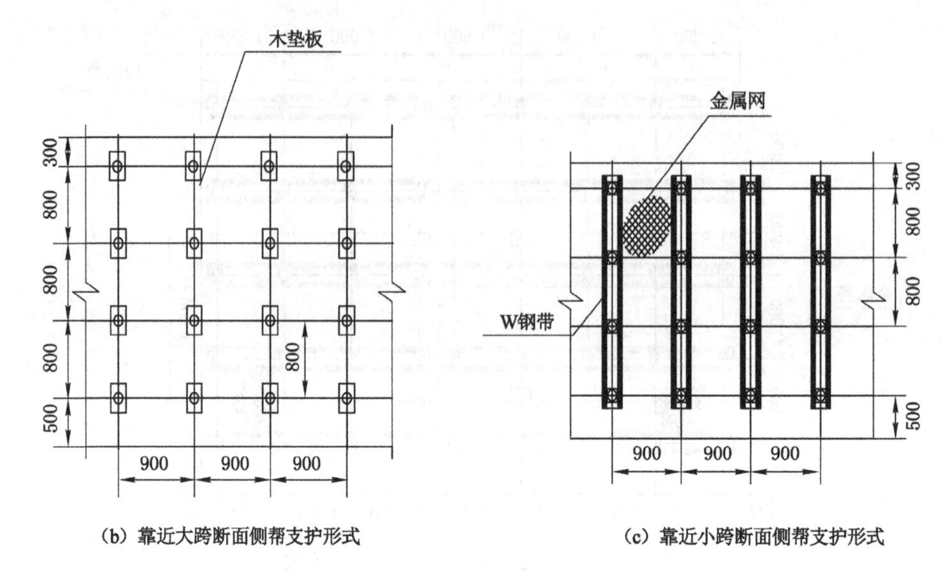

(b) 靠近大跨断面侧帮支护形式

(c) 靠近小跨断面侧帮支护形式

图 4-2(续)

4.2 相似模拟试验方案设计

4.2.1 试验方案设计

4.2.1.1 试验内容

在围岩、支护体与原型相似的条件下,按设计的程序,在煤层中沿顶板开挖两个宽度为 8 m、高度为 3.2 m 的巷道,一个巷道不支护,另一个巷道采用锚网索+单体支柱支护,在分级加载过程中研究大跨度矩形巷道围岩应力分布规律、变形破坏规律,以及水平应力对大跨度矩形巷道稳定性的影响等。

4.2.1.2 模型设计

模拟试验采用中国矿业大学平面应变相似模拟试验台,设计模型有效几何尺寸(长×宽×高)为 3.2 m×0.4 m×1.6 m。考虑围岩应力重新分布的影响范围及边界效应的影响,设计模型的具体尺寸,使巷道周边应力影响范围小。为了研究需要,在模拟中设计了两条巷道,按设计配比铺设模型。模型的实际铺设高度为 160 cm,可模拟实际原型高度为 40 m,本试验模拟煤层埋藏深度为 800 m,顶板其余部分的压力和构造应力影响所引起的支承压力可用液压加载系统加以补偿。为减小模型与钢板之间的摩擦力,在模型材料与钢板之间铺一层塑料薄膜夹黄油。

4.2.2 微型预应力锚杆装置研制

4.2.2.1 研制背景

相似模拟试验是岩土、采矿等相关领域用于研究的重要手段之一。国内外的研究与实践表明，预应力是锚杆支护中的关键参数，对支护效果起决定性作用。预应力锚杆支护属于真正的主动支护，能及时控制锚固区围岩的离层、滑动、裂隙张开、新裂纹产生等扩容变形，使围岩处于受压状态，抑制围岩弯曲变形、拉伸与剪切破坏的出现，保持围岩的完整性，减小围岩强度的降低。锚杆受力的监测是研究硐室、巷道、隧道、边坡等相关领域围岩压力及确定锚杆支护参数的重要手段，而相似模拟试验中锚杆预应力很难施加上去，即使加上去也不知道预应力的大小，在相似模拟中锚杆受力情况不能准确、科学地监测。因此在研究巷道预应力锚杆支护，采用相似模拟试验时，必须研究一种微型预应力锚杆装置，既可以准确、方便地监测锚杆受力情况，又可以施加一定大小的预应力。

4.2.2.2 具体研制方法

在进行相似模拟试验时，采用了弹性变形铁片板，定量施加锚杆预应力。弹性变形铁片板具有一定的弹性，可以起到让压的作用，在弹性变形铁片板与小锁具之间加了力的调节板，可以使弹性变形铁片板均匀、稳定受力。在模拟锚杆支护时，小型压力环通过传输数据线与电阻应变仪相连，根据事先标定好的应力-应变回归方程转化为锚杆受力，可以准确、方便地监测锚杆工况。由于该微型预应力锚杆装置设计合理、操作方便、测量准确，在相似模拟试验中应用效果好，因此该装置将具有明显的经济效益和实用价值。微型预应力锚杆结构如图 4-3 所示。

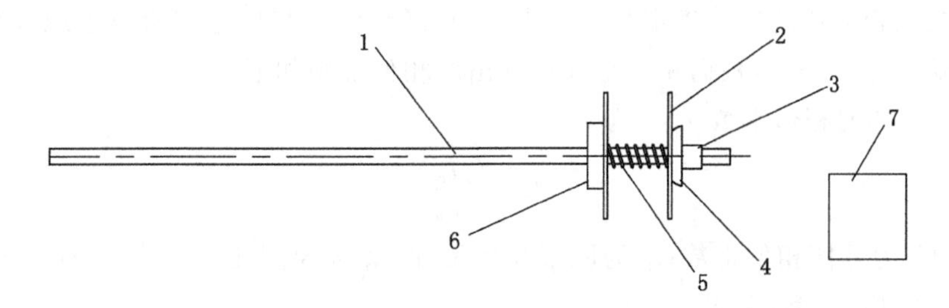

1—预应力锚杆；2—薄铁片；3—小锁具；4—力的调节板；
5—弹簧；6—小型压力环；7—电阻应变仪。

图 4-3 微型预应力锚杆结构图

4.2.2.3　具体实施过程

由图 4-3 可知，微型预应力锚杆装置由预应力锚杆、薄铁片、弹簧、力的调节板、小锁具、小型压力环和电阻应变仪组成，小型压力环通过数据传输线与电阻应变仪相连。

薄铁片设计形状为方形，其中心位置加工中心孔，两个薄铁片与弹簧焊接在一起组成弹性变形铁片板，用于施加锚杆预应力。施加预应力的大小可以通过弹簧的变形量及标定好的弹簧弹性模量计算得出。在弹性变形铁片板下面设置小型压力环(压力环中部设有小孔)，弹性变形铁片板与小锁具之间设置力的调节板，在力的调节板中间加工中心孔，其形状为圆形，用于使弹性变形铁片板受力均匀、稳定。施加需要的预应力后，使用小锁具锁住锚杆杆体，预应力锚杆杆体材料采用铅锑合金保险丝，锚固剂采用聚醋酸乙烯乳液加石膏和水调和而成，保险丝具有一定的强度和刚度。在进行相似模拟试验时，小型压力环通过数据传输线与电阻应变仪相连接，根据标定好的应力-应变回归方程计算出预应力锚杆受力大小。

4.2.3　试验方案实现

4.2.3.1　试验材料基本参数

1. 模型相似材料

模型中煤岩体相似材料采用骨料(黄砂)、胶结材料(石膏、石灰)、水、锯末按一定比例配制而成，煤岩层之间用云母粉隔开(以示分层)，其弹性模量和强度可通过各组分所占比例来控制。根据模拟试验的相似要求，对材料的配比进行了选择，选定后的模型材料的物理力学指标见表 4-1。

2. 模拟相似比的确定

模拟相似比的准确确定是试验成功的关键之一，相似定理给出了现象相似的必要和充分条件，根据相似定理推导出的相似准则如下。

(1) 几何相似常数

$$C_l = \frac{l_p}{l_m} \tag{4-1}$$

式中：C_l 为几何相似常数；l_p 为原型几何尺寸；l_m 为模型几何尺寸；角标 p、m 分别对应原型、模型，下同。

(2) 密度相似常数

$$C_r = \frac{r_p}{r_m} \tag{4-2}$$

式中：C_r 为密度相似常数；r_p 为原型材料密度；r_m 为模型材料密度。

表 4-1 模型材料的物理力学指标

层数	岩性	原型厚度/m	模型厚度/cm	模型累计厚度/cm	原型抗压强度/MPa	水、节理弱化后强度/MPa	相似材料抗压强度/kPa	原型材料密度/(kg/m^3)	相似材料密度/(kg/m^3)	岩层总质量/kg	配比(砂子：碳酸钙：石膏：水)	砂子的质量/kg	碳酸钙的质量/kg	石膏的质量/kg	水的质量/kg
12	泥岩	0.775	3.1	160.0	25.0	20.0	480.0	2 450	1 470	58.33	8：0.7：0.3：0.9	51.85	4.54	1.94	5.83
11	粉砂岩	3.000	12.0	156.9	32.0	25.6	614.4	2 400	1 440	221.18	9：0.4：0.6：1	199.07	8.85	13.27	22.12
10	细粒石英砂岩	3.000	12.0	144.9	65.4	52.3	1 255.7	2 700	1 620	248.83	5：0.5：0.5：0.6	207.36	20.74	20.74	24.88
9	泥岩	1.500	6.0	132.9	25.0	20.0	480.0	2 450	1 470	112.90	8：0.7：0.3：0.9	100.35	8.78	3.76	11.29
8	中粒长石砂岩	5.060	20.2	126.9	55.0	44.0	1 056.0	2 550	1 530	3 95.60	4：0.6：0.4：0.5	316.48	47.47	31.65	39.56
7	砂泥岩互层	5.670	22.7	106.7	24.0	19.2	460.8	2 500	1 500	435.84	8：0.7：0.3：0.9	387.41	33.90	14.53	43.58
6	碳质泥岩	0.300	1.2	84.0	22.0	17.6	422.4	2 480	1 488	22.86	9：0.7：0.3：1	20.57	1.60	0.69	2.29
5	3#煤	5.450	21.8	82.8	21.0	16.8	403.2	1 250	750	209.28	8：0.6：0.4：0.9	186.03	13.95	9.30	20.93
4	泥岩	3.800	15.2	61.0	25.0	20.0	480.0	2 450	1 470	286.00	8：0.7：0.3：0.9	254.23	22.24	9.53	28.60
3	砂质泥岩	3.460	13.8	45.8	28.0	22.4	537.6	2 500	1 500	264.96	7：0.7：0.3：0.8	231.84	23.18	9.94	26.50
2	细粒长石砂岩	5.000	20.0	32.0	58.5	46.8	1123.2	2 600	1 560	399.36	5：0.6：0.4：0.6	332.80	39.94	26.62	39.94
1	砂质泥岩	3.000	12.0	12.0	28.0	22.4	537.6	2 500	1 500	230.40	7：0.7：0.3：0.8	201.60	20.16	8.64	23.04

(3) 应力与强度相似常数

$$C_\sigma = C_r C_l \tag{4-3}$$

式中:C_σ 为应力与强度相似常数。

(4) 相似指标

$$\frac{C_\sigma}{C_l C_r} = 1 \tag{4-4}$$

为了减小模型架边界效应的影响,根据巷道围岩应力重新分布的影响范围及模型架的实际尺寸(长×高×宽=3.2 m×1.8 m×0.4 m),并借鉴以往模拟试验经验,取模拟试验几何相似常数 $C_l=\frac{l_{\mathrm{p}}}{l_{\mathrm{m}}}=25$。

本试验选取原型煤岩层平均密度为 2.5 t/m^3,相似模拟材料平均密度为 1.5 t/m^3,密度相似常数 $C_r=\frac{r_{\mathrm{p}}}{r_{\mathrm{m}}}\approx 1.67$。

按相似准则,应力与强度相似常数 $C_\sigma=C_r C_l\approx 41.75$。

时间因素对回采巷道的影响主要体现在围岩的流变变形上,而通常这一变形明显小于受采动影响的变形,根据本次试验的目的,未引入时间相似比。

4.2.3.2 模型巷道支护方式及支护材料制作

模型巷道采用锚网索支护,顶板锚杆 7 排,每排 5 根,帮锚杆 7 排,每排 2 根,共需锚杆 63 根;顶锚索 3 排,每排 2 根,共需 6 根;锚杆排距为 60 mm,顶锚杆间距为 60 mm,帮锚杆间距为 50 mm,锚索排距为 120 mm,间距为 120 mm。

支护构件设计:锚杆采用新研制的微型预应力锚杆装置,锚杆杆体材料用 ϕ2 mm 保险丝,长度为 80 mm;锚索用 ϕ2.2 mm 保险丝,长度为 280 mm;锚杆(索)锚固剂采用聚醋酸乙烯乳液加石膏和水调和而成,用 10 mm×10 mm×0.5 mm 的薄铁片来模拟锚杆托板、15 mm×15 mm×0.5 mm 的薄铁片来模拟锚索托板,金属网用塑料纱网,竹棍模拟单体支柱,木板模拟单体支柱顶梁。

4.2.3.3 模拟试验监测内容、仪器及测点布置

1. 模拟试验监测内容

(1) 监测大跨度巷道表面位移;

(2) 监测巷道变形破坏特征;

(3) 监测锚杆受力状况;

(4) 监测巷道围岩应力变化规律。

2. 模拟试验监测仪器

(1) 压力盒:监测巷道围岩所受的应力;

(2) 应变仪:监测应变;

(3) 微型预应力锚杆装置:监测锚杆受力;

(4) 位移计:测量巷道围岩表面位移;

(5) 摄像机:拍摄巷道变形、破坏情况。

3. 应力和位移测点布置

为了监测巷道围岩变形,在模型巷道中布置位移计监测巷道围岩顶底板移近量及两帮移近量。为了研究巷道垮冒规律及模型表面位移情况,在模型表面巷道四周设计测点,如图 4-4 所示。根据研究需要,在模型中埋设了 23 个压力盒,1# 压力盒位于左侧无支护巷道底板,距离煤层底板 3 cm 处;2# 压力盒位于左侧巷道左帮侧,距巷帮 10 cm、巷道顶板 8 cm、模型表面 15 cm 处;3# 压力盒位于距巷帮 10 cm、巷道顶板 4 cm、模型表面 25 cm 处;11# 压力盒位于模型中部,距巷道顶板 4 cm、巷道左帮 7 cm 处;12# 压力盒位于模型中部,距巷道顶板 14 cm、巷道左帮 7 cm 处;13# 压力盒位于模型中部,距离巷道顶板 29 cm、巷道左帮 7 cm 处;14# 压力盒位于模型中部,距离巷道顶板 8 cm、巷道右帮 9 cm 处;15# 压力盒位于模型中部,距离巷道顶板 18 cm、巷道右帮9 cm 处;16# 压力盒位于模型中部,距巷道顶板 23 cm、巷道右帮 9 cm 处;23# 压力盒位于模型中部巷道中心部位,距巷道顶板 33 m 处。两巷压力盒对称布置,巷道左右两帮压力盒对称布置,如图 4-5 所示。

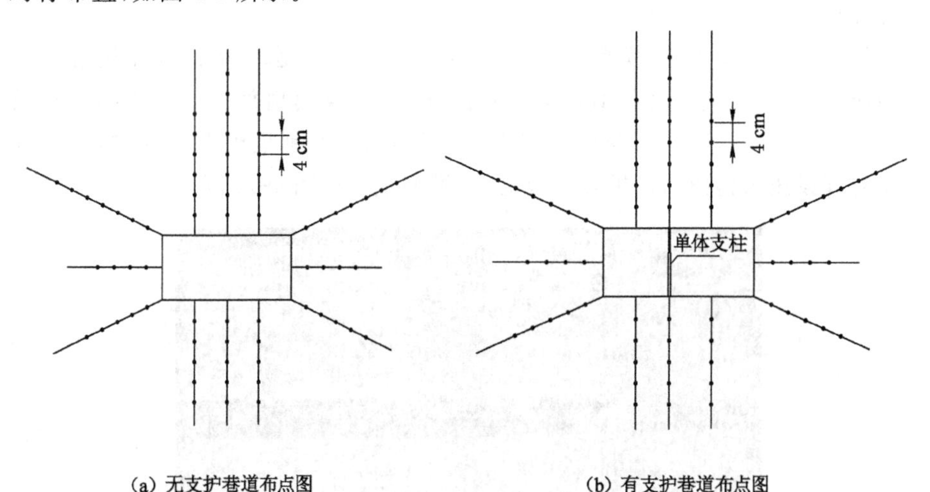

(a) 无支护巷道布点图　　(b) 有支护巷道布点图

图 4-4　大跨度矩形巷道模型表面位移布点图

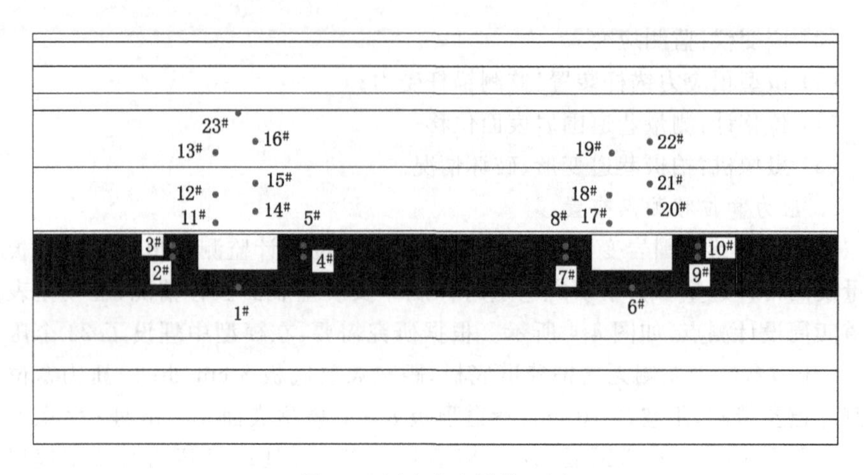

图 4-5　压力盒布设位置图

4.3　模拟试验具体实施过程

4.3.1　模型制作过程

4.3.1.1　模型铺设过程

根据相似模拟理论，模型材料由黄砂、石膏、石灰、水等按设计比例混合配制而成，按照设计的模型相似常数确定配比号，计算模型每一层需要的材料质量，从下向上逐层铺设，层与层之间用云母粉隔开，在铺设模型的同时，在设计的位置埋设压力传感器。拆除钢板前、后模型全貌如图 4-6 所示。

(a) 拆除钢板前

图 4-6　拆除钢板前、后模型全貌

(b) 拆除钢板后

图 4-6(续)

4.3.1.2　*巷道开挖及支护系统安装*

模型铺设好后,待模型干燥取下钢板,开挖巷道。本相似模拟试验,在模型中沿煤层顶板开挖两个矩形巷道,两个巷道尺寸(高×宽)均为 12.8 cm×32.0 cm,一个巷道无支护,另一个巷道采用设计的锚网索支护+竹棍+组合构件联合支护形式,锚杆采用自行研制的微型预应力锚杆装置。巷道开挖顺序是先开挖大跨断面(跨度为 18 cm),再开挖小跨断面(跨度为 14 cm),巷道开挖后铺网,架设木棍作临时支护,用微型钻机打孔,安装锚杆(索)及组合构件。模型中巷道开挖位置及支护如图 4-7 所示,模型开挖支护过程如图 4-8 所示。在模型表面布设测点观测巷道垮冒高度及位移情况,如图 4-9 所示。图 4-10 为模型巷道微型预应力锚杆支护图。

4.3.2　模型加载过程

4.3.2.1　*模型加载方法*

本模型中使用国际先进的 WY-300/V 型液压稳压加载系统,该系统由上部 7 个液压千斤顶和两侧各 4 个液压千斤顶组成。通过厚度为 2 cm 的钢板均匀地作用在模型上部,对上覆模拟岩层形成均匀载荷,模型在变形过程中,液压稳压源可自动补液,侧向压力从垂直压力的 1/2 逐渐增加到 1.5 倍。

加载钢板的质量为 0.5 t,为方便研究问题,试验中假设模型自重和钢板重量与模型和钢板之间的摩擦力基本抵消。当巷道埋深为 800 m 时,模型中顶板岩层厚度为 0.772 m,上部补偿岩层(包括表土层)厚度为 780.7 m,相当于模型

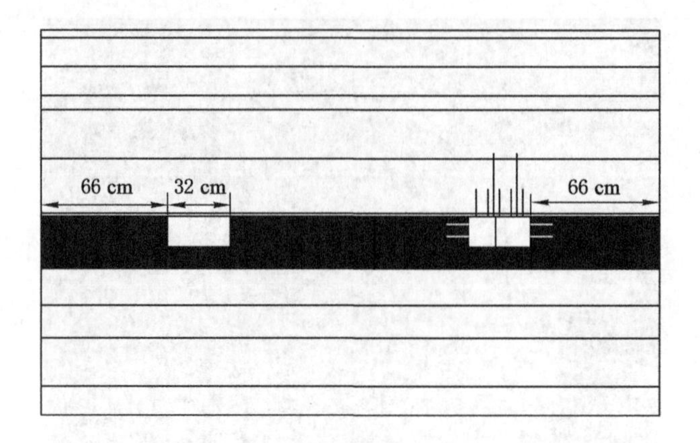

图 4-7　巷道开挖位置及支护图

图 4-8　模型开挖支护过程

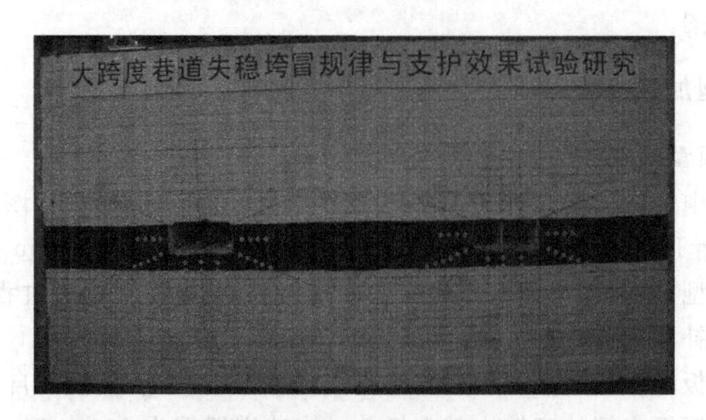

图 4-9　模型表面位移布点图

图 4-10 模型巷道微型预应力锚杆支护图

上部岩层厚度为 31.228 m，取模型上部岩层密度为 1.5 t/m^3（与相似材料平均密度一致），模型需要施加的垂直压力为 0.468 MPa，模拟加载到巷道埋深为 1 000 m 时的垂直压力。应力及位移监测系统如图 4-11 所示。

图 4-11 应力及位移监测系统

4.3.2.2 加载具体方案

模拟加载到 1 000 m 埋深巷道的垂直压力为 0.588 MPa，由于 7801 切眼处于深部构造复杂区，当巷道埋深为 800 m 及以上时，考虑侧压系数 $\lambda=1.0$ 或 $\lambda=1.5$ 两种情况；当巷道埋深为 800 m 以下时，只考虑侧压系数 $\lambda=1.0$ 的情况。具体加载方案如表 4-2 所示。

表 4-2　模型加载方案

巷道埋深/m	相当模型顶板高度/m	垂直压力/MPa	侧压系数λ	水平应力/MPa	模型巷道顶板高度/m	需施加垂直应力/MPa
100	8	0.06	1.0	0.06	0.772	0.048
			1.5	0.09		
200	8	0.12	1.0	0.12		0.108
			1.5	0.18		
300	12	0.18	1.0	0.18		0.168
			1.5	0.27		
400	16	0.24	1.0	0.24		0.228
			1.5	0.36		
500	20	0.30	1.0	0.30		0.288
			1.5	0.45		
600	24	0.36	1.0	0.36		0.348
			1.5	0.54		
700	28	0.42	1.0	0.42		0.408
			1.5	0.63		
800	32	0.48	1.0	0.48		0.468
			1.5	0.72		
900	36	0.54	1.0	0.54		0.528
1 000	40	0.60	1.0	0.60		0.588

4.4　试验结果分析及支护效果评价

试验巷道为7801切眼，跨度为8 m，沿顶掘进，对模型进行3 d的加载及拆卸压的试验，得到了有支护条件下和无支护条件下两大跨度切眼围岩变形、破坏图片，以及围岩应力和位移数据。通过对试验数据进行分析，得出大跨度巷道失稳垮冒规律并验证支护效果，找出大跨度巷道失稳的原因，对大跨度巷道稳定性控制提供参考依据和试验基础。

4.4.1　大跨度巷道围岩微裂隙分布规律

巷道失稳的主要原因是围岩应力的作用使围岩产生微裂隙，微裂隙进一步扩展，最后贯通，导致巷道围岩破坏失稳。由于微裂隙很难直接观察到，仅仅通过模型试验巷道破坏变形的图片，很难分析围岩裂隙的演化过程。为了研究巷道围岩微裂隙演化过程，采用 MATLAB 软件，利用数字图像处理技术，分析对模型加载垂直压力 0.588 MPa(巷道埋深为 1 000 m)，加载侧压 0.6 MPa($\lambda=1.0$)时，有无支护条件下巷道围岩微裂隙的分布规律。

4.4.1.1 图片分析原理及手段

一幅图像可定义为一个二维函数 $f(x,y)$，这里 x 和 y 是空间坐标，而在任何一对空间坐标(x,y)上的幅值 f 称为该点图像的强度或灰度。当(x,y)和幅值 f 为有限的、离散的数值时，称该图像为数字图像。数字图像处理是指借用数字计算机处理数字图像，数字图像是由有限的元素组成的，每一个元素都有一个特定的位置和幅值，这些元素称为图像元素、画素元素或像素。像素是广泛用于表示数字图像元素的词汇。

用 $f(x,y)$二维函数形式表示图像，在特定的坐标二维函数 $f(x,y)$处，f 的值或幅度是一个正的标量，其物理意义由图像源决定。当一幅图像从物理过程中产生时，它的值正比于物理源的辐射能量。因此，$f(x,y)$一定是非零和有限的，即：

$$0 < f(x,y) < \infty \tag{4-5}$$

函数 $f(x,y)$可由两个分量来表征：① 入射到观察场景的光源总量和；② 场景中物体反射光的总量。相应地称为入射分量和反射分量，并分别表示为 $i(x,y)$和 $r(x,y)$。两个函数合并成 $f(x,y)$：

$$f(x,y) = i(x,y)r(x,y) \tag{4-6}$$

其基本条件如下：

$$0 < i(x,y) < \infty \tag{4-7}$$

$$0 < r(x,y) < 1 \tag{4-8}$$

因此，允许以下面的紧凑矩阵形式写出完整的 $M \times N$ 数字图像：

$$f(x,y) = \begin{bmatrix} f(0,0) & f(0,1) & \cdots & f(0,N-1) \\ f(1,0) & f(1,1) & \cdots & f(1,N-1) \\ \vdots & \vdots & \ddots & \vdots \\ f(M-1,0) & f(M-1,1) & \cdots & f(M-1,N-1) \end{bmatrix} \tag{4-9}$$

矩阵中的每个元素称为图像单元、图像元素或像素，图像和像素这两个术语用以表示数字图像及其元素。

利用以上数字图像处理技术，首先读取图像的全部数据到矩阵，定义图像的宽度为坐标轴的 x 轴，高度为 y 轴，并得到图像信息。之后创建与图像大小对应的网格，用图像灰度值填充高度值，定义为坐标轴的 z 轴，并绘制相应的三维图像。通过这种方法得到图片的像素分布图及相应的裂隙像素识别分布图。

由于裂隙的地方像素相对较低，裂隙越大、越深，像素就越低，再根据像素从高到低的变化，图像的颜色就从红、黄、蓝变化，通过各区域的像素值及像素识别图的颜色变化，判断微裂隙分布情况。

4.4.1.2　巷道围岩微裂隙分析

如图 4-12 和图 4-13 中，从左到右，依次选择四个方形区域分别为 A 区域、B 区域、C 区域、D 区域。采用 MATLAB 软件，利用数字图像处理技术对图 4-12 和图 4-13 进行处理，得到图 4-14 和图 4-15 的图像像素分布图和图 4-16、图 4-17 的裂隙像素识别图。通过比较图片中各点像素值的大小，再通过观察图 4-16 和图 4-17 的各区域的颜色可知：

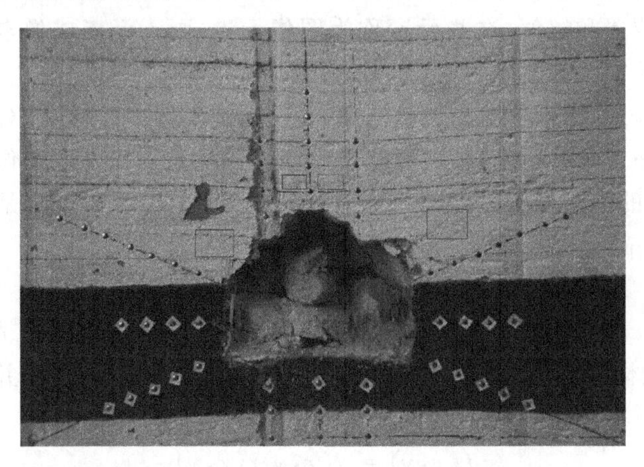

图 4-12　无支护巷道围岩变形破坏图(巷道埋深 1 000 m，$\lambda=1$)

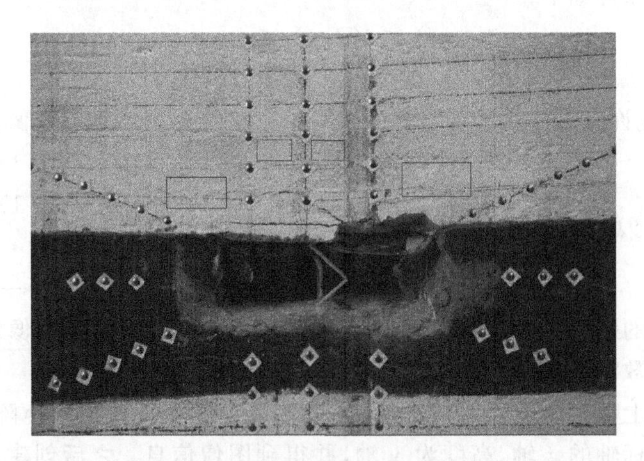

图 4-13　有支护巷道围岩变形破坏图(巷道埋深 1 000 m，$\lambda=1$)

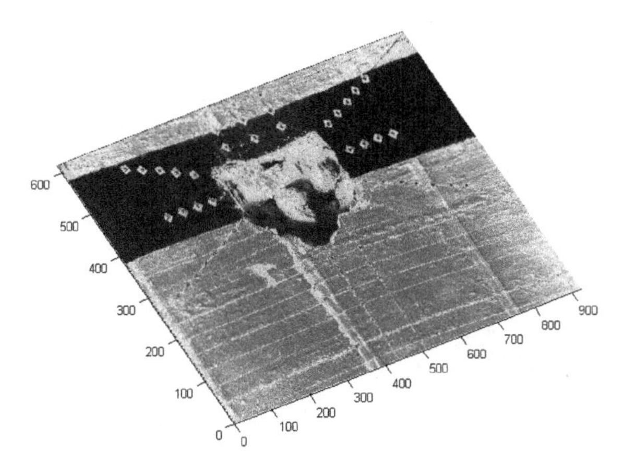

图 4-14　图 4-12 的像素分布图

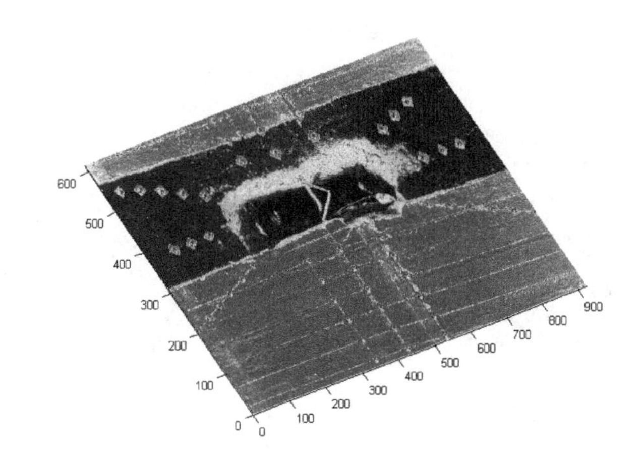

图 4-15　图 4-13 的像素分布图

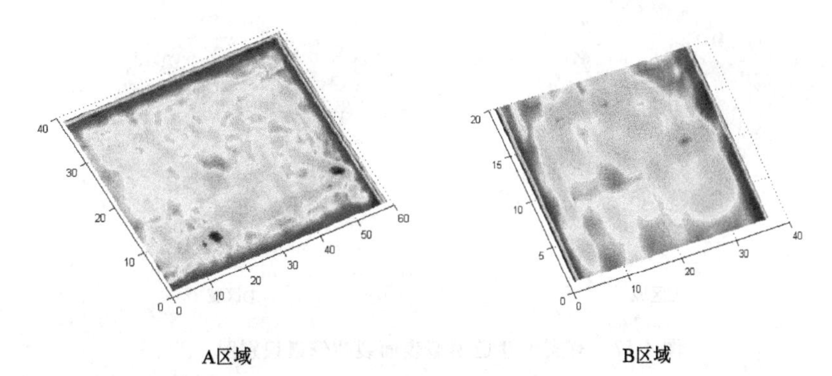

图 4-16　无支护巷道模型表面裂隙像素识别图

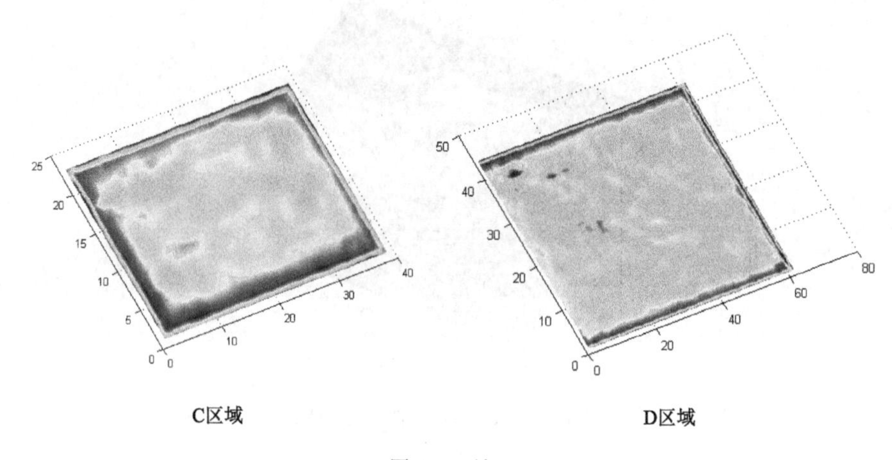

图 4-16(续)

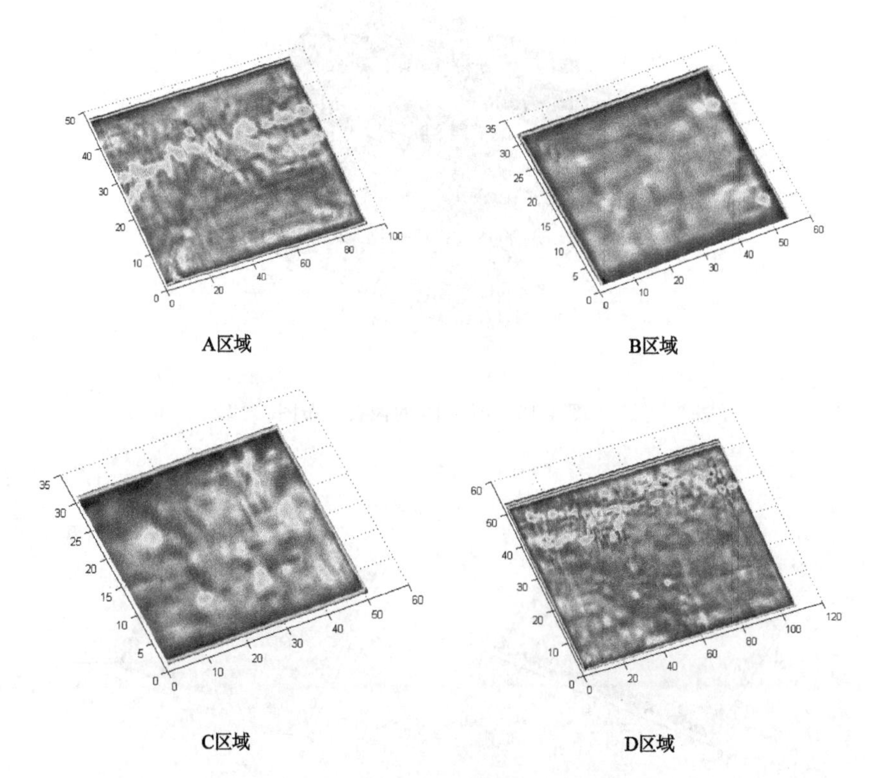

图 4-17　有支护巷道模型表面裂隙像素识别图

无支护巷道(埋深 1 000 m,$\lambda=1.0$)垮落拱四周微裂隙非常发育。A 区域有 3 条纵向-弧形微裂隙,裂隙发育角大约为 45°(裂隙发展方向与水平方向夹角);B 区域和 C 区域有 2 条沿水平方向发展的横向微裂隙,与巷道跨度方向平行,D 区域有多条纵向-弧形微裂隙,裂隙发育角度为 30°~45°。

有支护巷道(埋深 1 000 m,$\lambda=1.0$)顶板离层变形,微裂隙较发育。A 区域有 1 条沿水平方向发育的横向微裂隙;B 区域和 C 区域各有 1 条沿水平方向发育的横向微裂隙;D 区域有 2 条纵向-弧形微裂隙,裂隙发育角度为 60°左右。

4.4.2 巷道破坏过程及垮冒规律

7801 切眼为厚复合顶板,在开挖过程中,无支护巷道顶板 0.3 m 厚的伪顶碳质泥岩垮落,有一排竹棍减跨支护的巷道,无垮冒现象,如图 4-18 所示。

图 4-18 巷道刚开挖后的巷道模型

当垂直压力加载到 0.288 MPa、侧压加载到 0.45 MPa(埋深为 500 m,$\lambda=1.5$)时,无支护巷道直接顶(砂泥互层下位岩层)开始垮落,垮落岩层厚度为 0.7 m,垮落高度达到 1 m,垮落形状为拱形,在巷道顶板及两肩角出现裂隙,底板底鼓;采用预应力锚杆支护的巷道无垮冒现象,但巷道顶板变形较大,竹棍出现较大弯曲变形,巷道顶板出现较大裂隙,两肩角出现微裂隙,如图 4-19 所示。

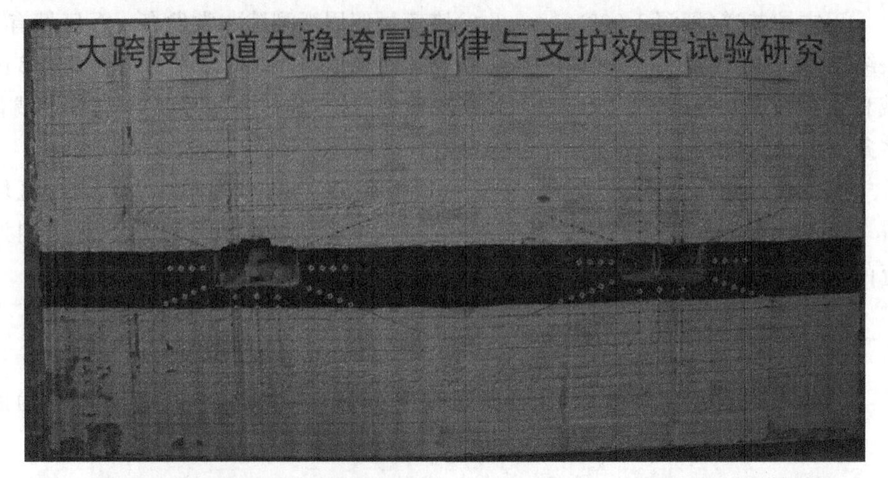

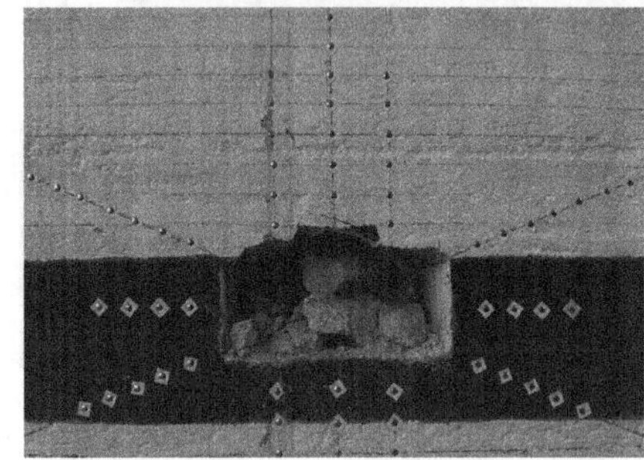

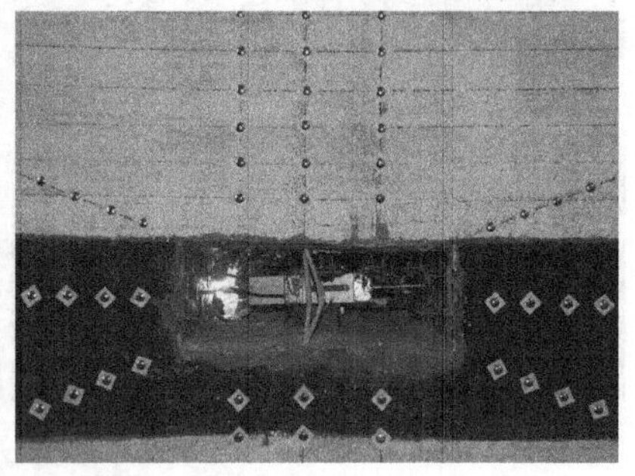

图 4-19　加载后巷道变形破坏情况(埋深为 500 m,$\lambda=1.5$)

当垂直压力加载到 0.468 MPa、侧压加载到 0.72 MPa(埋深为 800 m,$\lambda=1.5$)时,无支护巷道垮落高度达增加到 3 m,垮落形状呈楔形,巷道顶板及两肩角出现较多裂隙,巷道片帮、底鼓严重;有支护巷道变形、离层加大,在巷道顶板出现较大离层现象,部分竹棍折断,帮部位移较大,片帮、底鼓现象严重,如图 4-20 所示。

当垂直压力加载到 0.588 MPa、侧压加载到 0.6 MPa(埋深为 1 000 m,$\lambda=1.0$)时,无支护巷道垮落高度达到 3.5 m,垮落形状为拱形,巷道围岩变形严重,煤壁片帮,底鼓量加大,顶板围岩扩展高度达 6 m,两肩角及上部出现较多纵向-弧形裂隙,巷道顶板围岩除了垮落形状呈拱形外,在垮落拱外围,垮落拱上方还出现一个自稳拱的轮廓;有支护巷道围岩变形量较大,顶板离层量进一步加大,大部分竹棍折断,顶板及两肩角裂隙加大、增多,片帮、底鼓现象更加严重,顶板缓慢下沉量达到 1 m 以上,巷道围岩出现一个自稳隐形拱,如图 4-21 所示。

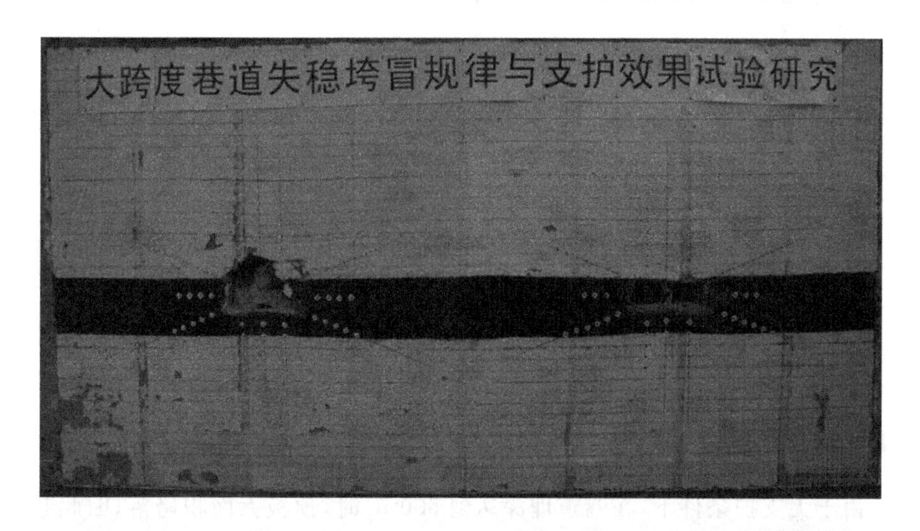

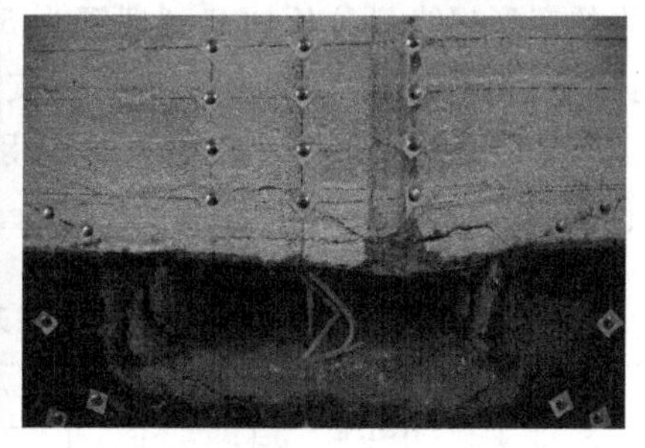

图 4-20 加载后巷道变形破坏情况(埋深为 800 m,λ=1.5)

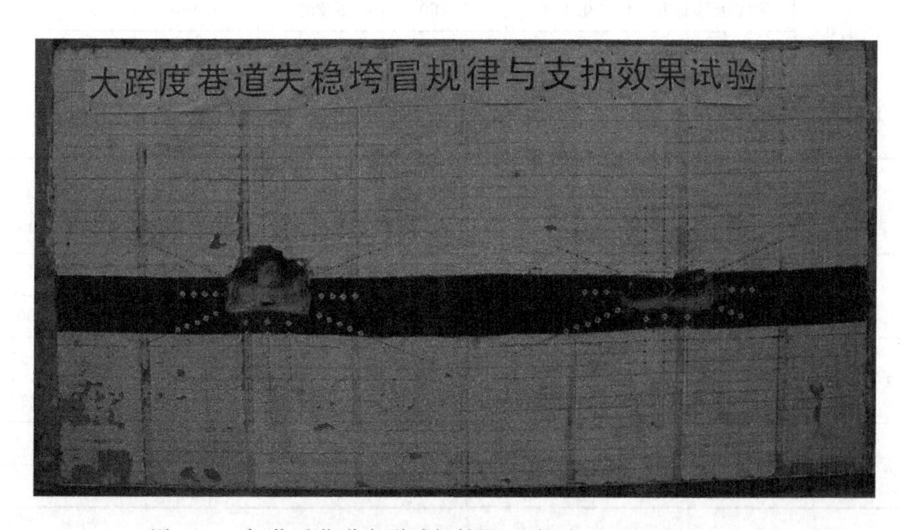

图 4-21 加载后巷道变形破坏情况(埋深为 1 000 m,λ=1.0)

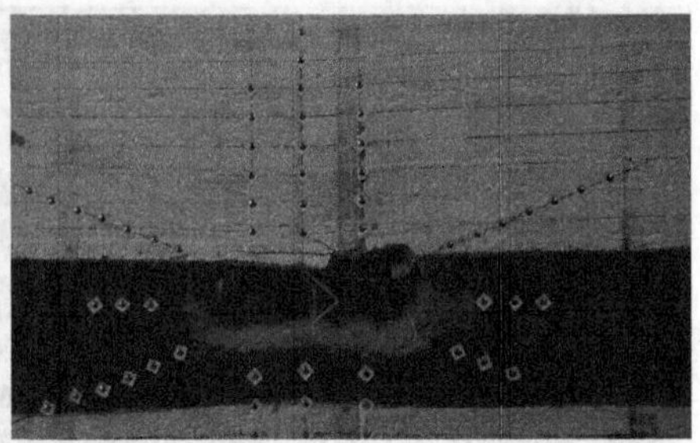

图 4-21(续)

4.4.3 围岩变形分析

由于无支护条件下，在巷道埋深达到 500 m 时，顶板大面积垮落，因此巷道围岩的变形规律只分析加载到埋深为 500 m 垂直压力条件下的巷道围岩变形数据。表 4-3 和表 4-4 分别给出了无支护及有支护条件下不同埋深、不同侧压巷道围岩变形量，图 4-22 和图 4-23 分别给出了不同侧压条件下无支护及有支护巷道围岩位移随巷道埋深的变化曲线。

表 4-3　不同侧压、不同埋深无支护条件下巷道围岩变形量　　单位：mm

λ	移近量	巷道埋深/m				
		100	200	300	400	500
λ=1.0	顶底板移近量	0.440	1.260	3.259	6.498	14.740
	两帮移近量	0.045	0.240	1.116	1.820	2.680
λ=1.5	顶底板移近量	0.870	2.289	5.583	14.508	14.772
	两帮移近量	0.058	0.734	1.570	2.460	4.140

表 4-4　不同侧压、不同埋深有支护条件下巷道围岩变形量　　单位：mm

λ	移近量	巷道埋深/m									
		100	200	300	400	500	600	700	800	900	1 000
λ=1.0	顶底板移近量	0.020	0.045	1.220	2.886	6.611	7.634	23.250	35.520	39.980	42.055
	两帮移近量	0.015	0.250	0.603	1.023	1.350	2.950	7.983	10.250	12.768	13.233
λ=1.5	顶底板移近量	0.023	0.663	1.731	5.614	8.456	10.842	31.265	37.635		
	两帮移近量	0.021	0.425	0.842	1.140	2.540	4.370	9.820	11.650		

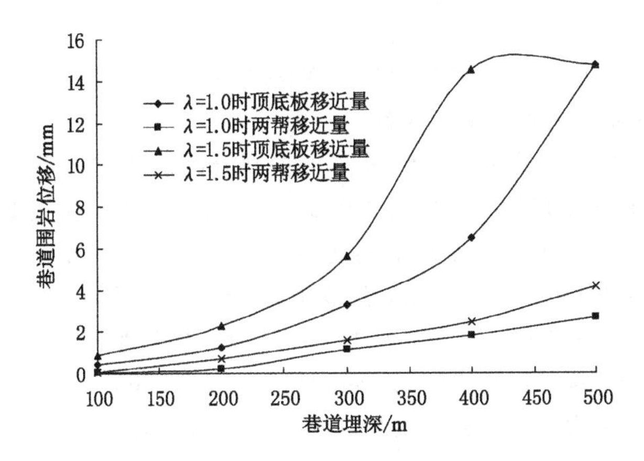

图 4-22 不同侧压条件下无支护巷道围岩位移随巷道埋深变化曲线

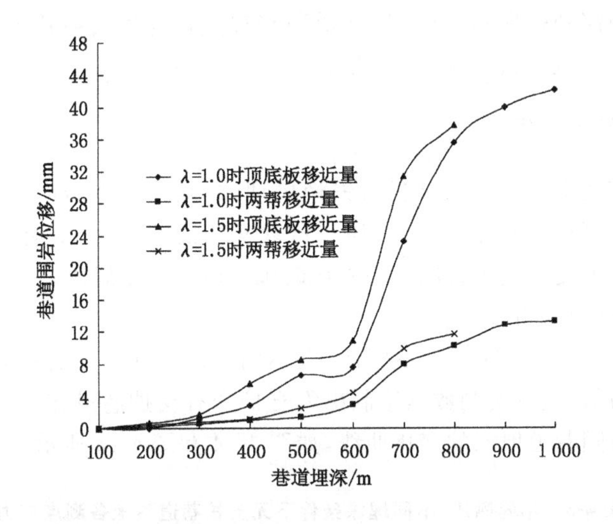

图 4-23 不同侧压条件下有支护巷道围岩位移随巷道埋深变化曲线

4.4.3.1 *无支护巷道围岩变形规律*

无支护巷道围岩变形量较大，巷道顶底板移近量随侧压及埋深的增加而增大，由于在开挖过程顶板就有 0.3 m 厚的岩层垮落，因此增加幅度小，两帮移近量随侧压增加而增大，增加幅度也大，两帮移近量小于顶底板移近量。当 λ=1.0 时，巷道埋深从 100 m 变化到 500 m，模型中巷道顶底板移近量从 0.44 mm 增加到 14.74 mm，增加了 32.5 倍，模型中两帮移近量从 0.045 mm 增加到 2.680 mm，增加了 58.56 倍；当 λ=1.5 时，巷道埋深从 100 m 变化到 500 m，模型中巷道顶底板移近量从 0.870 mm 增加到 14.772 mm，增加了 15.98 倍，模型中两帮移近量从 0.058 mm 增加到 4.140 mm，增加了 70.38 倍。顶底板移近量在 300 m 埋深时发生突变，增加速率增大，两帮移近量变化较平稳。

4.4.3.2 有支护巷道围岩变形规律

采用预应力锚杆、锚索、钢带、单体支护联合减跨支护的巷道在不同侧压条件下，巷道埋深从 100 m 变化到 1 000 m，巷道顶板发生较大变形、离层，但没有垮落。当 λ=1.0 时，模型中巷道顶底板移近量从 0.020 mm 增加到 42.055 mm，增加了 2 101.75 倍，模型中两帮移近量从 0.015 mm 增加到 13.233 mm，增加了 881.20 倍；当 λ=1.5 时，巷道埋深从 100 m 变化到 800 m，模型中顶底板移近量从 0.023 mm 增加到 37.635 mm，增加了 1 635.30 倍，模型中两帮移近量从 0.021 mm 增加到 11.65 mm，增加了 553.76 倍。因此，支护巷道顶底板及两帮移近量随侧压及埋深的增大而增加，顶底板移近量增加幅度较大。

当巷道埋深到达到 600 m 时，巷道两帮移近量与顶底板移近量发生突变，增加速率较大，巷道围岩变形量突然增大。

4.4.4 围岩应力分析

为了研究巷道围岩变形、破坏、失稳机理，必须分析围岩应力分布规律，找出围岩失稳的真正诱发原因，通过模拟试验实测的数据，分析有支护和无支护两种情况下巷道受不同垂直压力和侧压时围岩应力变化规律。

4.4.4.1 巷道顶板围岩应力分析

表 4-5 和表 4-6 分别给了不同侧压、不同埋深条件下无支护和有支护巷道顶板围岩应力值，通过实测数据绘制出无支护和有支护巷道在不同侧压条件下顶板围岩应力随巷道埋深的变化曲线，如图 4-24 和图 4-25 所示。

表 4-5 不同侧压、不同埋深条件下无支护巷道顶板各测点应力 单位：MPa

测点	λ	巷道埋深/m									
		100	200	300	400	500	600	700	800	900	1 000
11#	λ=1.0	0.012 4	0.013 8	0.108 8	0.125 4	0.109 1	0.073 8	0.163 8	0.305 0	0.247 5	0.680 0
	λ=1.5	0.001 3	0.103 8	0.142 9	0.112 9	0.024 6	0.141 3	0.283 8	0.271 3		
14#	λ=1.0	0.013 0	0.051 3	0.171 3	0.197 9	0.292 9	0.341 3	0.705 0	0.778 8	0.803 8	1.200 0
	λ=1.5	0.001 3	0.158 8	0.221 7	0.316 7	0.346 7	0.218 8	0.752 5	0.758 8		

表 4-5(续)

测点	λ	巷道埋深/m									
		100	200	300	400	500	600	700	800	900	1 000
12#	λ=1.0	0.014 7	0.032 5	0.298 8	0.526 4	0.998 9	1.055 0	0.621 3	0.645 0	0.447 5	0.730 0
	λ=1.5	0.126 0	0.268 8	0.547 7	0.997 7	1.176 4	0.677 5	0.438 8	0.436 3		
15#	λ=1.0	0.001 0	0.001 3	0.002 5	0.005 2	0.005 2	0.003 8	0.391 3	0.405 0	0.453 8	0.631 3
	λ=1.5	0.001 2	0.002 5	0.003 9	0.005 2	0.006 4	0.008 8	0.438 8	0.441 3		
13#	λ=1.0	0.001 3	0.004 3	0.007 5	0.003 5	0.007 8	0.045 0	0.111 3	0.157 5	0.242 5	0.617 5
	λ=1.5	0.001 5	0.003 8	0.001 5	0.011 5	0.021 5	0.086 3	0.195 0	0.205 0		
16#	λ=1.0	0.001 2	0.001 3	0.003 8	0.011 0	0.022 2	0.033 8	0.341 3	0.345 0	0.393 8	0.525 0
	λ=1.5	0.004 6	0.007 5	0.017 2	0.024 7	0.034 7	0.015 0	0.401 3	0.398 8		
23#	λ=1.0	0.003 0	0.003 8	0.008 8	0.017 2	0.009 7	0.061 3	0.070 0	0.075 0	0.100 0	0.145 0
	λ=1.5	0.004 2	0.007 5	0.0135	0.018 5	0.016 0	0.063 8	0.081 3	0.085 0		

表 4-6 不同侧压、不同埋深条件下有支护巷道顶板各测点应力 单位:MPa

测点	λ	巷道埋深/m									
		100	200	300	400	500	600	700	800	900	1 000
17#	λ=1.0	0.001 3	0.038 8	0.136 3	0.241 2	0.304 9	0.3013	0.920 0	0.870 0	0.791 3	1.018 8
	λ=1.5	0.001 3	0.187 5	0.279 9	0.412 4	0.416 2	0.373 8	0.880 0	0.838 8		
20#	λ=1.0	0.001 3	0.104 7	0.007 5	0.003 0	0.005 5	0.003 8	0.388 8	0.422 5	0.411 3	0.567 5
	λ=1.5	0.001 3	0.002 5	0.000 5	0.000 7	0.000 7	0.006 3	0.410 0	0.401 3		
18#	λ=1.0	0.001 3	0.058 8	0.272 5	0.390 0	0.653 8	0.713 8	1.803 8	1.777 5	2.203 8	2.290 0
	λ=1.5	0.001 3	0.288 8	0.455 0	0.738 8	0.876 3	1.026 3	2.170 0	2.190 0		
21#	λ=1.0	0.001 3	0.001 3	0.007 5	0.005 2	0.026 5	0.051 3	0.247 5	0.326 3	0.578 8	1.035 0
	λ=1.5	0.001 3	0.001 3	0.001 5	0.036 5	0.066 5	0.122 5	0.485 0	0.507 5		
19#	λ=1.0	0.001 3	0.006 3	0.135 0	0.132 8	0.314 0	0.385 0	0.953 8	1.018 8	1.186 3	1.538 8
	λ=1.5	0.001 3	0.103 8	0.175 3	0.272 8	0.385 3	0.490 0	1.115 0	1.142 5		

由表 4-5、表 4-6 和图 4-24、图 4-25 可知:

无支护巷道埋深从 100 m 增加到 1 000 m 过程中,巷道顶板出现多次垮冒现象,距离顶板 7 m 以上的深部围岩应力呈现缓慢增加的趋势,巷道顶板浅部围岩(距离巷道顶板 5 m 以下的岩层)应力呈现先增大后减小再增大的趋势。无支护巷道顶板围岩应力随侧压的增加而增加。当巷道埋深从 100 m 变化到

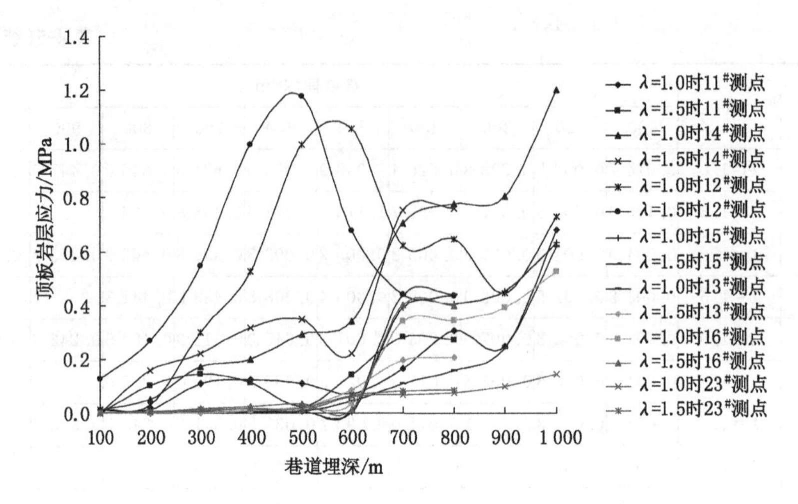

图 4-24　不同侧压条件下无支护巷道顶板围岩应力随巷道埋深变化曲线

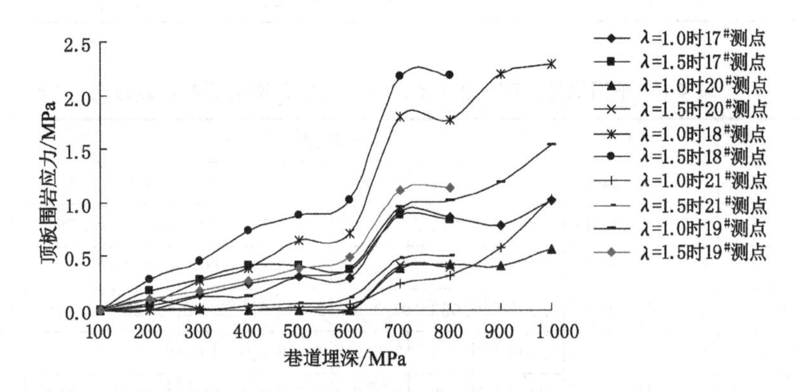

图 4-25　不同侧压条件下有支护巷道顶板围岩应力随巷道埋深变化曲线

500 m 过程中，顶板浅部围岩应力逐渐增加；当巷道埋深超过 500 m 时，巷道浅部顶板围岩应力突然降低；当巷道埋深从 500 m 变化到 900 m 过程中，巷道顶板浅部围岩应力逐渐减小；当巷道埋深在 900 m 以下时，巷道顶板浅部围岩应力逐渐增加。当围岩受力逐渐增加到超过围岩的强度后，围岩产生破坏，围岩应力大幅度降低，继续加载，围岩在慢慢压实的过程中应力会逐渐增加。

有支护巷道埋深从 100 m 增加到 1 000 m 过程中，巷道顶板离层、变形逐渐增加，但无垮冒现象。巷道埋深在 500 m 以下时，巷道顶板围岩应力缓慢增加，增加幅度较小；当巷道埋深在 500～600 m 时，围岩应力呈现缓慢减小的趋势，说明顶板岩层开始出现离层变形，且离层变形量逐渐增大；当巷道埋深超过 600 m 时，巷道顶板围岩应力产生突变，增加幅度较大，从图 4-25 中不难看此规律。由于顶板围岩应力增加，离层变形量增加，围岩应力又经历缓慢降低再增大的过程，但整体趋势是增大的。从巷道顶板表面岩层到巷道深部岩层，顶板围岩应力是“小—大—小”的分布规律。

在相同埋深条件下，有支护和无支护巷道顶板围岩应力随侧压的增大而增加。侧压对巷道顶板浅部围岩应力影响较大。

4.4.4.2　巷道帮部围岩应力分析

表 4-7 和表 4-8 给出了不同侧压、不同埋深条件下无支护和有支护巷道帮部围岩应力值，图 4-26 和图 4-27 反映了无支护和有支护巷道在不同侧压条件下其帮部围岩应力随巷道埋深的变化规律。

表 4-7　不同侧压、不同埋深条件下无支护巷道帮部各测点应力　单位：MPa

测点	λ	巷道埋深/m									
		100	200	300	400	500	600	700	800	900	1 000
2#	λ=1.0	0.006 3	0.021 3	0.208 8	0.240 8	0.354 6	0.77	4.996 3	5.556 3	5.933 8	10.136 3
	λ=1.5	0.006 3	0.151 3	0.180 8	0.317 1	0.433 3	0.84	5.587 5	5.683 8		
3#	λ=1.0	0.412 5	0.211 3	10.19	10.549 9	10.547 4	16.777 5	16.78	16.776 3	16.775	2.78
	λ=1.5	0.313 8	10.175	10.347 4	10.549 9	8.9676	16.78	16.78	16.78		
4#	λ=1.0	0.002 5	0.018 8	5.118 8	5.084 8	4.999 8	0.721 3	0.163 8	0.511 3	0.621 3	2.48
	λ=1.5	0.21	5.182 5	5.156 1	5.071 1	5.017 3	0.76	0.337 5	0.403 8		
5#	λ=1.0	0.003 8	0.02	0.187 5	0.243 5	0.359 7	0.692 5	2.38	2.801 3	3.072 5	4.911 3
	λ=1.5	0.002 5	0.115	0.164 7	0.269 7	0.368 5	0.697 5	2.698 8	2.803 8		

表 4-8　不同侧压、不同埋深条件下有支护巷道帮部各测点应力　单位：MPa

测点	λ	巷道埋深/m									
		100	200	300	400	500	600	700	800	900	1 000
7#	λ=1.0	0.006 3	0.045 0	0.868 8	1.116 7	1.793 0	2.202 5	7.326 3	8.531 3	9.363 8	13.290 0
	λ=1.5	0.010 0	0.466 3	0.834 2	1.261 7	1.813 0	2.452 5	8.463 8	8.643 8		
8#	λ=1.0	0.001 3	0.022 5	0.465 0	0.583 2	0.953 2	1.180 0	2.432 5	2.997 5	3.400 0	5.767 5
	λ=1.5	0.000 0	0.267 5	0.456 9	0.684 4	0.979 4	1.341 3	2.923 8	3.017 5		
9#	λ=1.0	0.000 0	0.012 5	0.110 0	0.099 2	0.175 4	0.295 0	0.362 5	0.395 0	0.410 0	0.511 3
	λ=1.5	0.000 0	0.076 3	0.105 4	0.150 4	0.197 9	0.331 3	0.388 8	0.393 8		
10#	λ=1.0	0.002 5	0.016 3	0.225 0	0.193 0	0.454 3	0.601 3	5.188 8	5.645 0	5.956 3	7.852 5
	λ=1.5	0.006 3	0.093 8	0.161 8	0.254 3	0.458 0	0.681 3	5.700 0	5.782 5		

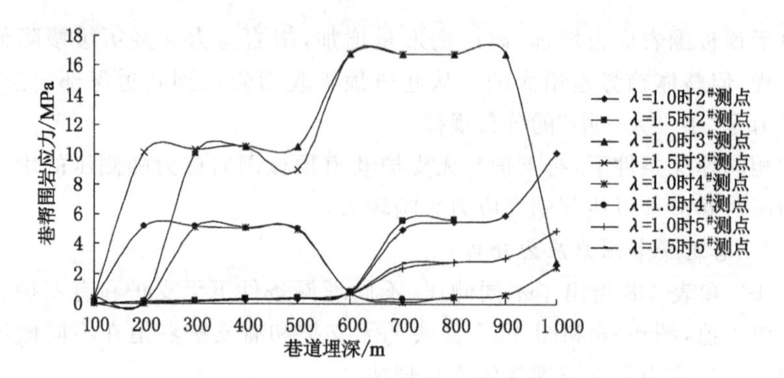

图 4-26　不同侧压条件下无支护巷道帮部围岩应力随巷道埋深变化曲线

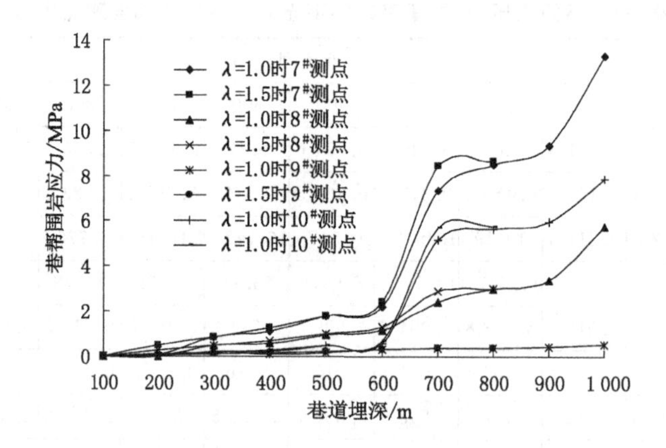

图 4-27　不同侧压条件下有支护巷道帮部围岩应力随巷道埋深变化曲线

由表 4-7、表 4-8 和图 4-26、图 4-27 可知：

无支护巷道帮部围岩应力随侧压增加有微小的增大，侧压对巷道帮部围岩应力影响非常小。当巷道埋深在 500 m 以上时，巷道两帮深 2.5 m 处上部围岩（巷帮上部围岩）应力整体呈增大趋势；当巷道埋深在 300 m 以上时，巷道两帮上部围岩应力随埋深增加而增大，且增加幅度较大；当巷道埋深在 300～500 m 时，左帮（先掘小跨断面侧帮）上部围岩应力减小，右帮（后掘大跨断面侧帮）上部围岩应力变化较平缓，围岩应力基本保持不变；当巷道埋深在 500～600 m 时，左帮上部围岩应力随埋深增加而增大，且增加幅度较大，而右帮上部围岩应力随埋深增加而减小，且降低的幅度较大；当巷道埋深从 600 m 变化到 1 000 m 时，右帮上部围岩应力随埋深增加而增大；当巷道埋深从 600 m 变化到 700 m 过程中，右帮上部围岩应力增加幅度较大；当巷道埋深从 700 m 变化到 900 m 过程中，右帮上部围岩应力随埋深增加有微小的增大，但增加幅度非常小；当巷道埋深在 900 m 以下，右上部围岩应力继续增加。左帮上部围岩在埋深从 700 m 变化到 900 m 过程中，围岩应力缓慢增大，增加幅度小，但巷道埋深在 900 m 以下时，围岩应力减小，且减小幅度较大。无支护巷道两帮深 2.5 m 处下部围岩应力随埋深的增加而缓慢增大，当巷道埋在 600 m 时，围岩应力产生突变，当巷道埋深从 600 m 增加到 700 m 时，围岩应力增加幅度较大。从巷道帮部围岩应力变化规律可知，巷帮上部围岩应力大于巷帮下部围岩应力，左帮上部围岩早于右帮上部围岩产生松动破坏，且巷道埋深达到 900 m 以后，左帮上部围岩失稳片帮，右帮上部围岩松动破坏严重。无支护巷道两帮下部围岩较上部围岩稳定性好，两帮上部围岩容易破坏，切眼先掘小跨断面帮部破坏先于后掘大跨断面帮部发生破坏。

有支护巷道帮部围岩应力随侧压增大而缓慢增加，且增加幅度较小，侧压的变化对巷道帮部围岩稳定性影响较小。有支护巷道帮部围岩应力随埋深增加而增大，垂直压力的变化对巷道帮部围岩稳定性影响较大。巷道埋深从 100 m 增加到 1 000 m 过程中，有支护巷道帮部围岩应力呈增加趋势；但在埋深为 600 m 以上时，帮部围岩应力增加幅度很小；在巷道埋深为 600 m 时，巷道帮部围岩应力产生突变；当巷道埋深在 600 m 以下时，巷道帮部围岩应力明显增大，埋深从 600 m 增大到 700 m，巷道帮部围岩应力增加幅度较大。巷道左帮的应力明显高于右帮，且巷道右帮上部围岩应力随埋深增加而非常缓慢地增大，但增加幅度很小，基本保持不变；巷道右帮上部围岩应力小于下部围岩，巷道左帮上部围岩应力小于下部围岩。

无支护巷道帮部围岩应力明显高于有支护巷道帮部围岩应力，无支护巷道上方围岩应力在两帮部分产生应力集中较大，先掘进小跨断面一侧帮部（左帮）围岩应力高于后掘进大跨断面一侧帮部（右帮）。

4.4.4.3 巷道底板围岩应力分析

表 4-9 给出了不同侧压、不同埋深条件下无支护巷道底板围岩应力值，图 4-28 给出了不同侧压条件下无支护巷道底板围岩应力随巷道埋深变化曲线。

表 4-9 不同侧压、不同埋深条件下无支护巷道底板围岩应力 单位：MPa

λ	巷道埋深/m									
	100	200	300	400	500	600	700	800	900	1 000
λ=1.0	0.000 00	0.000 00	0.007 50	0.014 01	0.034 01	0.028 75	0.147 50	0.193 75	0.206 25	0.000 26
λ=1.5	0.000 00	0.007 50	0.014 01	0.029 01	0.047 76	0.057 50	0.177 50	0.160 00		

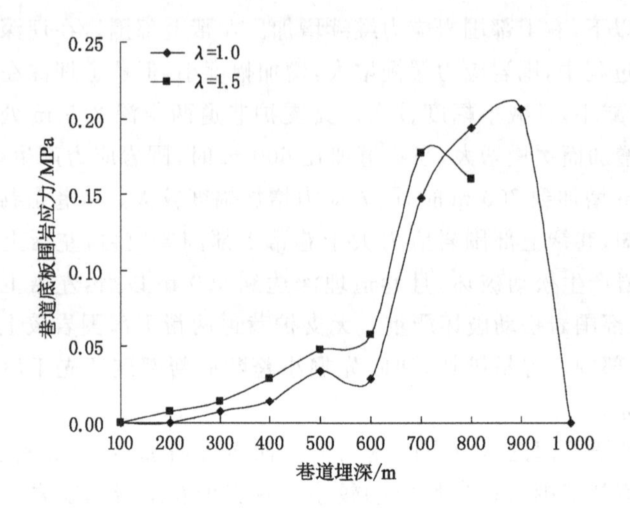

图 4-28　不同侧压条件下无支护巷道底板围岩应力随巷道埋深变化曲线

由表 4-9 和图 4-28 可知：在底板围岩破坏以前，巷道底板围岩应力随埋深和侧压的增加而增大。底板围岩应力在埋深为 500 m 以下时，处于缓慢增加状态；在巷道埋深从 500 m 增加 600 m 时，底板围岩应力处于缓慢降低阶段，但减小幅度小，说明发生了底鼓，底板围岩应力在巷道埋深为 600 m 处产生突变；在巷道埋深从 600 m 增加到 700 m 时，底板围岩应力增加幅度较大。在侧压系数 $\lambda=1.5$、巷道埋深在 700 m 以下时，底板围岩应力开始减小；在侧压系数 $\lambda=1.0$、巷道埋深在 900 m 时，底板围岩应力开始降低，且降低幅度很大；在巷道埋深达到 1 000 m 时，底板围岩应力非常小，说明底板围岩发生了破坏。

4.4.5　锚杆受力分析

通过微型预应力锚杆装置监测锚杆受力状况，得到了不同埋深巷道锚杆受力值，如表 4-10 所示；图 4-29 给出了锚杆受力随巷道埋深变化曲线。

表 4-10　不同埋深巷道锚杆受力　　单位：MPa

锚杆锚杆	巷道埋深/m									
	100	200	300	400	500	600	700	800	900	1 000
顶板锚杆	0.152	0.210	0.267	0.490	0.620	0.740	1.550	1.840	1.870	1.950
左侧帮锚杆	0.062	0.098	0.130	0.250	0.380	0.562	0.980	1.075	1.230	1.250
右侧帮锚杆	0.025	0.042	0.087	0.094	0.114	0.145	0.330	0.453	0.670	0.742

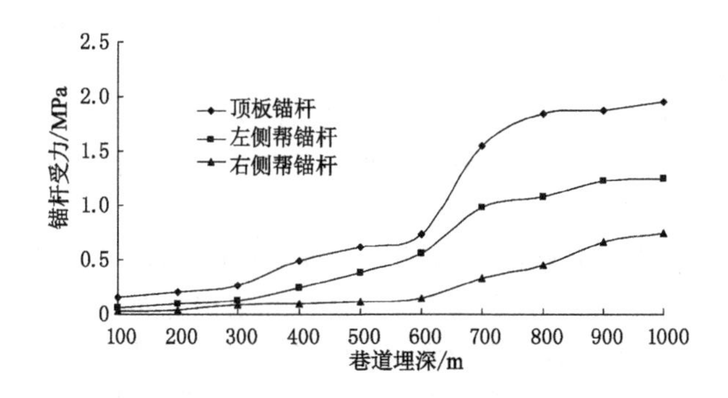

图 4-29 锚杆受力随巷道埋深变化曲线

由表 4-10 和图 4-29 可知：随着巷道埋深的增加，锚杆受力逐渐增大。在巷道埋深从 100 m 增加到 1 000 m 过程中，当埋深在 600 m 以上时，锚杆受力随埋深增加而缓慢增大，增加幅度较小；当巷道埋深从 600 m 增加到 700 m 时，锚杆受力增加较快，增加幅度大，在此试验过程中，有个别锚杆被拉断。

4.4.6 支护效果分析

考虑巷道埋深及侧压对巷道围岩稳定性的影响，进行了不同侧压、不同巷道埋深条件下的有支护和无支护巷道围岩失稳垮冒、围岩变形及应力分布规律、锚杆受力监测等研究。有支护巷道是沿顶掘进，巷道断面是矩形，巷道顶板是软弱复合顶板。通过试验模拟现场 7801 切眼原支护设计的支护效果，对试验结果进行分析，有支护巷道埋深在 600 m 以上，侧压系数 $\lambda \leqslant 1.0$ 时，巷道顶板离层变形较小，竹棍弯曲变形，但没有折断现象；当巷道埋深超过 600 m，且侧压系数 $\lambda > 1.0$ 时，巷道离层变形较大，顶板变形可达 50 cm 以上，且底鼓明显，竹棍受力较大，大部分竹棍折断，矩形巷道顶板及两肩角处应力集中程度较高。因此巷道埋深在 600 m 以上，受构造应力影响较小，侧压系数 $\lambda \leqslant 1.0$，且顶板无砂岩水的影响时，采用矩形巷道断面，通过二次成巷的方式，采取预应力锚杆(索)＋单体支护＋钢带铺网的支护系统可以有效控制巷道的变形破坏。当巷道处于构造复杂区，巷道埋深超过 600 m，且顶板有砂岩水的影响时，采用此控制手段将无法控制，需要改变巷道断面及采用有效的控制理论与方法，才能有效控制深部构造复杂区大跨度巷道围岩有害变形，确保围岩稳定。

4.5 本章小结

大跨度巷道失稳的主要原因是巷道围岩受力状态发生改变，产生微裂隙，微裂隙进一步扩展贯通导致巷道围岩失稳。本章通过对大跨度矩形巷道失稳垮冒规律与支护效果进行相似模拟试验研究，得出如下主要结论：

(1) 自主研制了微型预应力锚杆试验装置，为相似模拟试验锚杆受力监测及锚杆施加预应力提供方便，解决了模拟试验中无法对锚杆施加预应力的难题。

(2) 采用 MATLAB 软件，利用数字图像处理技术，对模拟试验中拍摄的巷道变形破坏图片进行处理分析，得到了巷道围岩裂隙分布规律。无支护巷道垮落成拱形，巷道两肩角及顶板微裂隙较发育；有支护巷道围岩微裂隙较少，两肩角裂隙较发育，裂隙呈纵向-弧形发育，顶板微裂隙为沿水平方向发育的横向裂隙。

(3) 无支护巷道顶板的 0.3 m 厚伪顶碳质泥岩垮落，有一排竹棍减跨支护的巷道，无垮冒现象。当垂直压力加载到 0.288 MPa，侧压加载到 0.45 MPa(相当于埋深＝500 m，$\lambda=1.5$)时，无支护巷道直接顶(砂泥互层下位岩层)开始垮落，垮落岩层厚度为 0.7 m，垮落高度达到 1 m，垮落形状为拱形，在巷道顶板及两肩角出现裂隙，底板底鼓；采用预应力锚杆支护的巷道，无垮落现象，但巷道顶板变形较大，竹棍出现弯曲变形较大，巷道顶板出现较大裂隙，两肩角出现微裂隙。当垂直压力加载到 0.468 MPa，侧压加载到 0.72 MPa(相当于埋深＝800 m，$\lambda=1.5$)时，无支护巷道垮落高度增大到 3 m，垮落形状呈楔形，巷道顶板及两肩角出现较多裂隙，巷道片帮、底鼓严重；有支护巷道变形、离层加大，在巷道顶板出现较大离层现象，部分竹棍折断，帮部位移较大，片帮、底鼓严重。当垂直压力加载到 0.588 MPa，侧压加载到 0.6 MPa(相当于埋深＝1 000 m，$\lambda=1.0$)时，无支护巷道垮落高度达到 3.5 m，垮落形状为拱形，巷道围岩变形严重，煤壁片帮，底鼓量加大，顶板围岩扩展高度达 6 m，两肩角及上部出现较多裂隙，呈纵向-弧形，发现巷道顶板围岩除了垮落形状呈拱形外，在垮落拱外围，垮落拱上方还出现一个自稳拱的轮廓。有支护巷道围岩变形量较大，顶板离层量进一步加大，大部分竹棍折断，顶板及两肩角裂隙加大、增多、片帮、底鼓更加严重，顶板缓慢下沉量达到 1 米多，巷道围岩存在一个自稳隐形拱。

(4) 无支护巷道围岩变形量较大，巷道顶底板移近量随侧压及埋深的增加而增大，但增加幅度相比两帮更小，两帮移近量随侧压增加而增大，增加幅度较大，两帮移近量小于顶底板移近量，两帮移近量变化较平缓。顶底板移近量在埋深为 300 m 时发生突变，增加速率增大。支护巷道顶底板及两帮移近量随侧压及埋深的增加而增大，顶底板移近量增加幅度较大，巷道埋深达到 600 m 时，巷道两帮及顶底板移近量发生突变，增加速率较大，巷道围岩变形量突然增大。

(5) 无支护巷道埋深从 100 m 增加到 1 000 m 过程中，巷道顶板出现多次垮冒现象，距离顶板 7 m 以上深部围岩应力呈现缓慢增加的趋势，巷道顶板浅部围岩（距离巷道顶板 5 m 以下的岩层）应力呈现先增大后减小再增大的趋势；无支护巷道顶板围岩应力随侧压的增加而增大。有支护巷道埋深从 100 m 增加到 1 000 m 过程中，巷道顶板离层、变形逐渐增大，但无垮冒现象，从巷道顶板表面岩层到巷道深部岩层，顶板围岩应力呈现“小—大—小”的分布规律。巷道在相同埋深条件下，有支护和无支护巷道顶板围岩应力随侧压的增加而增大。侧压对巷道顶板浅部围岩应力影响较大。

无支护巷道帮部围岩应力随侧压增加而有微略增大，侧压对巷道帮部围岩应力影响非常小，巷帮上部围岩应力大于巷帮下部围岩，左帮上部围岩早于右帮上部围岩产生松动破坏，且在巷道埋深达到 900 m 以后，左帮上部围岩失稳片帮，右帮上部围岩松动破坏严重。无支护巷道两帮下部围岩较上部围岩稳定性好，两帮上部围岩容易破坏，切眼先掘小跨断面帮部先于后掘大跨断面帮部发生破坏。有支护巷道帮部围岩应力随侧压增加而缓慢增大，但增加幅度较小，侧压的变化对巷道帮部围岩稳定性影响较小。有支护巷道帮部围岩应力随埋深增加而增大，埋深的变化对巷道帮部围岩稳定性影响较大。巷道埋深从 100 m 增加到 1 000 m 过程中，有支护巷道帮部围岩应力是增加的。但在埋深为 600 m 以下时，帮部围岩应力增加幅度很小；在巷道埋深为 600 m 时，巷道帮部围岩应力产生突变；在巷道埋深为 600 m 以下，巷道帮部围岩应力明显增大；在埋深从 600 m 增大到 700 m 时，巷道帮部围岩应力增加幅度较大。巷道左帮的应力明显高于右帮，且巷道右帮上部围岩应力随埋深增加而非常缓慢地增大，增加幅度很小，基本保持不变，巷道右帮上部围岩应力小于下部围岩，巷道左帮上部围岩应力小于下部围岩。

无支护巷道帮部围岩应力明显高于有支护巷道帮部围岩，无支护巷道上方围岩的应力在两帮部分产生较大应力集中，先掘进的小跨断面一侧帮部（左帮）围岩应力高于后掘进的大跨断面一侧帮部（右帮）围岩。

在底板围岩破坏以前，巷道底板围岩应力随埋深及侧压的增加而增大。底板围岩应力在埋深为 500 m 以上时，处于缓慢增加阶段；在巷道埋深从 500 m 增加到 600 m 时，底板围岩应力处于缓慢减小阶段，但降低幅度小，底板围岩应力在巷道埋深为 600 m 处产生突变；在巷道埋深从 600 m 增加到 700 m 时，底板围岩应力增加幅度较大。在侧压系数 $\lambda=1.5$、巷道埋深在 700 m 以下时，底板围岩应力开始减小；在侧压系数 $\lambda=1.0$、巷道埋深为 900 m 时，底板围岩应力开始减小，且降低幅度很大；在巷道埋深达到 1 000 m 时，底板围岩应力非常小。

（6）随着巷道埋深的增加，锚杆受力逐渐增大，巷道埋深从 100 m 增加到 1 000 m 过程中，在埋深在 600 m 以上时，锚杆受力缓慢增加，增加幅度较小；在巷道埋深从 600 m 增加到 700 m 时，锚杆受力增加较快，增加幅度大，在此试验过程中有个别锚杆被拉断。

(7) 巷道埋深为 600 m 以上，受构造应力影响较小，侧压系数 $\lambda \leqslant 1.0$，且顶板无砂岩水的影响时，采用矩形巷道断面，通过二次成巷的方式，采取预应力锚杆(索)＋单体支护＋钢带铺网的支护系统可以有效控制巷道的变形破坏。当巷道处于构造复杂区，巷道埋深超过 600 m，且顶板有砂岩水的影响时，采用此控制手段将无法控制，需要改变巷道断面及有针对性地采取有效控制理论与方法，才能有效控制深部大跨度巷道围岩的有害变形，确保围岩稳定。

5 深部大跨度巷道减跨支护理论

矿井开采深度越来越大，特别是受构造应力影响的大断面、大跨度复合型顶板巷道，其顶板离层、破坏严重，大跨度矩形切眼一次成巷采用常规的锚网索支护难以控制顶板的稳定性。巷道跨度是影响巷道稳定性的主要因素之一，地下工程稳定与其跨度尺寸密切相关，随着跨度增大稳定性明显降低，为了保持该类工程的稳定性，必须采用有效的减跨支护技术与理论，因此研究深部大跨度巷道减跨支护理论非常有意义。本章针对大跨度巷道失稳的主要影响因素，在分析大跨度巷道失稳机理的基础上，提出了深部大跨度巷道卸压减跨控顶与等强协调支护理论，并分析了该理论具体原理及预应力锚杆(索)减跨机理，提出了双微拱断面巷道控制深部大跨度巷道稳定性理论，且给出了双微拱巷道的定义及断面结构形式。基于复变函数理论、弹性力学基本知识，建立了双微拱巷道的力学分析模型，运用映射函数方法，将双微拱巷道映射到单位圆上进行分析。求解得到了映射函数的具体表达式，根据基本力学公式，求解得到了双微拱巷道应力、位移的具体表达形式。建立了双微拱断面巷道拱脚重合处支撑反力计算模型，推导出了拱脚重合处支撑反力计算公式，为双微拱断面巷道支护设计奠定基础。

5.1 深部大跨度巷道卸压减跨控顶原理与等强协调支护理论

5.1.1 卸压减跨控顶原理

深部大跨度巷道受构造应力影响，处于高应力状态，且跨度又大，因此巷道围岩变形破坏严重，支护十分困难，特别是顶板发生拉伸、剪切变形严重，巷道必须采用二次成巷的方式才能达到卸压减跨控顶的目的。

卸压减跨控顶的本质是在巷道掘进过程中，先掘小跨断面巷道，再掘大跨断面巷道，小跨断面相对支护难度更小，通过小跨断面巷道释放一定的围岩应力，大跨断面巷道在小跨断面巷道应力释放后掘进，其支护难度也大幅度降低。

大、小断面巷道及时采用高强预应力锚杆(索)加强巷道顶板岩层支护,使顶板形成组合多跨连续梁-拱结构,可较好地控制大跨度巷道顶板岩层的离层和变形。同时也减小了两帮的集中应力,使两帮不产生严重的内挤压变形,可保障深部大跨度巷道顶板的长期稳定性。

5.1.2 等强协调支护理论

针对深部大跨度巷道的破坏特征,提出等强协调支护理论。所谓等强协调支护理论,就是采用高强预应力锚杆加固巷道围岩,根据巷道围岩的条件,选择合理的锚杆预应力和间排距、长度等支护参数,通过钢带及托盘等组合构件相互协调匹配,使巷道浅部围岩形成均匀的三向受压区域,根据巷道围岩塑性区的分布规律,在位移小、应变大的部位加打锚索,通过锚索的支护作用,使巷道浅部围岩在锚杆的作用下形成的均匀三向受压区域与深部岩层形成一个整体,使浅部围岩的应力集中向深部转移,减小应力集中对浅部围岩的影响,提高浅部围岩的稳定性,减小大跨度巷道离层,增加围岩层之间的抗剪、抗拉强度。

5.2 预应力锚杆(索)减跨支护机理

5.2.1 预应力锚杆协调减跨支护作用

5.2.1.1 锚杆预应力作用分析

对于弱化复合顶板(受水和构造弱化),巷道开挖后,由于受临时支护的作用,巷道围岩变形很小。及时安装预应力锚杆,主要是控制巷道浅部围岩的离层变形。预应力锚杆安装越及时,锚固范围内岩层的整体刚度越大,巷道浅部围岩初期离层变形越小,围岩由二向受压状态转变为三向受压状态,岩层间不会发生离层和弯曲等有害变形,岩层的完整性和整体强度得到保持。

图 5-1 为安装预应力锚杆后的简化力学计算模型,预应力锚杆为 h_1 与 h_2 层之间提供的限制离层的抗力为:

$$\sigma_0 = \frac{np_0}{a_r B_{hd}} \tag{5-1}$$

锚杆给 h_1 与 h_2 层之间增加的抗剪切力为:

$$\tau_0 = \frac{n}{a_r B_{hd}}\left(fp_0 + \frac{\pi d^2 \tau}{4}\right) \tag{5-2}$$

式中：p_0 为锚杆预紧力，kN；d 为锚杆直径，m；n 为每排锚杆数；τ 为锚杆抗剪切强度，MPa；f 为岩层间的摩擦系数；a_r 为锚杆排距，m；B_{hd}为巷道跨度，m。

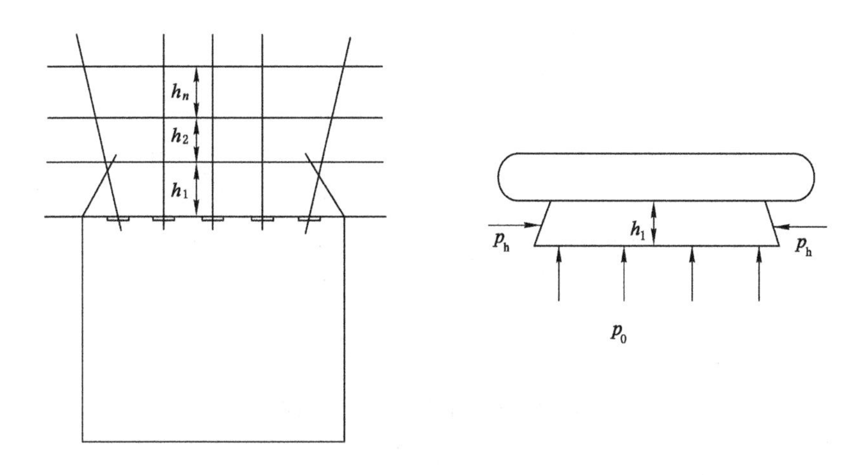

图 5-1　复合顶板锚杆预紧力的作用

要确保预应力锚杆支护效果，必须保证锚杆支护及时并施加一定的预应力。锚杆预应力越高、锚杆杆体直径越大、锚杆控制的围岩体的抗力和抗剪力越大，岩层间越不容易发生离层与错动。如果锚杆预应力过小，则不能有效控制顶板的离层变形；若预应力锚杆安装不及时，各岩层之间已经产生离层、滑动、岩层承载能力大大降低，再去安装锚杆，其支护效果就不明显。因此锚杆必须提供足够的预应力才能有效控制围岩初期离层变形。

5.2.1.2　*预应力锚杆减跨支护作用机理*

结构力学简化模型中跨度对受力的影响由结构力学中简支梁受均布荷载时的弯矩和剪力表达式表示：

$$M_{max} = \frac{qB_{hd}^2}{8} \tag{5-3}$$

$$Q_{max} = \frac{qB_{hd}}{2} \tag{5-4}$$

式中：q 为顶板荷载；B_{hd}为巷道跨度。

可见，当荷载不变时，弯矩和巷道跨度成平方比，剪力和巷道跨度成正比。

预应力锚杆支护作用可以使层状复合顶板分成多个小跨，减小顶板弯矩并提高顶板层与层之间的摩擦力，提高抗拉及抗剪强度，增强顶板抗变形的能力。通过预应力锚杆支护作用使层状复合顶板形成多跨连续组合梁-拱结构，如图 5-2 所示。

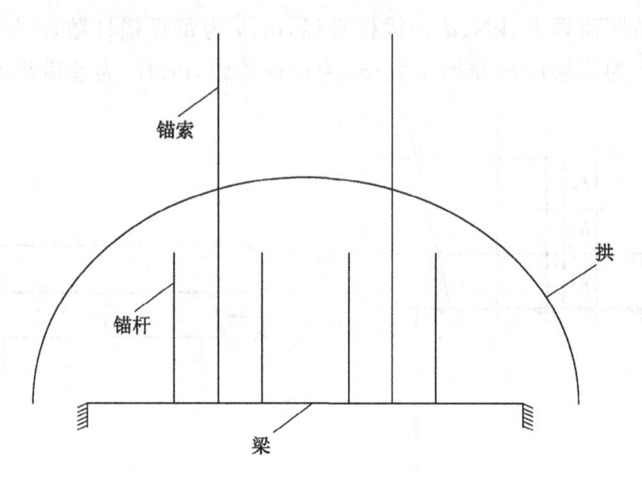

图 5-2 多跨连续组合梁-拱结构

5.2.2 锚索协调减跨支护作用

5.2.2.1 锚索支护作用机理

(1) 锚索将锚杆支护形成的加固承载结构与深部围岩相连,减小巷道、硐室跨度,提高浅部围岩加固承载结构的稳定性。

(2) 锚索施加较大预紧力,控制围岩离层变形,压密和挤紧岩层中的层理、节理裂隙等不连续面,增加岩层之间的摩擦力,提高岩层抗剪切能力,从而提高围岩的整体性。

(3) 锚索充分调动深部围岩的强度,使围岩应力集中向深部转移,减少围岩应力集中对浅部围岩锚固承载结构的破坏。

5.2.2.2 锚索协调减跨支护理论

基于梁、板、拱理论提出的锚杆(索)联合支护作用原理,即当巷道顶板为复合层状顶板时,如图 5-3 所示,其变形特性近似于梁或板的性质,此时锚杆支护作用是通过锚杆的轴向作用力将顶板各分层夹紧,以增强各分层间的摩擦作用,并借助锚杆自身的横向承载能力,以提高顶板各分层间的抗剪切强度以及各岩层间的黏结强度,使各分层在弯矩作用下发生整体弯曲变形,呈现出组合梁、拱的弯曲变形特征,进而提高顶板的抗弯刚度与强度。但由于锚杆的作用只是将顶板各分层组成整体,并不能从根本上改变顶板整体变形程度,如图 5-4 所示,为了有效降低顶板整体变形程度,必须依靠锚索的协调减跨作用,即通过锚索支护增加顶板组合岩层的支点,缩短梁、板、拱的跨距,以减小其中因横力而产生的弯矩及因弯矩而产生的弯曲应力,尤其是弯曲拉应力,从而有效减小顶板整体变形程度，提高围岩整体稳定性。锚索的减跨作用图如图 5-5 所示。

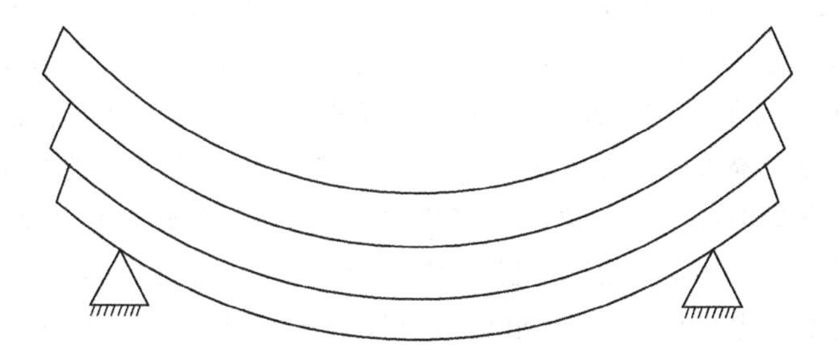

图 5-3 层状叠合岩层图

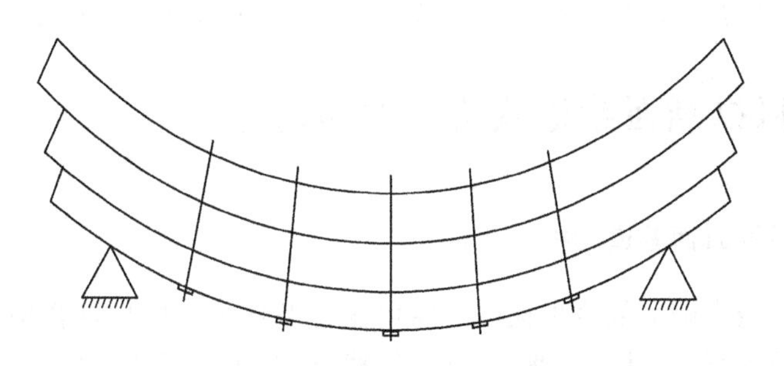

图 5-4 锚杆组合梁作用图

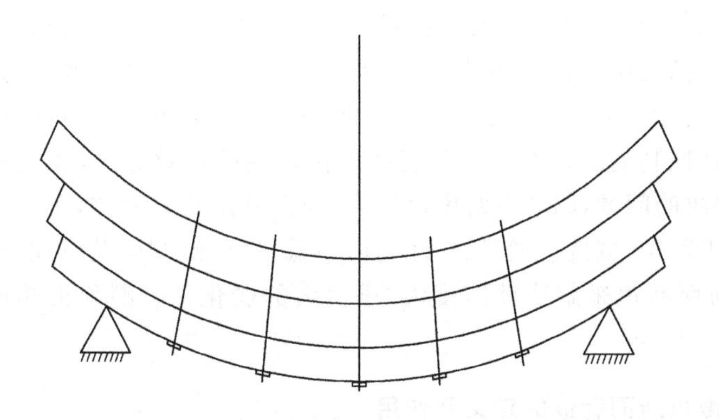

图 5-5 锚索的减跨作用图

预应力锚索与预应力锚杆相比，预应力锚索具有锚固深度大、锚固力大、可施加较大的预紧力等诸多优点，可以挤紧和压密岩层中的不连续面，增加不连续面之间的摩擦力，提高围岩的整体强度，是大跨度巷道工程支护加固必需的加固手段。

预应力锚索除具有预应力锚杆的悬吊作用、组合梁(拱)作用外,还可以对顶板进行深部锚固而产生强力悬吊作用。在采掘现场,对于围岩松动圈大、巷道围岩节理发育、顶板破碎及伪顶较厚等复杂顶板条件下的巷道支护,通过锚杆对松动圈内的围岩进行组合梁加固和锚索的减跨支护,将其锚固到顶板深部。由于预应力锚索支护给巷道顶板的高预紧力及其所具备的高承载能力,使顶板由锚杆支护形成的组合梁(拱)得到进一步加强,并将顶板牢固地悬吊在上部较坚硬岩层中。预应力锚索加强锚杆支护所形成的组合梁(拱)结构对上部直接顶或基本顶也进行了保护,阻止了顶板上部岩层的离层和松动扩展。相邻锚杆、锚索的作用力相互叠加,组合形成了一个新岩梁。这个新的岩梁厚度、刚度、层间抗剪强度增加,使顶板压力通过巷道煤帮向煤体深部转移。预应力锚索改善巷道受力条件,使顶板得到有效控制,片帮问题也得到了较好的解决。

5.3 双微拱断面巷道减跨支护理论

5.3.1 双微拱断面巷道的提出

受水、构造影响的复合顶板称为弱化复合型顶板。弱化复合型顶板的矩形巷道,其顶板控制十分困难,巷道离层、失稳、垮落事故经常发生。在开采浅部,由于压力比较小,采取提高支护密度、注浆等一系列措施可以控制矩形巷道顶板的失稳;随着开采深度的增加、巷道跨度的增大,巷道顶板受拉、受剪力增加,顶板离层、失稳现象增多,特别是受构造应力影响的区域布置巷道,其稳定性控制难度大幅度增加,仅仅从提高支护强度方面难以有效控制巷道稳定性。因此,必须选择控制复杂条件下大跨度巷道稳定性的有效方法,改变断面的形状是首先要解决的问题,因巷道跨度比较大,矩形巷道稳定性差,单一拱形巷道拱高太大、施工困难、掘进速度慢、断面利用率低,经广泛调研及研究分析,提出采用双微拱断面巷道来解决此跨度大、压力大的弱化复合型顶板巷道的稳定性问题。

5.3.2 双微拱断面巷道的定义及作用

5.3.2.1 双微拱断面巷道的定义

巷道的跨度不小于 5 m,巷道的顶不是平的,是由两个弧长不等的微拱组成,微拱拱高不超过单次成巷跨度的 1/8 的大跨度巷道,称为双微拱断面巷道。

5.3.2.2 双微拱断面巷道的作用

(1) 双微拱断面巷道本身可以起到减跨作用。

(2) 双微拱断面巷道具有单拱形巷道控顶效果好的优点，又具有矩形巷道施工速度快、巷道断面利用率高的优势。

(3) 双微拱断面巷道支护成本低、施工容易、易于实现。

5.3.3　双微拱断面巷道结构形式

双微拱巷道采用二次成巷的方式，两微拱的宽度不一样，其微拱拱高一致，两微拱的宽度及拱高根据具体工程条件确定。其结构形式如图 5-6 所示。

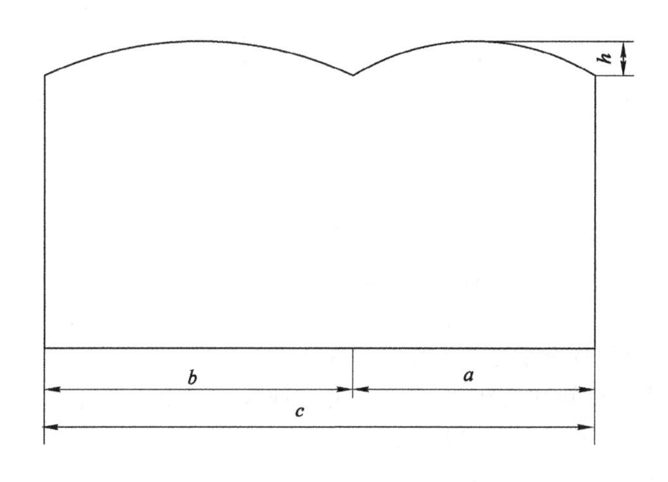

图 5-6　双微拱断面巷道结构图

5.3.4　双微拱巷道围岩应力与变形规律

基于复变函数理论、弹性力学基本知识，建立了双微拱巷道的力学分析模型，运用映射函数方法，将双微拱巷道映射到单位圆上进行分析。在映射函数的求解过程中，使用了迭代法，并给出了迭代法的详细步骤。求解了具体尺寸的双微拱巷道模型的弹性应力、变形。在具体计算过程中，为了达到精确度的要求，在巷道周围分布了 1 000 个计算点，系数精确到 20 项，迭代 20 次。经过计算，求解得到了映射函数的具体表达式，根据基本力学公式，求解得到了双微拱巷道应力、位移的具体表达形式。在计算过程中，由于表达式项数过多，给出的具体表达式中省略了过多的高次项。

5.3.4.1　双微拱断面巷道力学模型的建立

双微拱断面巷道力学模型如图 5-7 所示。图中，e 表示整个巷道的水平跨度，e_1、e_2 分别表示两微拱的水平跨度，巷道高度为 $f+h$，其中 h 表示微拱拱高。

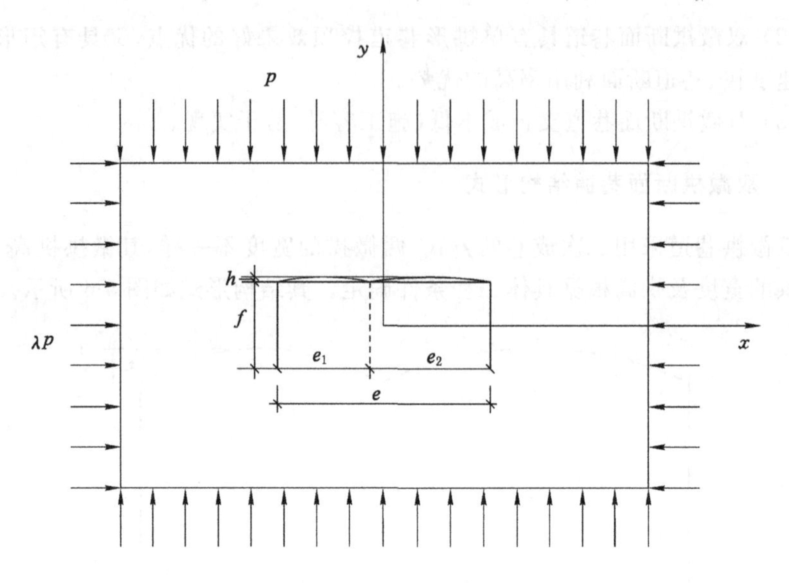

图 5-7　双微拱巷道力学模型

5.3.4.2　双微拱断面巷道应力变形基本公式

由弹性力学可知,围岩应力变形的复变函数主要由 $\varphi(\zeta)$、$\psi(\zeta)$ 两个解析函数决定,应力与变形基本公式如下:

$$\begin{cases}\sigma_\rho+\sigma_\theta=2[\Phi(\zeta)+\overline{\Phi(\zeta)}]=4Re\Phi(\zeta)\\ \sigma_\rho-\sigma_\theta+2\mathrm{i}\tau_{\rho\theta}=\dfrac{2\zeta^2}{\rho^2\,\overline{\omega'(\zeta)}}[\overline{\omega(\zeta)}\Phi'(\zeta)+\omega'(\zeta)\Psi(\zeta)]\end{cases} \tag{5-5}$$

$$2G(u_\rho+\mathrm{i}u_\theta)=\frac{\bar{\zeta}}{\rho}\frac{\overline{\omega'(\zeta)}}{|\omega'(\zeta)|}\left[\frac{3-u}{1+u}\varphi(\zeta)-\frac{\omega(\zeta)}{\overline{\omega'(\zeta)}}\overline{\varphi'(\zeta)}-\overline{\psi(\zeta)}\right] \tag{5-6}$$

其中:

$$\begin{cases}\varphi(\zeta)=\dfrac{1+u}{8\pi}(X+\mathrm{i}Y)\ln\zeta+B\omega(\zeta)+\varphi_0(\zeta)\\ \psi(\zeta)=-\dfrac{3-u}{8\pi}(X-\mathrm{i}Y)\ln\zeta+(B'+\mathrm{i}C')\omega(\zeta)+\psi_0(\zeta)\end{cases} \tag{5-7}$$

$$\begin{cases}\Phi(\zeta)=\dfrac{\varphi'(\zeta)}{\omega'(\zeta)}\\ \Psi(\zeta)=\dfrac{\psi'(\zeta)}{\omega'(\zeta)}\end{cases} \tag{5-8}$$

$$\begin{aligned}&B=\frac{1}{4}(\sigma_1+\sigma_2)\\ &B'+\mathrm{i}C'=-\frac{1}{2}(\sigma_1-\sigma_2)\mathrm{e}^{-2\mathrm{i}\alpha}\end{aligned} \tag{5-9}$$

其中，α 为主应力方向。

$\varphi_0(\zeta)=\sum_{n=1}^{\infty}\alpha_n\zeta^{-n}$，$\psi_0(\zeta)=\sum_{n=1}^{\infty}\beta_n\zeta^{-n}$ 在中心单位圆之内是复变量 ζ 的解析函数，并且在圆内及圆周上是连续的，其基本公式可表示为：

$$\varphi_0(\zeta)+\frac{1}{2\pi\mathrm{i}}\int_\sigma\frac{\omega(\sigma)}{\omega'(\sigma)}\frac{\overline{\varphi_0{}'(\zeta)}}{\sigma-\zeta}\mathrm{d}\sigma=\frac{1}{2\pi\mathrm{i}}\int_\sigma\frac{f_0\mathrm{d}\sigma}{\sigma-\zeta} \tag{5-10}$$

$$\psi_0(\zeta)+\frac{1}{2\pi\mathrm{i}}\int_\sigma\frac{\overline{\omega(\sigma)}}{\omega'(\sigma)}\frac{\varphi_0{}'(\zeta)}{\sigma-\zeta}\mathrm{d}\sigma=\frac{1}{2\pi\mathrm{i}}\int_\sigma\frac{\bar{f}_0\mathrm{d}\sigma}{\sigma-\zeta} \tag{5-11}$$

其中：

$$f_0=\mathrm{i}\int(\bar{X}+\mathrm{i}\bar{Y})\mathrm{d}s-\frac{X+\mathrm{i}Y}{2\pi}\ln\sigma-\frac{1+\mu}{8\pi}(X-\mathrm{i}Y)\frac{\omega(\sigma)}{\overline{\omega'(\sigma)}}\sigma-$$
$$2B\omega(\sigma)-(B'-\mathrm{i}C')\overline{\omega(\sigma)} \tag{5-12}$$

复变量 ζ 是为计算方便引入的记号，在一般情况下表示为：

$$\zeta=\rho\mathrm{e}^{\mathrm{i}\theta} \tag{5-13}$$

式中：ρ 为圆内或者圆上一点到圆心的距离；θ 为点与圆心的连线与 x 轴正方向的夹角。

在复变函数应用中，通过保角变换将一个区域中的多边形映射到另一区域中的简单图形来求解问题是一个非常方便和普遍的方法。图 5-8 展示了从 Z 平面双微拱断面巷道模型到 ζ 平面单位圆的映射。

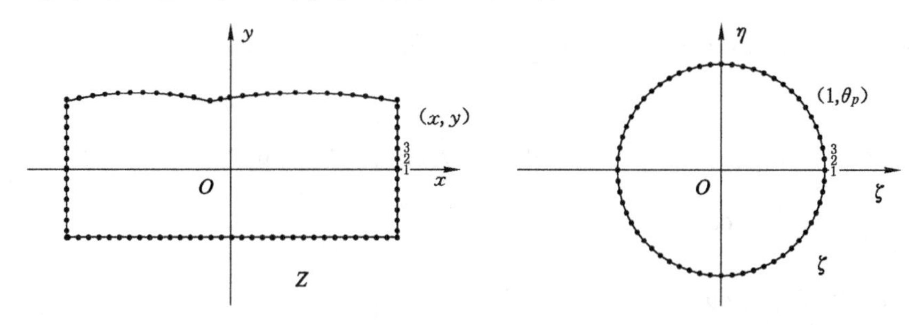

图 5-8　平面双微拱巷道模型到 ζ 平面单位圆的映射

根据黎曼定理，任意孔洞的映射函数都是存在的。根据复变函数理论，将双微拱断面巷道外域映射到单位圆上的函数基本形式，可以写成如下级数形式：

$$Z=\omega(\zeta)=C_0+C_1\zeta+C_2\zeta^{-1}+C_3\zeta^{-2}+\cdots+C_m\zeta^{-m+1} \tag{5-14}$$

式中，$C_j(j=1,2,\cdots,m)$ 为一般的复数，m 为级数项数。C_0 只与巷道选择的坐标原点有关，通常可以不用求出。

将式(5-14)变形得到：

$$Z=\omega(\zeta)=C_0+C_1(\zeta+B_1\zeta^{-1}+B_2\zeta^{-2}+\cdots+B_m\zeta^{-m}) \tag{5-15}$$

根据复变函数理论，将巷道外域映射到单位圆上时，C_1 只与孔洞的大小有关，而 B_j 只与孔洞的形状有关，在一般情况下，C_1、B_j 均为复数。

为方便计算，令式(5-14)中

$$C_j=a_j+\mathrm{i}d_j \tag{5-16}$$

对于巷道周边的一点映射到单位圆上，复变量变为：

$$\zeta=\sigma=\mathrm{e}^{\mathrm{i}\theta} \tag{5-17}$$

根据式(5-14)、式(5-16)、式(5-17)，映射函数变为：

$$Z=x+\mathrm{i}y=a_0+\mathrm{i}d_0+(a_1+\mathrm{i}d_1)\mathrm{e}^{\mathrm{i}\theta}+\sum_{j=2}^{m}(a_j+\mathrm{i}d_j)\mathrm{e}^{-\mathrm{i}(j-1)\theta} \tag{5-18}$$

对比式(5-15)、式(5-18)可知：

$$\begin{cases}C_0=a_0+\mathrm{i}d_0\\C_1=a_1+\mathrm{i}d_1\\C_1B_{j-1}=a_j+\mathrm{i}d_j,\quad(j=2,3,\cdots,m)\end{cases} \tag{5-19}$$

将式(5-18)实部、虚部分开，就可得到巷道周边点坐标的表达形式：

$$\begin{cases}x=a_0+a_1\cos\theta-d_1\sin\theta+\sum\limits_{j=2}^{m}\{a_j\cos[(j-1)\theta]+d_j\sin[(j-1)\theta]\}\\y=d_0+a_1\sin\theta+d_1\cos\theta+\sum\limits_{j=2}^{m}\{-a_j\sin[(j-1)\theta]+d_j\cos[(j-1)\theta]\}\end{cases} \tag{5-20}$$

根据复变函数理论、高等数学相关知识，由式(5-20)可得：

$$\begin{cases}a_0=\dfrac{1}{2\pi}\displaystyle\int_0^{2\pi}x\mathrm{d}\theta\\d_0=\dfrac{1}{2\pi}\displaystyle\int_0^{2\pi}y\mathrm{d}\theta\\a_1=\dfrac{1}{2\pi}\displaystyle\int_0^{2\pi}(x\cos\theta+y\sin\theta)\mathrm{d}\theta\\d_1=\dfrac{1}{2\pi}\displaystyle\int_0^{2\pi}(y\cos\theta-x\sin\theta)\mathrm{d}\theta\\a_j=\dfrac{1}{2\pi}\displaystyle\int_0^{2\pi}\{x\cos[(j-1)\theta]-y\sin[(j-1)\theta]\}\mathrm{d}\theta\\d_j=\dfrac{1}{2\pi}\displaystyle\int_0^{2\pi}\{y\cos[(j-1)\theta]+x\sin[(j-1)\theta]\}\mathrm{d}\theta\quad(j=2,3,\cdots,m)\end{cases} \tag{5-21}$$

5.3.4.3　迭代法求解映射函数的系数

首先对于原巷道上的任意一点(x,y)，假定一映射对应关系，这种对应关系可以是随意给出的，根据这一对应关系将这一点映射到单位圆上，其像点为$(1,\theta)$。通过对整个巷道周边点进行映射，根据式(5-21)求解得到映射函数系数的第一次近似值。将得到的系数代入式(5-20)，得到巷道周边点的坐标(x',y')，通过(x',y')改进$(1,\theta)$与(x,y)之间的关系，进而由式(5-21)求解改进后的各系数的值，然后代入式(5-20)中，如此迭代下去，直到所得到的巷道断面形状与原巷道形状足够接近为止。

巷道周边均匀分布s个点，其坐标可表示为(x_q^0,y_q^0)，同样，在单位圆上也均匀分布s个像点，其坐标可以表示为$(1,\theta_q)(q=1\sim s)$。当s足够大时，可认为在巷道周边被相邻两点分割成的线段的坐标是常量，等于两端坐标的平均值，即：

$$\begin{cases}\overline{x}_q^0=\dfrac{x_q^0+x_{q+1}^0}{2}\\[2ex]\overline{y}_q^0=\dfrac{y_q^0+y_{q+1}^0}{2}\end{cases}\tag{5-22}$$

那么，分段积分可近似看成求和，式(5-21)变为：

$$\begin{cases}a_0^1=\dfrac{1}{2\pi}\sum\limits_{q=1}^{s}\overline{x}_q^0\\[2ex]d_0^1=\dfrac{1}{2\pi}\sum\limits_{q=1}^{s}\overline{y}_q^0\\[2ex]a_1^1=\dfrac{1}{2\pi}\sum\limits_{q=1}^{s}[\overline{x}_q^0(\sin\theta_{q+1}-\sin\theta_q)-\overline{y}_q^0(\cos\theta_{q+1}-\cos\theta_q)]\\[2ex]d_1^1=\dfrac{1}{2\pi}\sum\limits_{q=1}^{s}[\overline{y}_q^0(\sin\theta_{q+1}-\sin\theta_q)+\overline{x}_q^0(\cos\theta_{q+1}-\cos\theta_q)]\\[2ex]a_j^1=\dfrac{1}{2\pi}\sum\limits_{q=1}^{s}\{\overline{x}_q^0[\sin(j\theta_{q+1})-\sin(j\theta_q)]+\overline{y}_q^0[\cos(j\theta_{q+1})-\cos(j\theta_q)]\}\\[2ex]d_j^1=\dfrac{1}{2\pi}\sum\limits_{q=1}^{s}\{\overline{y}_q^0[\sin(j\theta_{q+1})-\sin(j\theta_q)]-\overline{x}_q^0[\cos(j\theta_{q+1})-\cos(j\theta_q)]\}\\[2ex](j=2,3,\cdots,m)\end{cases}\tag{5-23}$$

经过计算，将式(5-23)求解得到的映射函数近似系数代入式(5-20)，根据所求巷道与单位圆之间的对应关系，可以得到单位圆上所标的像点映射在巷道上对应的映射点，这些点在巷道周边分布是不均匀的。依次记录相邻两点之间的距离，在所求巷道周边按照映射点之间的距离进行重新分配，那么在所求巷道上的各点的坐标标记为(x_q^1,y_q^1)，其对应的像点仍然为$(1,\theta_q)$。将(x_q^1,y_q^1)代入式(5-22)、式(5-23)中，得到各系数 a_j^2、d_j^2，依次迭代下去，直到得到精确的值。

迭代路线如图 5-9 所示。

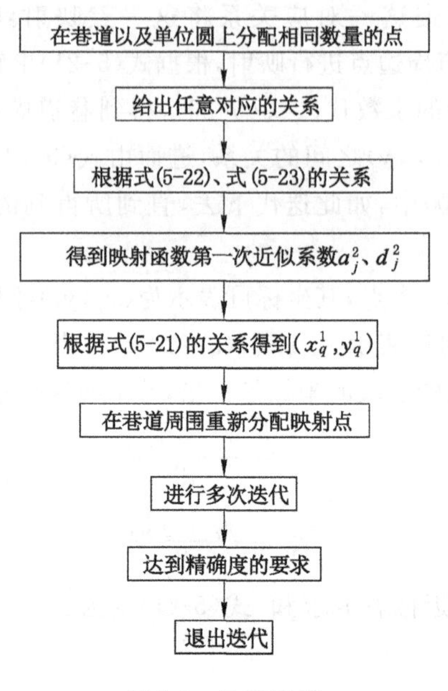

图 5-9　迭代路线

5.3.4.4　双微拱断面实际应用

根据实际工程，对于双微拱各参数分别取 $e=8$ m，$e_1=3.5$ m、$e_2=4.5$ m，$f=3.2$ m，$h=0.4$ m。根据迭代方法，取 $m=20$，巷道周围取 $s=1\ 000$，迭代 20 次。

1. 基本公式中参数求解

通过计算，双微拱断面两弧分别长 3.62 m、4.59 m，计算周长为：8+6.4+3.62+4.59=22.61 m。根据巷道周围各段长度与周长比来分配点数。通过计算，得到了映射函数各系数如表 5-1 所示。同时，在计算过程中，由于项数过多，仅取有限的低次项进行计算。

表 5-1　双围拱巷道模型映射函数系数计算表

系数	实部	虚部	系数	实部	虚部
C_0	0	0	C_1	3.078 6	1.003 1
B_1	−0.135 6	0.112 3	B_2	−0.036 5	0.044 1

表 5-1(续)

系数	实部	虚部	系数	实部	虚部
B_3	0.040 0	0.021 4	B_4	−0.008 9	−0.025 4
B_5	0.002 1	0.003 6	B_6	−0.061 7	0.078 4
B_7	−0.001 4	−0.002 5	B_8	0.231 0	−0.002 4
B_9	−0.014 5	−0.082 1	B_{10}	0.045 4	0.002 6
B_{11}	0.008 7	0.004 2	B_{12}	0.011 7	0.005 0
B_{13}	−0.000 5	−0.023 4	B_{14}	0.001 4	−0.023 8
B_{15}	0.147 8	−0.021 4	B_{16}	0.014 2	0.002 3

将表 5-1 中各系数代入式(5-15)，得到双微拱断面巷道模型到单位圆上的映射函数，为方便计算，映射函数只取前 3 项计算，即：

$$Z=\omega(\sigma)=(3.078\,6+\mathrm{i}1.003\,1)[\sigma+(-0.135\,6+\mathrm{i}0.112\,3)\sigma^{-1}+(-0.036\,5+\mathrm{i}0.044\,1)\sigma^{-2}] \tag{5-24}$$

$$X=Y=\bar{X}=\bar{Y}=0 \tag{5-25}$$

$$\begin{cases}B=\dfrac{1}{4}(1+\lambda)q\\[2ex] B'+\mathrm{i}C'=-\dfrac{1}{2}(1-\lambda)q\end{cases} \tag{5-26}$$

根据式(5-24)得到各基本变量表达式：

$$\omega(\sigma)=(3.078\,6+\mathrm{i}1.003\,1)[\sigma+(-0.135\,6+\mathrm{i}0.112\,3)\sigma^{-1}+(-0.036\,5+\mathrm{i}0.044\,1)\sigma^{-2}] \tag{5-27}$$

$$\overline{\omega(\sigma)}=(3.0786-\mathrm{i}1.0031)[\sigma^{-1}+(-0.135\,6-\mathrm{i}0.112\,3)\sigma+(-0.036\,5-\mathrm{i}0.044\,1)\sigma^{2}] \tag{5-28}$$

$$\omega'(\sigma)=(3.078\,6+\mathrm{i}1.003\,1)[1-(-0.135\,6+\mathrm{i}0.112\,3)\sigma^{-2}-(-0.073+\mathrm{i}0.088\,2)\sigma^{-3}] \tag{5-29}$$

$$\overline{\omega'(\sigma)}=(3.078\,6-\mathrm{i}1.003\,1)[1-(-0.135\,6-\mathrm{i}0.112\,3)\sigma^{2}-(-0.073-\mathrm{i}0.088\,2)\sigma^{3}] \tag{5-30}$$

$$\frac{\omega(\sigma)}{\overline{\omega'(\sigma)}}=\frac{(3.078\,6+\mathrm{i}1.003\,1)[\sigma+(-0.135\,6+\mathrm{i}0.112\,3)\sigma^{-1}+(-0.036\,5+\mathrm{i}0.044\,1)\sigma^{-2}]}{(3.078\,6-\mathrm{i}1.003\,1)[1-(-0.135\,6-\mathrm{i}0.112\,3)\sigma^{2}-(-0.073-\mathrm{i}0.088\,2)\sigma^{3}]} \tag{5-31}$$

$$\frac{\overline{\omega(\sigma)}}{\omega'(\sigma)}=\frac{(3.078\,6-\mathrm{i}1.003\,1)[\sigma^{-1}+(-0.135\,6-\mathrm{i}0.112\,3)\sigma+(-0.036\,5-\mathrm{i}0.044\,1)\sigma^{2}]}{(3.078\,6+\mathrm{i}1.003\,1)[1-(-0.135\,6+\mathrm{i}0.112\,3)\sigma^{-2}-(-0.073+\mathrm{i}0.088\,2)\sigma^{-3}]} \tag{5-32}$$

将式(5-25)～式(5-28)代入式(5-12)得到：

$$f_0=-\frac{1}{2}(1+\lambda)q\{(3.0786+i1.0031)[\sigma+(-0.1356+i0.1123)\sigma^{-1}+(-0.0365+i0.0441)\sigma^{-2}]\}-\left[-\frac{1}{2}(1-\lambda)q\right]\{(3.0786-i1.0031)[\sigma^{-1}+(-0.1356-i0.1123)\sigma+(-0.0365-i0.0441)\sigma^{2}]\} \tag{5-33}$$

2. 双微拱断面应力变形分析

根据基本理论公式，求解得到双微拱应力变形表达式。将式(5-31)代入式(5-10)左边第二项得到：

$$\frac{1}{2\pi i}\int_\sigma \frac{\omega(\sigma)}{\overline{\omega'(\sigma)}}\frac{\overline{\varphi_0{}'(\zeta)}}{\sigma-\zeta}d\sigma=$$

$$\frac{1}{2\pi i}\int_\sigma \frac{(3.0786+i1.0031)[\sigma+(-0.1356+i0.1123)\sigma^{-1}+(-0.0365+i0.0441)\sigma^{-2}]}{(3.0786-i1.0031)[1-(-0.1356-i0.1123)\sigma^{2}-(-0.073-i0.0882)\sigma^{3}]}\cdot(-\bar{\alpha}_1^{-2}-2\bar{\alpha}_2\sigma^{-3}-3\bar{\alpha}_3\sigma^{-4}+\cdots)\frac{d\sigma}{\sigma-\zeta}=-(53.35+i13.58)(\bar{\alpha}_1\zeta^{-2}+2\bar{\alpha}_2\zeta^{-3}) \tag{5-34}$$

将式(5-33)代入式(5-10)右边得到：

$$\frac{1}{2\pi i}\int_\sigma \frac{f_0 d\sigma}{\sigma-\zeta}=\frac{1}{2\pi i}\int_\sigma -\frac{1}{2}(1+\lambda)q\{(3.0786+i1.0031)[\sigma+(-0.1356+i0.1123)\sigma^{-1}+(-0.0365+i0.0441)\sigma^{-2}]\}-\left[-\frac{1}{2}(1-\lambda)q\right]\{(3.0786-i1.0031)[\sigma^{-1}+(-0.1356-i0.1123)\sigma+(-0.0365-i0.0441)\sigma^{2}]\}\frac{d\sigma}{\sigma-\zeta}$$
$$=-[(1.68+0.78i)+(1.398+0.22i)\lambda]q\zeta^{-1}-(1-\lambda)q(0.078+i0.05)\zeta^{-2} \tag{5-35}$$

将式(5-34)、式(5-35)代入式(5-10)得：

$$\varphi_0(\zeta)-(53.35+i13.58)(\bar{\alpha}_1\zeta^{-2}+2\bar{\alpha}_2\zeta^{-3})=-[(1.68+0.78i)+(1.398+0.22i)\lambda]q\zeta^{-1}-(1-\lambda)q(0.078+i0.05)\zeta^{-2} \tag{5-36}$$

因为 $\varphi_0(\zeta)=\sum_{n=1}^{\infty}\alpha_n\zeta^{-n}$，那么式(5-36)根据左右 ζ 系数相等原则，得到：

$$\begin{cases}\alpha_1-(53.35+i13.58)\bar{\alpha}_1=-[(1.68+0.78i)+(1.398+0.22i)\lambda]q\\ \alpha_2=-(1-\lambda)q(0.078+i0.05)\\ \alpha_3-2(53.35+i13.58)\bar{\alpha}_2=0\end{cases} \tag{5-37}$$

求解式(5-37)得到：

$$\begin{cases}\alpha_1 = -0.034q - 0.026\lambda q - \mathrm{i}(0.073q + 0.002\,5\lambda q) \\ \alpha_2 = -(1-\lambda)q(0.078 + \mathrm{i}0.05) \\ \alpha_3 = -(1-\lambda)q(6.96 + 7.45\mathrm{i})\end{cases} \tag{5-38}$$

$$\varphi_0(\zeta) = [-0.034q - 0.026\lambda q - \mathrm{i}(0.073q + 0.002\,5\lambda q)]\zeta^{-1} + [-(1-\lambda)q(0.078 + \mathrm{i}0.05)]\zeta^{-2} + [-(1-\lambda)q(6.96 + 7.45\mathrm{i})]\zeta^{-3} \tag{5-39}$$

将式(5-32)、式(5-39)代入式(5-11)左边第二项得到：

$$\frac{1}{2\pi \mathrm{i}}\int_\sigma \frac{\overline{\omega(\sigma)}}{\omega'(\sigma)}\frac{\varphi_0{}'(\zeta)}{\sigma-\zeta}\mathrm{d}\sigma \frac{(3.078\,6 - \mathrm{i}1.003\,1)}{(3.078\,6 + \mathrm{i}1.003\,1)} \cdot \frac{[\sigma^{-1} + (-0.135\,6 - \mathrm{i}0.112\,3)\sigma + (-0.036\,5 - \mathrm{i}0.044\,1)\sigma^2]}{[1 - (-0.135\,6 + \mathrm{i}0.112\,3)\sigma^{-2} - (-0.073 + \mathrm{i}0.088\,2)\sigma^{-3}]}$$

$$= \frac{1}{2\pi \mathrm{i}}\int_\sigma \{-[-0.034q - 0.026\lambda q - \mathrm{i}(0.073q + 0.002\,5\lambda q)]\zeta^{-2} - 2[-(1-\lambda)q(0.078 + \mathrm{i}0.05)]\zeta^{-3} + [3(1-\lambda)q(6.96 + 7.45\mathrm{i})]\zeta^{-4}\}\frac{\mathrm{d}\sigma}{\sigma-\zeta}$$

$$= (51.15 + \mathrm{i}11.36)\{[0.034q + 0.026\lambda q + \mathrm{i}(0.073q + 0.002\,5\lambda q)]\zeta^{-2} + 2[(1-\lambda)q(0.078 + \mathrm{i}0.05)]\zeta^{-3}\} \tag{5-40}$$

将式(5-33)代入式(5-11)右边，得到：

$$\frac{1}{2\pi \mathrm{i}}\int_\sigma \frac{\bar{f}_0 d\sigma}{\sigma-\zeta} = \frac{1}{2\pi \mathrm{i}}\int_\sigma \frac{-\frac{1}{2}(1+\lambda)q\{(3.078\,6 - \mathrm{i}1.0031)[\sigma^{-1} + (0.135\,6 - \mathrm{i}0.112\,3)\sigma^1 + (-0.036\,5 - \mathrm{i}0.044\,1)\sigma^2]\}}{\sigma-\zeta} + \frac{-\left[-\frac{1}{2}(1+\lambda)q\right]\{(3.078\,6 - \mathrm{i}1.0031)[\sigma^1 + (0.135\,6 + \mathrm{i}0.112\,3)\sigma^{-1} + (-0.036\,5 + \mathrm{i}0.044\,1)\sigma^{-2}]\}\mathrm{d}\sigma}{\sigma-\zeta}$$

$$= -[(1.68 - 0.78\mathrm{i}) + (1.398 - 0.22\mathrm{i})\lambda]q\zeta - (1-\lambda)q(0.078 - \mathrm{i}0.05)\zeta^2 \tag{5-41}$$

将式(5-40)、式(5-41)代入式(5-11)得到：

$$\psi_0(\zeta) + (51.15 + \mathrm{i}11.36)\{[0.034q + 0.026\lambda q + \mathrm{i}(0.073q + 0.002\,5\lambda q)]\zeta^{-2} + 2[(1-\lambda)q(0.078 + \mathrm{i}0.05)]\zeta^{-3}\} = -[(1.68 - 0.78\mathrm{i}) + (1.398 - 0.22\mathrm{i})\lambda]q\zeta - (1-\lambda)q(0.078 - \mathrm{i}0.05)\zeta^2 \tag{5-42}$$

求解式(5-42)得到：

$$\psi_0(\zeta) = -[(1.68 - 0.78\mathrm{i}) + (1.398 - 0.22\mathrm{i})\lambda]q\zeta - (1-\lambda)q(0.078 - \mathrm{i}0.05)\zeta^2 - (51.15 + \mathrm{i}11.36)\{[0.034q + 0.026\lambda q + \mathrm{i}(0.073q + 0.002\,5\lambda q)]\zeta^{-2} + 2[(1-\lambda)q(0.078 + \mathrm{i}0.05)]\zeta^{-3}\} \tag{5-43}$$

将式(5-24)～式(5-26)、式(5-39)、式(5-43)代入式(5-7)得到：

$$\begin{cases}\varphi(\zeta)=\dfrac{1}{4}(1+\lambda)q\{(3.078\,6+\mathrm{i}1.003\,1)[\zeta+(-0.135\,6+\mathrm{i}0.112\,3)\zeta^{-1}+(-0.036\,5+\mathrm{i}0.044\,1)\zeta^{-2}]\}+[-0.034q-0.026\lambda q-\mathrm{i}(0.073q+0.002\,5\lambda q)]\zeta^{-1}+[-(1-\lambda)q(0.078+\mathrm{i}0.05)]\zeta^{-2}+[-(1-\lambda)q(6.96+7.45\mathrm{i})]\zeta^{-3}\\ \psi(\zeta)=-\dfrac{1}{2}(1-\lambda)q\{(3.078\,6+\mathrm{i}1.003\,1)[\zeta+(-0.135\,6+\mathrm{i}0.112\,3)\zeta^{-1}+(-0.036\,5+\mathrm{i}0.044\,1)\zeta^{-2}]\}-[(1.68-0.78\mathrm{i})+(1.398-0.22\mathrm{i})\lambda]q\zeta-(1-\lambda)q(0.078-\mathrm{i}0.05)\zeta^{2}-(51.15+\mathrm{i}11.36)\{[0.034q+0.026\lambda q+\mathrm{i}(0.073q+0.002\,5\lambda q)]\zeta^{-2}+2[(1-\lambda)q(0.078+\mathrm{i}0.05)]\zeta^{-3}\}\end{cases}\tag{5-44}$$

将式(5-44)代入式(5-8)得到：

$$\Phi(\zeta)=\frac{\varphi'(\zeta)}{\omega'(\zeta)}=\frac{\frac{1}{4}(1+\lambda)q\{(3.078\,6+\mathrm{i}1.003\,1)[1+(0.135\,6-\mathrm{i}0.112\,3)\zeta^{-2}-2(-0.036\,5+\mathrm{i}0.044\,1)\zeta^{-3}]\}}{(3.078\,6+\mathrm{i}1.003\,1)[1+(0.135\,6-\mathrm{i}0.112\,3)\zeta^{-2}+2(0.036\,5-\mathrm{i}0.044\,1)\zeta^{-3}]}+\frac{[0.034q+0.026\lambda q+\mathrm{i}(0.073q+0.002\,5\lambda q)]\zeta^{-2}+[2(1-\lambda)q(0.078+\mathrm{i}0.05)]\zeta^{-3}}{(3.078\,6+\mathrm{i}1.003\,1)[1+(0.135\,6-\mathrm{i}0.112\,3)\zeta^{-2}+2(0.036\,5-\mathrm{i}0.044\,1)\zeta^{-3}]}+\frac{[3(1-\lambda)q(6.96+7.45\mathrm{i})]\zeta^{-4}}{(3.078\,6+\mathrm{i}1.003\,1)[1+(0.135\,6-\mathrm{i}0.112\,3)\zeta^{-2}+2(0.036\,5-\mathrm{i}0.044\,1)\zeta^{-3}]}\tag{5-45}$$

$$\Psi(\zeta)=\frac{\psi'(\zeta)}{\omega'(\zeta)}=\frac{-\frac{1}{2}(1-\lambda)q\{(3.078\,6+\mathrm{i}1.003\,1)[1+(0.135\,6-\mathrm{i}0.112\,3)\zeta^{-2}}{(3.078\,6+\mathrm{i}1.003\,1)[1+(0.135\,6-\mathrm{i}0.112\,3)\zeta^{-2}+2(0.036\,5-\mathrm{i}0.044\,1)\zeta^{-3}]}+\frac{2(0.036\,5-\mathrm{i}0.044\,1)\zeta^{-3}]\}-[(1.68-0.78\mathrm{i})+(1.398-0.22\mathrm{i})\lambda]q-2(1-\lambda)q(0.078-\mathrm{i}0.05)\zeta}{(3.078\,6+\mathrm{i}1.003\,1)[1+(0.135\,6-\mathrm{i}0.112\,3)\zeta^{-2}+2(0.036\,5-\mathrm{i}0.044\,1)\zeta^{-3}]}+\frac{2(51.15+\mathrm{i}11.36)\{[0.034q+0.026\lambda q+\mathrm{i}(0.073q+0.002\,5\lambda q)]\zeta^{-3}-6[(1-\lambda)q(0.078+\mathrm{i}0.05)]\zeta^{-4}\}}{(3.078\,6+\mathrm{i}1.003\,1)[1+(0.135\,6-\mathrm{i}0.112\,3)\zeta^{-2}+2(0.036\,5-\mathrm{i}0.044\,1)\zeta^{-3}]}\tag{5-46}$$

将式(5-45)代入式(5-5)第一式右边得到：

$$Re\Phi(\zeta)=\left[0.25+\frac{0.085\cos^{2}\theta-0.038\sin(2\theta)}{\rho^{2}}+\frac{0.092(1+\lambda)\cos^{3}\theta-0.045\sin(2\theta)\cos\theta}{\rho^{3}}+\frac{8.28\cos^{4}\theta-9.16\sin(2\theta)\cos^{2}\theta}{\rho^{4}}+\frac{0.015\cos^{5}\theta-0.001\,7\sin(2\theta)\cos^{3}\theta}{\rho^{5}}+\frac{0.615\cos^{6}\theta-1.047\sin(2\theta)\cos^{4}\theta}{\rho^{6}}\right](1+\lambda)q/\left(\left\{-\frac{0.136\sin(2\theta)}{\rho^{2}}-\frac{0.112\cos(2\theta)}{\rho^{2}}-\frac{0.088[\cos(2\theta)\cos\theta-\sin(2\theta)\sin\theta]}{\rho^{3}}+\frac{0.073[\sin(2\theta)\cos\theta-\cos(2\theta)\sin\theta]}{\rho^{3}}\right\}^{2}+\right.$$

$$\left\{1-\frac{0.112\sin(2\theta)}{\rho^2}+\frac{0.136\cos(2\theta)}{\rho^2}+\frac{0.073[\cos(2\theta)\cos\theta-\sin(2\theta)\sin\theta]}{\rho^3}+\right.$$

$$\left.\frac{0.088[\sin(2\theta)\cos\theta-\cos(2\theta)\sin\theta]}{\rho^3}\right\}^2\Bigg) \tag{5-47}$$

将式(5-28)～式(5-30)、式(5-45)～式(5-46)代入式(5-5)第二式右边并分解得到：

$$\frac{2\zeta^2}{\rho^2\overline{\omega'(\zeta)}}[\overline{\omega(\zeta)}\Phi'(\zeta)+\omega'(\zeta)\Psi(\zeta)]$$

$$=-\Bigg[2.016\rho\cos^3\theta-1.213\sin(2\theta)\cos\theta+\frac{0.508\cos^5\theta-0.365\sin(2\theta)\cos^3\theta}{\rho^3}+$$

$$\frac{0.054\,8\cos^5\theta-0.044\sin(2\theta)\cos^3\theta}{\rho}+0.334\rho\cos^5\theta-0.214\sin(2\theta)\cos^3\theta+$$

$$\frac{0.217\cos^6\theta-0.143\sin(2\theta)\cos^4\theta}{\rho^4}\Bigg](1+\lambda)q/(\{1-0.112\rho^2\sin(2\theta)+$$

$$0.136\rho^2\cos(2\theta)+0.073\rho^3[\cos(2\theta)\cos\theta-\sin(2\theta)\sin\theta]-0.082\rho^3[\sin(2\theta)\cos\theta-$$

$$\cos(2\theta)\sin\theta]\}^2+\{0.136\rho^2\sin(2\theta)+0.112\rho^2\cos(2\theta)+0.082\rho^3[\cos(2\theta)\cos\theta-$$

$$\sin(2\theta)\sin\theta]+0.073\rho^3[\sin(2\theta)\cos\theta-\cos(2\theta)\sin\theta]\}^2)\cdot$$

$$\Bigg(\left\{-\frac{0.136\sin(2\theta)}{\rho^2}-\frac{0.112\cos(2\theta)}{\rho^2}-\frac{0.088[\cos(2\theta)\cos\theta-\sin(2\theta)\sin\theta]}{\rho^3}+\right.$$

$$\left.\frac{0.073[\sin(2\theta)\cos\theta-\cos(2\theta)\sin\theta]}{\rho^3}\right\}^2+\left\{1-\frac{0.112\sin(2\theta)}{\rho^2}+\frac{0.136\cos(2\theta)}{\rho^2}+\right.$$

$$\left.\frac{0.073[\cos(2\theta)\cos\theta-\sin(2\theta)\sin\theta]}{\rho^3}+\frac{0.088[\sin(2\theta)\cos\theta-\cos(2\theta)\sin\theta]}{\rho^3}\right\}^2\Bigg)+$$

$$\mathrm{i}\Bigg[-0.541\rho\cos^3\theta-0.432\rho\sin(2\theta)\cos\theta+\frac{5.187\cos^5\theta-3.211\sin(2\theta)\cos^3\theta}{\rho^3}+$$

$$\frac{0.442\cos^5\theta-0.312\sin(2\theta)\cos^3\theta}{\rho}+0.153\rho\cos^5\theta-0.095\rho\sin(2\theta)\cos^3\theta+$$

$$\frac{0.266\cos^6\theta-0.144\sin(2\theta)\cos^4\theta}{\rho^4}\Bigg](1+\lambda)q/(\{1-0.112\rho^2\sin(2\theta)+$$

$$0.136\rho^2\cos(2\theta)+0.073\rho^3[\cos(2\theta)\cos\theta-\sin(2\theta)\sin\theta]-0.082\rho^3[\sin(2\theta)\cos\theta-$$

$$\cos(2\theta)\sin\theta]\}^2+\{0.136\rho^2\sin(2\theta)+0.112\rho^2\cos(2\theta)+0.082\rho^3[\cos(2\theta)\cos\theta-$$

$$\sin(2\theta)\sin\theta]+0.073\rho^3[\sin(2\theta)\cos\theta-\cos(2\theta)\sin\theta]\}^2)\cdot$$

$$\Bigg(\left\{-\frac{0.136\sin(2\theta)}{\rho^2}-\frac{0.112\cos(2\theta)}{\rho^2}-\frac{0.088[\cos(2\theta)\cos\theta-\sin(2\theta)\sin\theta]}{\rho^3}+\right.$$

$$\left.\frac{0.073[\sin(2\theta)\cos\theta-\cos(2\theta)\sin\theta]}{\rho^3}\right\}^2+\left\{1-\frac{0.112\sin(2\theta)}{\rho^2}+\frac{0.136\cos(2\theta)}{\rho^2}+\right.$$

$$\frac{0.073[\cos(2\theta)\cos\theta-\sin(2\theta)\sin\theta]}{\rho^3}+\frac{0.088[\sin(2\theta)\cos\theta-\cos(2\theta)\sin\theta]}{\rho^3}\Big\}^2\Big) \tag{5-48}$$

将式(5-27)、式(5-30)、式(5-44)代入式(5-6)右边并进行分解得：

$$\begin{aligned}
&\frac{\bar{\zeta}}{\rho}\frac{\overline{\omega'(\zeta)}}{|\omega'(\zeta)|}\left[\frac{3-u}{1+u}\varphi(\zeta)-\frac{\omega(\zeta)}{\omega'(\zeta)}\overline{\varphi'(\zeta)}-\overline{\psi(\zeta)}\right]\\
&=\Big\{\frac{(-0.534+0.178\mu-0.248\lambda+0.083\lambda\mu)}{\rho(1+\mu)}\cos^2\theta+\frac{[7.86\rho(1+\lambda)-2.62\rho\mu(1+\lambda)]\cos^2\theta}{1+\mu}+\\
&\frac{0.87(1+\lambda)+0.29\mu(1+\lambda)}{\rho^2(1+\mu)}\cos^3\theta+\frac{1.33\rho^2(1+\lambda)+3.58\rho^2\mu(1+\lambda)}{1+\mu}\cos^3\theta\Big\}\cdot\\
&q/\{[-1.0031+0.21\rho^2\cos(2\theta)+0.198\rho^3\cos^3\theta+0.53\rho^2\sin(2\theta)+0.47\rho^3\sin(2\theta)\cos\theta-\\
&0.3\sin\theta\sin(2\theta)-0.313\rho^3\sin^3\theta]^2+[3.079+0.53\rho^2\cos(2\theta)+0.313\rho^3\cos^3\theta-\\
&0.21\rho^2\sin(2\theta)-0.3\cos\theta\sin(2\theta)-0.47\rho^3\sin(2\theta)\sin\theta+0.1\rho^3\sin^3\theta]^2\}^{-1}+\\
&\mathrm{i}\left[\frac{(-0.572+0.119\,1\mu+0.055\lambda-0.018\lambda\mu)}{\rho(1+\mu)}+\frac{0.076(1+\lambda)+0.227(1+\mu+\lambda)}{\rho^2}\cos^3\theta\right]\cdot\\
&q/\{[-1.003\,1+0.21\rho^2\cos(2\theta)+0.198\rho^3\cos^3\theta+0.53\rho^2\sin(2\theta)+0.47\rho^3\sin(2\theta)\cos\theta-\\
&0.3\sin\theta\sin(2\theta)-0.313\rho^3\sin^3\theta]^2+[3.079+0.53\rho^2\cos(2\theta)+0.313\rho^3\cos^3\theta-\\
&0.21\rho^2\sin(2\theta)-0.3\cos\theta\sin(2\theta)-0.47\rho^3\sin(2\theta)\sin\theta+0.1\rho^3\sin^3\theta]^2\}^{-1}
\end{aligned} \tag{5-49}$$

将式(5-47)、式(5-48)代入式(5-5)得到应力分量表达式为：

$$\begin{aligned}
\sigma_\rho=2\times&\left[0.25+\frac{0.085\cos^2\theta-0.038\sin(2\theta)}{\rho^2}+\frac{0.092(1+\lambda)\cos^3\theta-0.045\sin(2\theta)\cos\theta}{\rho^3}+\right.\\
&\frac{8.28\cos^4\theta-9.16\sin(2\theta)\cos^2\theta}{\rho^4}+\frac{0.015\cos^5\theta-0.001\,7\sin(2\theta)\cos^3\theta}{\rho^5}+\\
&\left.\frac{0.615\cos^6\theta-1.047\sin(2\theta)\cos^4\theta}{\rho^6}\right](1+\lambda)q/\Big(\Big\{-\frac{0.136\sin(2\theta)}{\rho^2}-\frac{0.112\cos(2\theta)}{\rho^2}-\\
&\frac{0.088[\cos(2\theta)\cos\theta-\sin(2\theta)\sin\theta]}{\rho^3}+\frac{0.073[\sin(2\theta)\cos\theta-\cos(2\theta)\sin\theta]}{\rho^3}\Big\}^2+\\
&\Big\{1-\frac{0.112\sin(2\theta)}{\rho^2}+\frac{0.136\cos(2\theta)}{\rho^2}+\frac{0.073[\cos(2\theta)\cos\theta-\sin(2\theta)\sin\theta]}{\rho^3}+\\
&\frac{0.088[\sin(2\theta)\cos\theta-\cos(2\theta)\sin\theta]}{\rho^3}\Big\}^2\Big)-\frac{1}{2}\times[2.016\rho\cos^3\theta-1.213\sin(2\theta)\cos\theta+\\
&\frac{0.508\cos^5\theta-0.365\sin(2\theta)\cos^3\theta}{\rho^3}+\frac{0.054\,8\cos^5\theta-0.044\sin(2\theta)\cos^3\theta}{\rho}+\\
&0.334\rho\cos^5\theta-0.214\sin(2\theta)\cos^3\theta+\frac{0.217\cos^6\theta-0.143\sin(2\theta)\cos^4\theta)}{\rho^4}\Big]\cdot\\
&(1+\lambda)q/(\{1-0.112\rho^2\sin(2\theta)+0.136\rho^2\cos(2\theta)+0.073\rho^3[\cos(2\theta)\cos\theta-\\
&\sin(2\theta)\sin\theta]-0.082\rho^3[\sin(2\theta)\cos\theta-\cos(2\theta)\sin\theta]\}^2+\{0.136\rho^2\sin(2\theta)+
\end{aligned}$$

$$0.112\rho^2\cos(2\theta)+0.082\rho^3[\cos(2\theta)\cos\theta-\sin(2\theta)\sin\theta]+0.073\rho^3[\sin(2\theta)\cos\theta-\cos(2\theta)\sin\theta]\}^2)\Bigg(\Big\{-\frac{0.136\sin(2\theta)}{\rho^2}-\frac{0.112\cos(2\theta)}{\rho^2}-\frac{0.088[\cos(2\theta)\cos\theta-\sin(2\theta)\sin\theta]}{\rho^3}+\frac{0.073[\sin(2\theta)\cos\theta-\cos(2\theta)\sin\theta]}{\rho^3}\Big\}^2+\Big\{1-\frac{0.112\sin(2\theta)}{\rho^2}+\frac{0.136\cos(2\theta)}{\rho^2}+\frac{0.073[\cos(2\theta)\cos\theta-\sin(2\theta)\sin\theta]}{\rho^3}+\frac{0.088[\sin(2\theta)\cos\theta-\cos(2\theta)\sin\theta]}{\rho^3}\Big\}^2\Bigg) \quad (5\text{-}50)$$

$$\sigma_\theta=2\times\Big[0.25+\frac{0.085\cos^2\theta-0.038\sin(2\theta)}{\rho^2}+\frac{0.092(1+\lambda)\cos^3\theta-0.045\sin(2\theta)\cos\theta}{\rho^3}+\frac{8.28\cos^4\theta-9.16\sin(2\theta)\cos^2\theta}{\rho^4}+\frac{0.015\cos^5\theta-0.001\,7\sin(2\theta)\cos^3\theta}{\rho^5}+\frac{0.615\cos^6\theta-1.047\sin(2\theta)\cos^4\theta}{\rho^6}\Big](1+\lambda)q/\Bigg(\Big\{-\frac{0.136\sin(2\theta)}{\rho^2}-\frac{0.112\cos(2\theta)}{\rho^2}-\frac{0.088[\cos(2\theta)\cos\theta-\sin(2\theta)\sin\theta]}{\rho^3}+\frac{0.073[\sin(2\theta)\cos\theta-\cos(2\theta)\sin\theta]}{\rho^3}\Big\}^2+\Big\{1-\frac{0.112\sin(2\theta)}{\rho^2}+\frac{0.136\cos(2\theta)}{\rho^2}+\frac{0.073[\cos(2\theta)\cos\theta-\sin(2\theta)\sin\theta]}{\rho^3}+\frac{0.088[\sin(2\theta)\cos\theta-\cos(2\theta)\sin\theta]}{\rho^3}\Big\}^2\Bigg)+\frac{1}{2}\times\Big[2.016\rho\cos^3\theta-1.213\sin(2\theta)\cos\theta+\frac{0.508\cos^5\theta-0.365\sin(2\theta)\cos^3\theta}{\rho^3}+\frac{0.054\,8\cos^5\theta-0.044\sin(2\theta)\cos^3\theta}{\rho}+0.334\rho\cos^5\theta-0.214\sin(2\theta)\cos^3\theta+\frac{0.217\cos^6\theta-0.143\sin(2\theta)\cos^4\theta}{\rho^4}\Big]\cdot(1+\lambda)q/(\{1-0.112\rho^2\sin(2\theta)+0.136\rho^2\cos(2\theta)+0.073\rho^3[\cos(2\theta)\cos\theta-\sin(2\theta)\sin\theta]-0.082\rho^3[\sin(2\theta)\cos\theta-\cos(2\theta)\sin\theta]\}^2+\{0.136\rho^2\sin(2\theta)+0.112\rho^2\cos(2\theta)+0.082\rho^3[\cos(2\theta)\cos\theta-\sin(2\theta)\sin\theta]+0.073\rho^3[\sin(2\theta)\cos\theta-\cos(2\theta)\sin\theta]\}^2)\Bigg(\Big\{-\frac{0.136\sin(2\theta)}{\rho^2}-\frac{0.112\cos(2\theta)}{\rho^2}-\frac{0.088[\cos(2\theta)\cos\theta-\sin(2\theta)\sin\theta]}{\rho^3}+\frac{0.073[\sin(2\theta)\cos\theta-\cos(2\theta)\sin\theta]}{\rho^3}\Big\}^2+\Big\{1-\frac{0.112\sin(2\theta)}{\rho^2}+\frac{0.136\cos(2\theta)}{\rho^2}+\frac{0.073[\cos(2\theta)\cos\theta-\sin(2\theta)\sin\theta]}{\rho^3}+\frac{0.088[\sin(2\theta)\cos\theta-\cos(2\theta)\sin\theta]}{\rho^3}\Big\}^2\Bigg) \quad (5\text{-}51)$$

$$\tau_{\rho\theta}=\Big[-0.541\rho\cos^3\theta-0.432\rho\sin(2\theta)\cos\theta+\frac{5.187\cos^5\theta-3.211\sin(2\theta)\cos^3\theta}{\rho^3}+\frac{0.442\cos^5\theta-0.312\sin(2\theta)\cos^3\theta}{\rho}+0.153\rho\cos^5\theta-0.095\rho\sin(2\theta)\cos^3\theta+\frac{0.266\cos^6\theta-0.144\sin(2\theta)\cos^4\theta}{\rho^4}\Big](1+\lambda)q/(\{1-0.112\rho^2\sin(2\theta)+$$

$$0.136\rho^2\cos(2\theta)+0.073\rho^3[\cos(2\theta)\cos\theta-\sin(2\theta)\sin\theta]-0.082\rho^3[\sin(2\theta)\cos\theta-\cos(2\theta)\sin\theta]\}^2+\{0.136\rho^2\sin(2\theta)+0.112\rho^2\cos(2\theta)+0.082\rho^3[\cos(2\theta)\cos\theta-\sin(2\theta)\sin\theta]+0.073\rho^3[\sin(2\theta)\cos\theta-\cos(2\theta)\sin\theta]\}^2)\cdot$$

$$\left(\left\{-\frac{0.136\sin(2\theta)}{\rho^2}-\frac{0.112\cos(2\theta)}{\rho^2}-\frac{0.088[\cos(2\theta)\cos\theta-\sin(2\theta)\sin\theta]}{\rho^3}+\frac{0.073[\sin(2\theta)\cos\theta-\cos(2\theta)\sin\theta]}{\rho^3}\right\}^2+\left\{1-\frac{0.112\sin(2\theta)}{\rho^2}+\frac{0.136\cos(2\theta)}{\rho^2}+\frac{0.073[\cos(2\theta)\cos\theta-\sin(2\theta)\sin\theta]}{\rho^3}+\frac{0.088[\sin(2\theta)\cos\theta-\cos(2\theta)\sin\theta]}{\rho^3}\right\}^2\right) \tag{5-52}$$

将式(5-49)代入式(5-6)得到位移表达式为:

$$u_\rho=\frac{1}{2G}\left[\frac{-0.534+0.178\mu-0.248\lambda+0.083\lambda\mu}{\rho(1+\mu)}\cos^2\theta+\frac{7.86\rho(1+\lambda)-2.62\rho\mu(1+\lambda)}{1+\mu}\cos^2\theta+\frac{0.87(1+\lambda)+0.29\mu(1+\lambda)}{\rho^2(1+\mu)}\cos^3\theta+\frac{1.33\rho^2(1+\lambda)+3.58\rho^2\mu(1+\lambda)}{1+\mu}\cos^3\theta\right]q/\{[-1.0031+0.21\rho^2\cos(2\theta)+0.198\rho^3\cos^3\theta+0.53\rho^2\sin(2\theta)+0.47\rho^3\sin(2\theta)\cos\theta-0.3\sin\theta\sin(2\theta)-0.313\rho^3\sin^3\theta]^2+[3.079+0.53\rho^2\cos(2\theta)+0.313\rho^3\cos^3\theta-0.21\rho^2\sin(2\theta)-0.3\cos\theta\sin(2\theta)-0.47\rho^3\sin(2\theta)\sin\theta+0.1\rho^3\sin^3\theta]^2\} \tag{5-53}$$

$$u_\theta=\frac{1}{2G}\left[\frac{-0.572+0.1191\mu+0.055\lambda-0.018\lambda\mu}{\rho(1+\mu)}+\frac{0.076(1+\lambda)+0.227(1+\mu+\lambda)}{\rho^2}\cos^3\theta\right]q/\{[-1.0031+0.21\rho^2\cos(2\theta)+0.198\rho^3\cos^3\theta+0.53\rho^2\sin(2\theta)+0.47\rho^3\sin(2\theta)\cos\theta-0.3\sin\theta\sin(2\theta)-0.313\rho^3\sin^3\theta]^2+[3.079+0.53\rho^2\cos(2\theta)+0.313\rho^3\cos^3\theta-0.21\rho^2\sin(2\theta)-0.3\cos\theta\sin(2\theta)-0.47\rho^3\sin(2\theta)\sin\theta+0.1\rho^3\sin^3\theta]^2\} \tag{5-54}$$

3. 双微拱断面拱脚交点应力变形

对于两微拱的交点,其坐标为(−0.5,32),因此,在此点映射函数为:

$$-0.5+i3.2=(3.0786+i1.0031)[\sigma+(-0.1356+i0.1123)\sigma^{-1}+(-0.0365+i0.0441)\sigma^{-2}] \tag{5-55}$$

经过计算,可得此点映射到单位圆上的坐标为(1,1.53),将其化为角度,$\theta=87.6°$,将其代入得到应力、位移的表达式为:

$$\sigma_\rho=3.79(1+\lambda)q \tag{5-56}$$

$$\sigma_\theta=6.07(1+\lambda)q \tag{5-57}$$

$$\tau_{\rho\theta} = -0.095(1+\lambda)q \tag{5-58}$$

$$u_\rho = \frac{0.001q}{9.33G}\left[\frac{-0.534+0.178\mu-0.248\lambda+0.083\lambda\mu}{1+\mu}+\frac{7.86(1+\lambda)-2.62\mu(1+\lambda)}{1+\mu}\right] \tag{5-59}$$

$$u_\theta = \frac{q}{18.66G}\left(\frac{-0.572+0.1191\mu+0.055\lambda-0.018\lambda\mu}{1+\mu}\right) \tag{5-60}$$

根据双微拱断面巷道围岩应力与位移的计算公式，可知双微拱两拱脚交点处应力变形与垂直压力 q 和围岩的参数（如围岩剪切模量 G、泊松比 μ 等）有关；随着垂直压力 q 增大，位移增大；同时，在两拱脚交点处应力集中程度较高。因此，双微拱断面巷道支护的关键是控制两拱脚重合处交点围岩变形、破坏，所以两拱脚重合处交点必须要提供足够的支护强度。

5.3.5 巷道计算模型

为了确保双微拱断面巷道的稳定性，在双微拱断面两拱脚重合处施加足够强度的单体支柱支护，既可起到减跨的作用，又能够解决双微拱断面两拱脚重合处应力集中造成此处顶板下沉量增大的问题。因此可以通过建立力学模型计算平顶断面巷道及双微拱断面巷道顶板下沉最大处需要的支护阻力。

5.3.5.1 平顶断面巷道计算模型

基于梁的理论，对于平顶断面巷道采用的计算模型如图 5-10 所示。

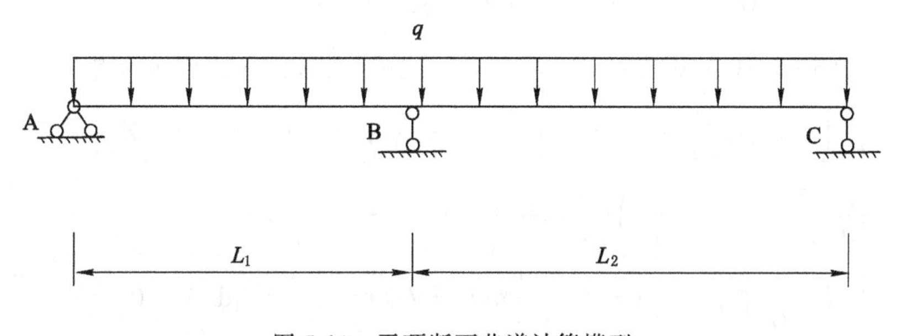

图 5-10 平顶断面巷道计算模型

该问题为一次超静定问题，为了求解支座 B 处的约束反力，可以解除支座 B 的竖向联系，以多余未知力 X_1 代替，得到的基本体系如图 5-11 所示。

根据原结构在支座 B 沿 X_1 方向的位移为零的条件，可建立力法方程：

$$\delta_{11}X_1 + \Delta_{1P} = 0 \tag{5-61}$$

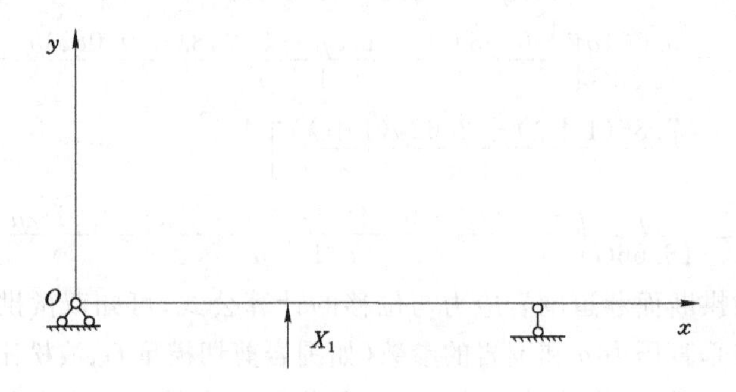

图 5-11　基本体系

其中，系数 $\delta_{11}=\int\frac{\overline{M_1^2}}{EI}\mathrm{d}s$，自由项 $\Delta_{1P}=\int\frac{\overline{M_1}M_P}{EI}\mathrm{d}s$，$E$ 为梁的弹性模量，I 为梁的截面惯性矩。

设坐标原点在 A 点，任意截面的横坐标为 x，纵坐标为 y，向上为正；弯矩 M 使梁的内侧受拉为正。基本结构在 $X_1=1$ 作用下有：

$$\begin{cases}\overline{M_1}=\begin{cases}-\dfrac{l_2}{l_1+l_2} & 0<x\leqslant l_1)\\ -\dfrac{l_2}{l_1+l_2}+(x-l_1) & (l_1<x<l_1+l_2)\end{cases}\\ M_P=\dfrac{1}{2}q(l_1+l_2)x-\dfrac{1}{2}qx^2\end{cases}\tag{5-62}$$

将式(5-62)代入系数和自由项的表达式中，最后代入式(5-61)得：

$$\frac{1}{EI}\left[\int_0^{l_1}\frac{l_2^2}{(l_1+l_2)^2}x^2\mathrm{d}x+\int_{l_1}^{l_1+l_2}\left(-\frac{l_2}{l_1+l_2}x+x-l_1\right)^2\mathrm{d}x\right]X_1+$$
$$\frac{1}{EI}\left\{\int_0^{l_1}\left(-\frac{l_2}{l_1+l_2}x\right)\left[\frac{1}{2}q(l_1+l_2)x-\frac{1}{2}qx^2\right]\mathrm{d}x+\right.$$
$$\left.\int_0^{l_1}\left(-\frac{l_2}{l_1+l_2}x+x-l_1\right)\left[\frac{1}{2}q(l_1+l_2)x-\frac{1}{2}qx^2\right]\mathrm{d}x\right\}=0$$

经过积分，最后解得：

$$X_1=\frac{q}{8l_1l_2}\left[l_2^2(4l_1+l_2)+l_1^2(l_1+4l_2)\right]\tag{5-63}$$

式中：X_1 为 B 处的约束反力；q 为梁上均布载荷。

5.3.5.2　双微拱断面巷道力学计算模型

根据拱结构理论，建立双微拱断面巷道力学计算模型，如图 5-12 所示。

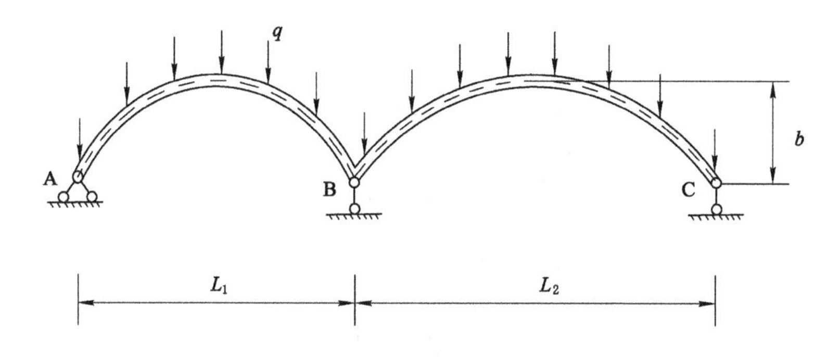

图 5-12 双微拱断面巷道力学计算模型

该模型是二次超静定，用力法计算时，除去支座 B 的竖向和支座 C 的横向联系，而以多余力 X_1 和 X_2 代替，得到基本体系如图 5-13 所示。

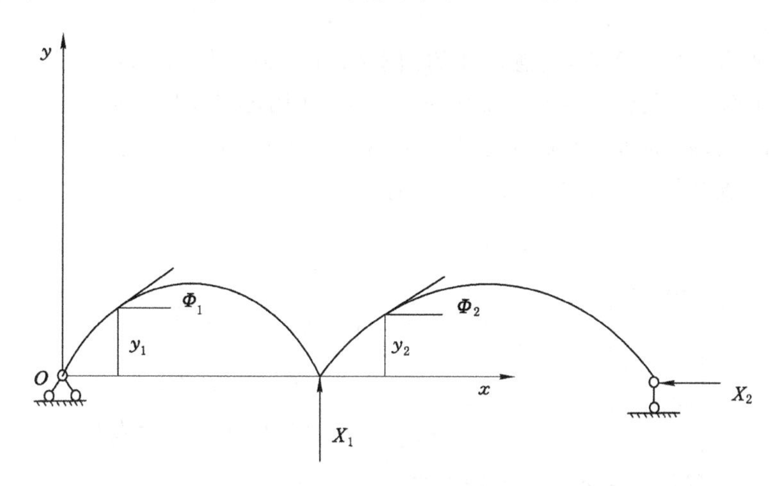

图 5-13 基本体系

根据原结构在支座 B 和支座 C 处沿 X_1、X_2 方向的位移分别等于零的条件，可建立力法方程为：

$$\begin{cases} \delta_{11} X_1 + \delta_{12} X_2 + \Delta_{1P} = 0 \\ \delta_{21} X_1 + \delta_{22} X_2 + \Delta_{2P} = 0 \end{cases} \tag{5-64}$$

在计算方程的系数和自由项时，一般情况下，由于剪力对变形的影响较小，常可略去不计。此外，当拱高小于跨度的 1/8 时，轴力对 Δ_{1P} 的影响较小，也可略去不计；但计算 δ_{22} 时则要考虑轴力的影响，因此：

$$\begin{cases}\delta_{11}=\int\frac{\bar{M}_1^2}{EI}\mathrm{d}s\\ \delta_{12}=\int\frac{\bar{M}_1\bar{M}_2}{EI}\mathrm{d}s\\ \Delta_{1\mathrm{P}}=\int\frac{\bar{M}_1 M_{\mathrm{P}}}{EI}\mathrm{d}s\\ \delta_{21}=\delta_{12}\\ \delta_{22}=\int\frac{\bar{M}_2^2}{EI}\mathrm{d}s+\int\frac{\bar{N}_1^2}{EA}\mathrm{d}s\\ \Delta_{2\mathrm{P}}=\int\frac{\bar{M}_2 M_{\mathrm{P}}}{EI}\mathrm{d}s\end{cases}\tag{5-65}$$

式中：E 为拱的弹性模量；I 为拱的任意处的截面惯性矩；A 为拱的任意处的截面面积。

设坐标原点在 A 点，任意截面的横坐标为 x，纵坐标为 y，向上为正；φ_1、φ_2 分别表示两个拱的任意截面拱轴切线与 x 轴之间的锐角，左半拱的 φ_1、φ_2 为正，右半拱的 φ_1、φ_2 为负。弯矩 M 使拱的内缘受拉为正，轴力 N 以拉力为正。

基本结构在 $X_1=1$、$X_2=1$ 作用下有：

$$\begin{cases}\bar{M}_1=\begin{cases}-\frac{l_1}{l_1+l_2}x & (0<x\leqslant l_1)\\ -\frac{l_2}{l_1+l_2}x+(x-l_1) & (l_1<x<l_1+l_2)\end{cases}\\ \bar{M}_2=\begin{cases}-y_1 & (0<x\leqslant l_1)\\ -y_2 & (l_1<x<l_1+l_2)\end{cases}\\ M_{\mathrm{P}}=\frac{1}{2}q(l_1+l_2)x-\frac{1}{2}qx^2\\ \bar{N}_1=\begin{cases}\cos\varphi_1 & (0<x\leqslant l_1)\\ \cos\varphi_2 & (l_1<x<l_1+l_2)\end{cases}\end{cases}\tag{5-66}$$

式中：y_1、y_2 分别为两个拱的拱线方程；l_1、l_2 为两个拱的跨度。

将式(5-65)、式(5-66)代入式(5-64)，求解时截面变化规律可用式(5-67)和式(5-68)表示：

$$I=\begin{cases}\frac{I_{\mathrm{C1}}}{\cos\varphi_1} & (0<x\leqslant l_1)\\ \frac{I_{\mathrm{C2}}}{\cos\varphi_2} & (l_1<x<l_1+l_2)\end{cases}\tag{5-67}$$

$$A=\begin{cases}\dfrac{A_{C1}}{\cos\varphi_1} & (0<x\leqslant l_1)\\[2ex] \dfrac{A_{C2}}{\cos\varphi_2} & (l_1<x<l_1+l_2)\end{cases} \tag{5-68}$$

式中，I_{C1}、I_{C2}分别为两个拱顶截面的惯性矩，A_{C1}、A_{C2}分别为两个拱顶的截面面积；并注意到：

$$ds=\begin{cases}\dfrac{dx}{\cos\varphi_1} & (0<x\leqslant l_1)\\[2ex] \dfrac{dx}{\cos\varphi_2} & (l_1<x<l_1+l_2)\end{cases} \tag{5-69}$$

$$\begin{cases}\left[\int_0^{l_1}\dfrac{1}{EI_{C1}}\left(-\dfrac{l_1}{l_1+l_2}x\right)^2dx+\int_{l_1}^{l_1+l_2}\dfrac{1}{EI_{C2}}\left(-\dfrac{l_1}{l_1+l_2}x+x-l_2\right)^2dx\right]X_1+\\ \left[\int_0^{l_1}\dfrac{1}{EI_{C1}}\dfrac{l_1}{l_1+l_2}xy_1dx+\int_{l_1}^{l_1+l_2}-\dfrac{1}{EI_{C2}}\left(-\dfrac{l_1}{l_1+l_2}x+x-l_2\right)y_2dx\right]X_2+\\ \left\{\int_0^{l_1}\dfrac{1}{EI_{C1}}\dfrac{l_1}{l_1+l_2}x\left[-\dfrac{1}{2}q(l_1+l_2)x+\dfrac{1}{2}qx^2\right]dx+\right.\\ \left.\int_{l_1}^{l_1+l_2}\dfrac{1}{EI_{C2}}\left(-\dfrac{l_1}{l_1+l_2}x+x-l_2\right)\left[\dfrac{1}{2}q(l_1+l_2)x-\dfrac{1}{2}qx^2\right]dx\right\}=0\\ \left[\int_0^{l_1}\dfrac{1}{EI_{C1}}\dfrac{l_1}{l_1+l_2}xy_1dx+\int_{l_1}^{l_1+l_2}-\dfrac{1}{EI_{C2}}\left(-\dfrac{l_1}{l_1+l_2}x+x-l_2\right)y_2dx\right]X_1+\\ \left[\int_0^{l_1}\dfrac{1}{EI_{C1}}y_1^2dx+\int_{l_1}^{l_1+l_2}\dfrac{1}{EI_{C2}}y_2^2dx+\int_0^{l_1}\dfrac{1}{EA_{C1}}dx+\int_{l_1}^{l_1+l_2}\dfrac{1}{EA_{C2}}dx\right]X_2+\\ \left\{\int_0^{l_1}\dfrac{1}{EI_{C1}}\left[-\dfrac{1}{2}q(l_1+l_2)x+\dfrac{1}{2}qx^2\right]y_1dx+\int_{l_1}^{l_1+l_2}\dfrac{1}{EI_{C2}}\left[\dfrac{1}{2}q(l_1+l_2)x-\dfrac{1}{2}qx^2\right]y_2dx\right\}=0\end{cases}$$

(5-70)

在该模型中，拱线的方程为 $y_1=\dfrac{4b}{l_1^2}x(l_1-x)$，$y_2=\dfrac{4b}{l_2^2}x(l_2-x)$，两个拱的截面分别是边长为 b_1h_1、b_2h_2 的矩形，h_{C1}、h_{C2}分别为两个拱顶处的拱的高度，取宽度 b_1 和 b_2 为单位长度 1，最后解得：

$$\begin{cases}X_1=\dfrac{3qnl\left(I'a+\dfrac{8}{15}b^2cA'\right)}{8(-A'b^2m-5I'a)}+\dfrac{ql(2n+5l'm)}{10l'm}\\[2ex] X_2=\dfrac{A'qnl}{8(-A'b^2m-5I'a)}\end{cases} \tag{5-71}$$

其中：

$$\begin{cases} l=l_1+l_2, & m=l_1 I_{C2}+l_2 I_{C1} \\ n=l_1 I_{C2}^3+l_2 I_{C1}^3, & a=l_1 A_{C2}+(l_2-l_1)A_{C1} \\ c=l_1 A_{C2}+l_2 A_{C1}, & A'=A_{C1}A_{C2} \\ I'=I_{C1}I_{C2}, & l'=l_1 l_2 \\ I_{C1}=\dfrac{1}{12}h_{C1}^3, & I_{C2}=\dfrac{1}{12}h_{C2}^3 \\ A_{C1}=h_{C1}, & A_{C2}=h_{C2} \end{cases}$$

X_1 为支座 B 处的反力，即双微拱断面拱重合处的支护阻力，用以确保双微拱断面巷道的稳定性；X_1 必须不小于双微拱断面两拱脚重合处交点应力大小。

5.4 本章小结

本章在前面章节研究的基础上，提出了深部大跨度巷道卸压减跨控顶与等强协调的减跨支护理论，并系统分析了该理论原理。分析了预应力锚杆(索)减跨支护机理，建立力学模型分析了全长锚固预应力锚杆受力情况，进行了双微拱断面减跨支护理论研究。本章得到了以下主要研究结论：

(1) 针对深部大跨度巷道的特点，提出了大跨度巷道卸压控顶与等强协调减跨支护理论，并分析了该理论原理及预应力锚杆(索)减跨支护机理。

(2) 给出了双微拱巷道的定义及结构形式，并分析其支护优势及施工方法；提出了采用双微拱断面控制大跨度巷道。

(3) 基于复变函数理论、弹性力学基本知识，建立了双微拱断面巷道的力学计算模型，运用映射函数方法，将双微拱巷道映射到单位圆上进行分析；求解得到了映射函数的具体表达式，根据基本力学公式，求解得到了双微拱巷道应力、位移的具体表达形式，进而分析双微拱断面巷道围岩应力与变形规律；根据梁拱理论，建立了平顶断面巷道及双微拱断面巷道拱脚重合处支撑反力计算模型，推导出了拱脚重合处交点支撑反力计算公式，为双微拱断面和平顶断面巷道支护设计奠定基础。

6 深部大跨度巷道围岩控制技术与方法

针对7801切眼原支护存在的问题,结合切眼工程地质条件,采用数值模拟、理论分析,提出了大跨度切眼控制原理与对策,确定了大跨度切眼断面形状、支护方式与参数,并通过数值模拟分析了其支护效果。

6.1 切眼原支护存在的问题

6.1.1 切眼顶板结构类型

根据7801切眼综合柱状图分析,切眼顶板的伪顶是厚度为0.3 m的碳质泥岩,直接顶为砂泥岩互层,厚度为5.67 m,基本顶为中细砂岩,厚度为5.08 m,上方是1.5 m厚的泥岩,再往上是1.0 m厚的细粒石英砂岩,顶板是砂泥岩互层,中间还有煤线等一些软岩夹层。由于切眼处在构造复杂区域,小构造较多,受构造应力影响较大,顶板裂隙比较发育,顶板含水砂岩中裂隙水与构造的作用弱化了复合顶板的强度,属于弱化厚复合顶板。

6.1.2 大跨度切眼顶板结构探测

由切眼综合柱状图可知,7801切眼围岩以碳质泥岩、砂质泥岩、泥岩、细砂岩、中细砂岩、砂泥岩互层为主,为了更深入地了解7801切眼围岩岩性及其结构,采用YTJ20型岩层探测记录仪(图6-1)对7801切眼多处巷道顶板岩性及其结构进行了观测,观测结果如图6-2所示。通过钻孔窥视图可知,切眼顶板由砂岩、泥岩组成,顶板较破碎。

6.1.3 切眼原支护存在的问题

切眼原设计断面为矩形断面,其跨度×高度=8.0 m×3.2 m,属于大跨度巷道,切眼埋深为800 m,沿煤层顶板掘进,煤层平均厚度为5.45 m,倾角不大,属于近水平煤层,煤层中硬,采用锚网索支护。由于7801切眼是弱化复合顶板,而复合型顶板上、下层之间的黏结力小,锚杆起到组合梁-拱加固作用,受水和构

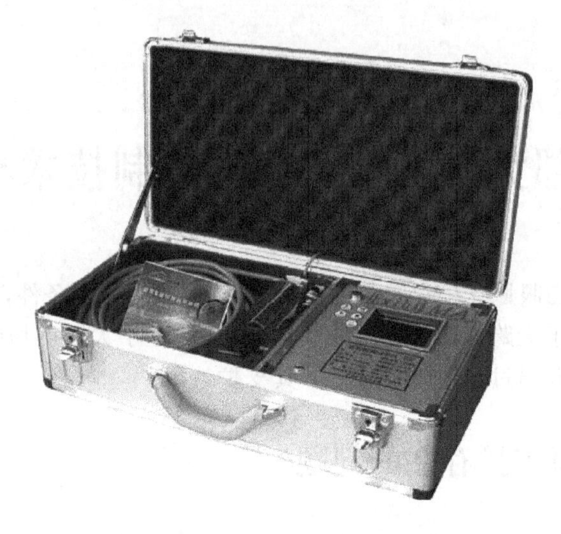

图 6-1 YTJ20 型岩层探测记录仪

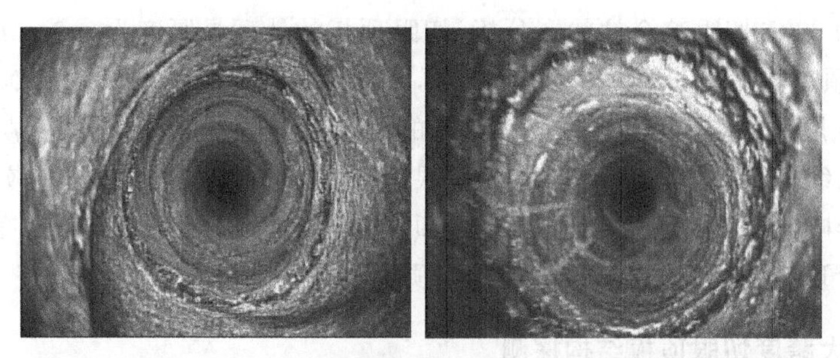

(a) 钻孔深度为0～0.5 m

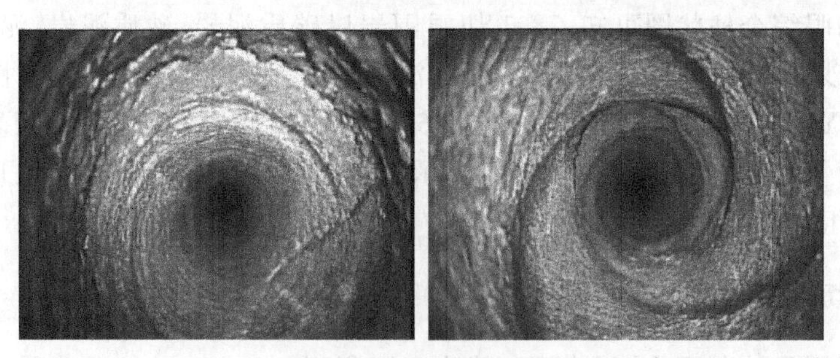

(b) 钻孔深度为0.5～1.0 m

图 6-2 7801 大跨度切眼钻孔窥视图

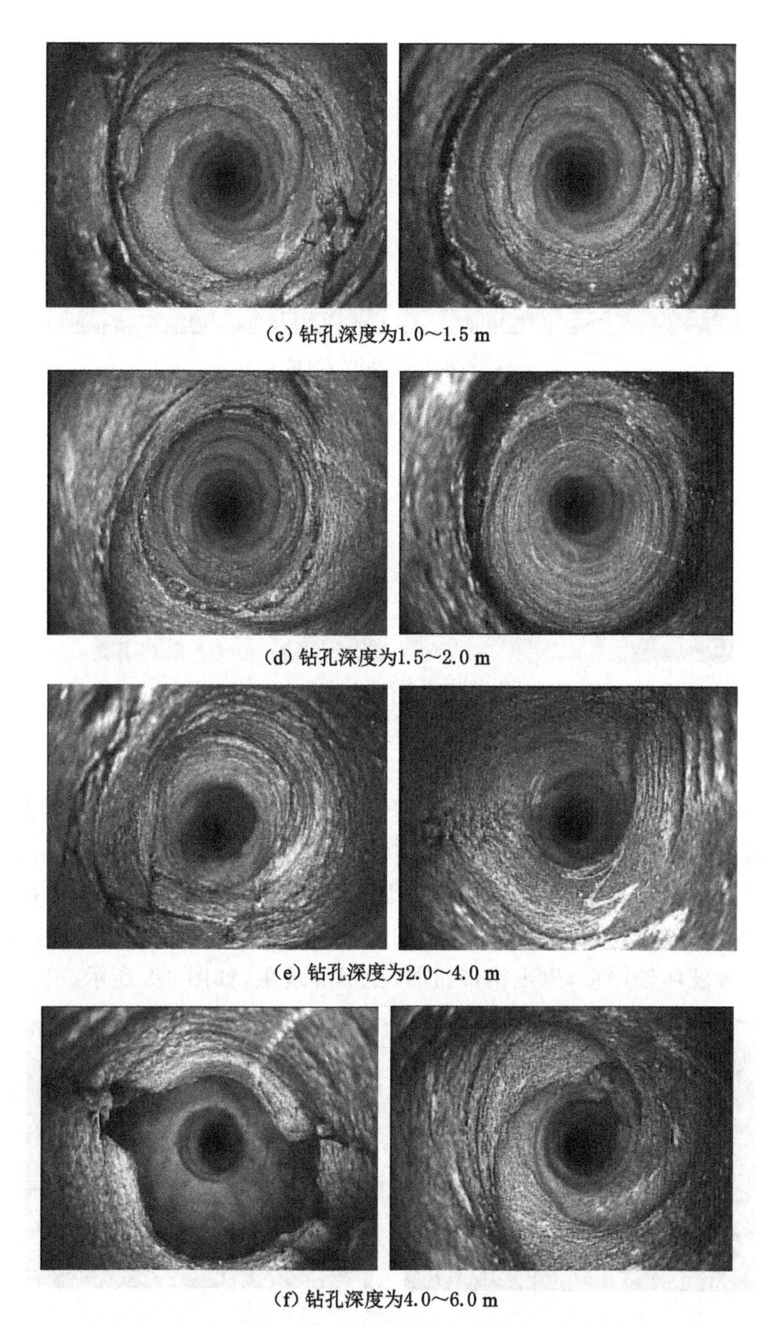

(c) 钻孔深度为1.0～1.5 m

(d) 钻孔深度为1.5～2.0 m

(e) 钻孔深度为2.0～4.0 m

(f) 钻孔深度为4.0～6.0 m

图 6-2(续)

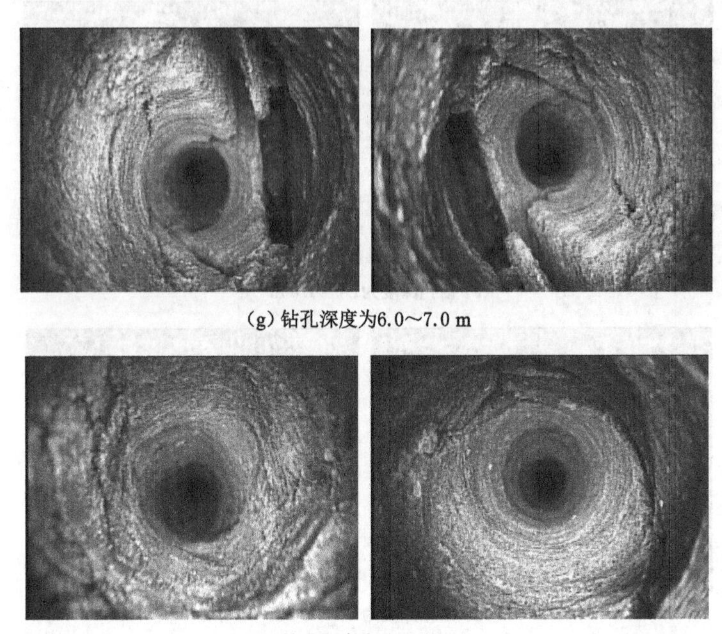

(g) 钻孔深度为6.0～7.0 m

(h) 钻孔深度为7.0～9.0 m

图 6-2(续)

造应力的影响，顶板强度大大降低，锚杆(索)锚固力下降，个别锚索因为水的影响而失去支护作用。加之切眼跨度大，承受的压力大，顶板极易离层、失稳，难以形成自稳结构。采用矩形巷道断面高强预应力锚杆(索)支护无法控制巷道的离层、变形、破坏。在构造应力较大的地段，巷道顶板变形量较大(达到 40 cm 以上)，顶板破坏较严重，出现钢带扭曲、变形等现象，如图 6-3 所示。

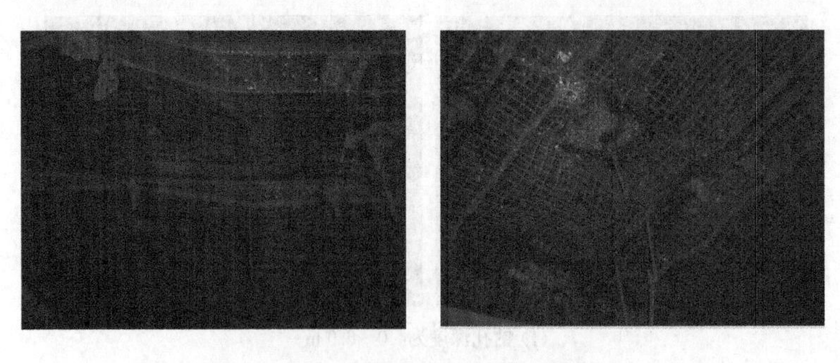

图 6-3　顶板及帮部钢带变形与破坏情况

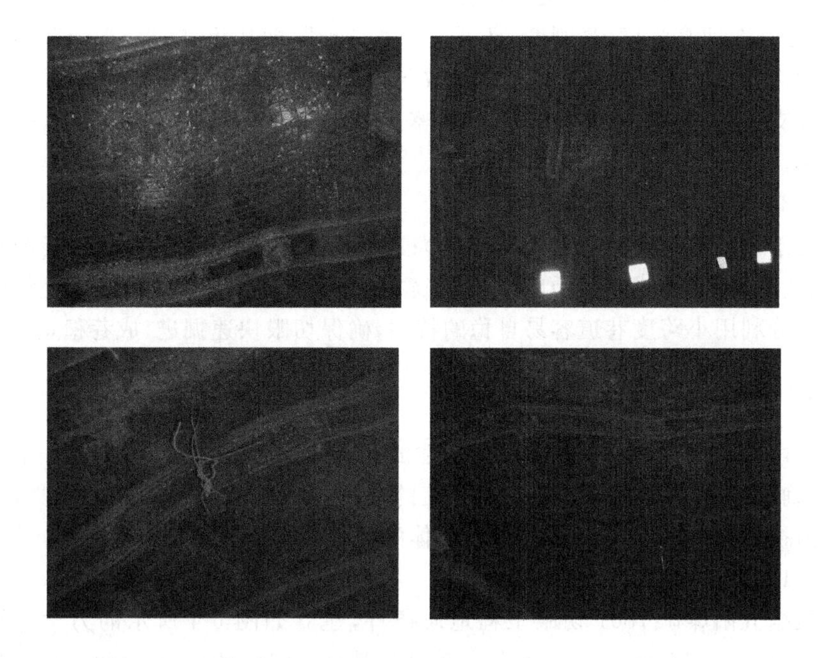

图 6-3(续)

6.2 大跨度切眼控制原理及对策

6.2.1 大跨度切眼支护原则

根据大跨度切眼的特点,基于大跨度巷道减跨支护理论,采用"合理的断面形状+三高一低+有效的减跨方法"的支护原则。

6.2.1.1 断面效应支护原则

合理的断面形状是能否经济、有效控制巷道稳定性的关键要素之一。不同的断面形状的围岩承载、抗弯、自稳能力不同。由于矩形、梯形巷道具有施工速度快、施工容易的优点,在回采巷道中被广泛使用,但矩形、梯形巷道的围岩承载、抗弯、自稳能力都比拱形巷道差,对于深部大跨度弱化复合顶板切眼采用矩形巷道断面就难以经济、有效地控制切眼的有害变形。因此,必须合理选择巷道的断面形状。

6.2.1.2 “三高二配一低”支护原则

“三高”，即高强度、高刚度、高可靠性；“二配”，即托板、螺母、钢带等的参数与力学性能相匹配，锚杆与锚索的参数与力学性能相互匹配，以最大限度地发挥锚杆支护的整体作用；“一低”，即低密度，单位面积上锚杆数量少，以提高掘进速度。

6.2.1.3 减跨支护原则

由于切眼跨度大(8 m)，支护难度大，需要采用有效的支护手段才能减小跨度，因此采用“二次成巷＋预应力锚杆(索)支护＋单体支护”的措施减小切眼跨度。充分利用小跨度巷道容易自稳的特性，确保切眼快速掘进、成巷稳定。

6.2.2 大跨度双微拱巷道拱高的确定

双微拱巷道拱高是影响巷道稳定性的因素之一，因此根据巷道工程地质条件，准确地确定拱高是决定巷道稳定性的关键。根据双微拱巷道的定义，双微拱巷道拱高不超过巷道跨度的1/8，具体的数值需要进一步确定。

6.2.2.1 模型的建立及模拟方案

根据五阳煤矿7801切眼工程地质条件，建立如图6-4所示的力学计算模型，模型尺寸为50 m×82 m，根据数值计算精度及时间的要求，对煤层附近岩层进行网格细化，网格尺寸为0.25 m×0.25 m，模型共划分为46 000个网格。采用莫尔-库仑准则，沿底掘巷，巷道宽度为8 m。支护方式为在距巷道左帮4.5 m处用单体支柱进行支护，计算中采用beam单元来模拟单体支柱，beam单元弹性模量为200 GPa，截面面积为0.031 4。边界条件为模型两侧及底部分别约束其水平及垂直位移，上覆岩层重量以等效面力方式加载于模型顶部，大小为18.75 MPa。模型中各岩层力学性能参数如表3-1所示。

无锚杆(索)支护条件下，模拟拱高分别为0 cm、10 cm、20 cm、30 cm、40 cm、50 cm、60 cm、70 cm、80 cm时双微拱巷道围岩位移分布规律，进而确定双微拱巷道拱高。其模拟模型及测点布置如图6-5所示。切眼跨度为8 m，通过单体支柱转化为两个微拱切眼，一个跨度为3.5 m，另一个跨度为4.5 m。

6.2.2.2 双微拱巷道围岩垂直位移分布规律

为了研究双微拱巷道围岩垂直位移分布规律，在巷道顶板布置4个测点，如图6-5所示。从不同拱高双微拱巷道围岩位移云图(图6-6)可以看出，巷道顶板垂直位移随拱高H_{wg}的增大，总体是减小的。拱高H_{wg}从0 cm增大到40 cm时，巷道顶板垂直位移减小速度较大，减小梯度较大；拱高H_{wg}从40 cm增大到80 cm时，巷道顶板垂直位移减小幅度较小。根据4个测点监测的数据，绘制拱高与巷道垂直位移关系曲线，如图6-7所示。由表6-1可以看出：测点1的垂直

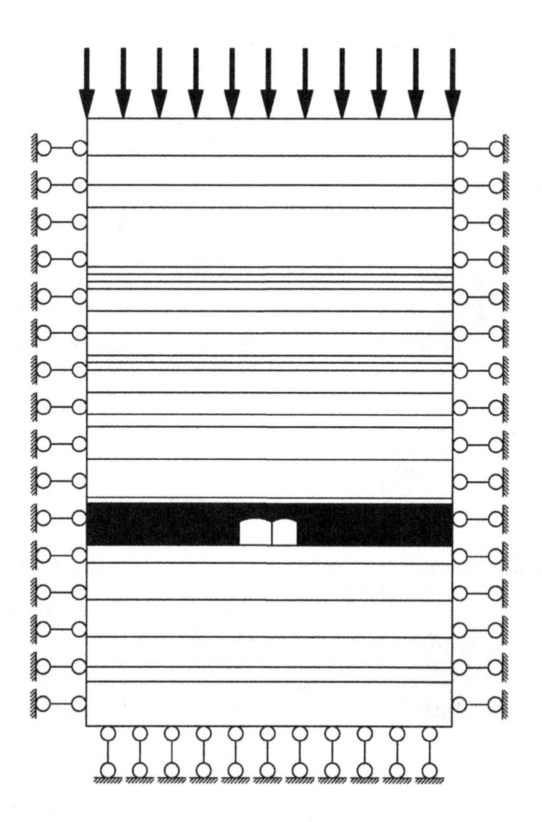

图 6-4 力学计算模型

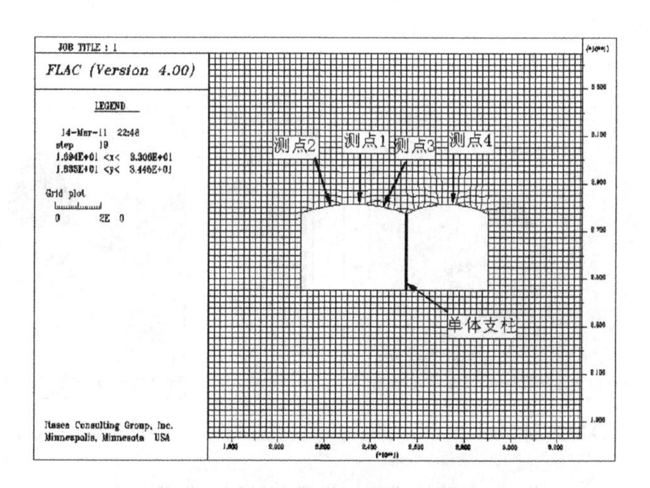

图 6-5 模拟模型及测点布置图

位移最大为 95.63 mm;测点随拱高 H_{wg}从 0 cm 增大到 40 cm 时,垂直位移从最大值 95.63 mm 减小到 52.08 mm;测点随拱高 H_{wg}从 40 cm 增大到 80 cm 时,垂直位移从 52.08 mm 减小到 49.14 mm。由此不难看出,拱高 H_{wg}在 40 cm 以上时,拱高 H_{wg}对巷道的稳定性影响较小。

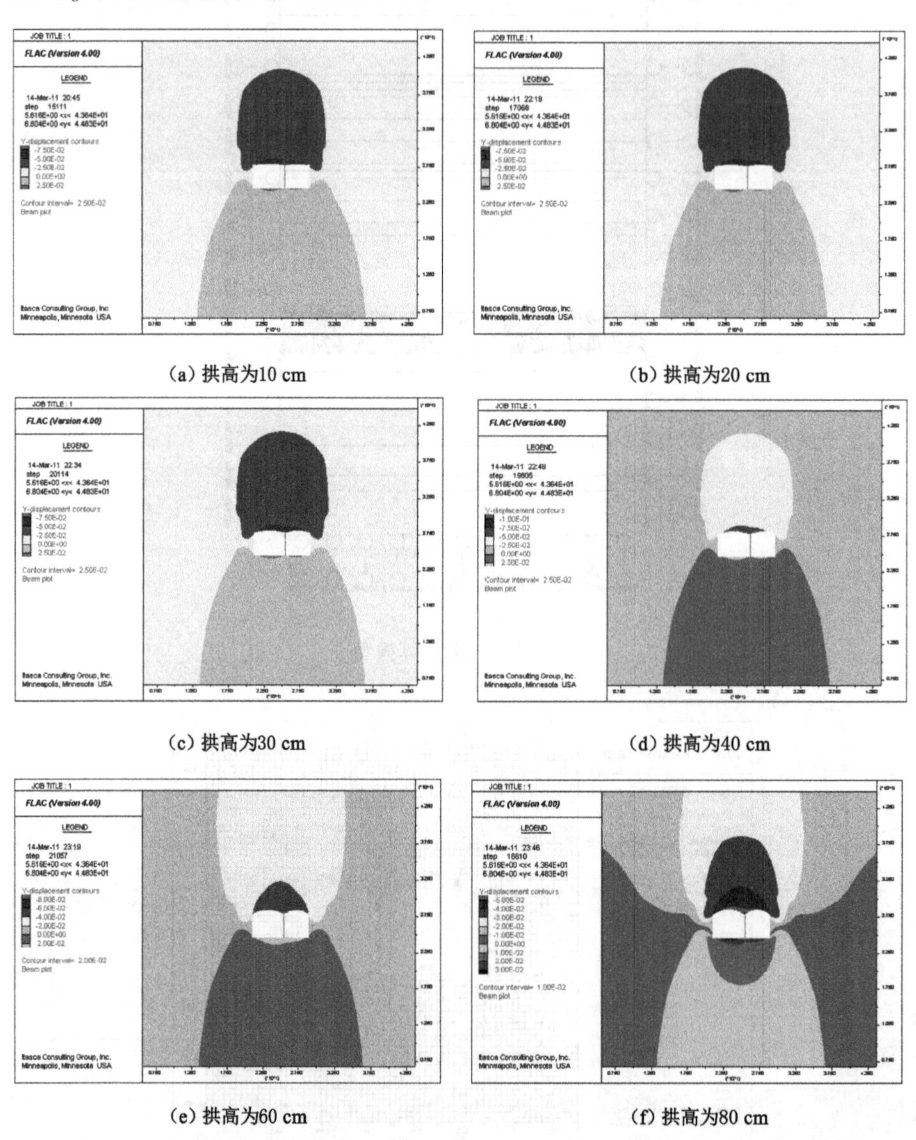

(a) 拱高为10 cm (b) 拱高为20 cm

(c) 拱高为30 cm (d) 拱高为40 cm

(e) 拱高为60 cm (f) 拱高为80 cm

图 6-6 不同拱高双微拱巷道围岩位移云图

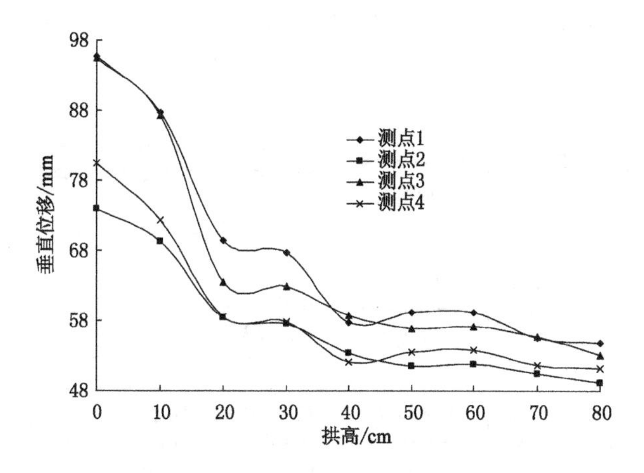

图 6-7　拱高与垂直位移关系曲线

表 6-1　不同拱高测点垂直位移量　　单位：mm

测点	H_{wg}/cm								
	0	10	20	30	40	50	60	70	80
测点 1	95.63	87.74	69.4	67.73	57.68	59.10	59.12	55.5	54.85
测点 2	73.87	69.26	58.44	57.58	53.31	51.50	51.76	50.39	49.14
测点 3	95.39	87.2	63.53	62.85	58.79	56.90	57.07	55.67	53.05
测点 4	80.38	72.3	58.51	57.83	52.08	53.50	53.84	51.62	51.17

6.2.2.3　双微拱巷道拱高的确定

当拱形巷道拱高 H_{wg} 超过巷道跨度的 1/8 时，其拱轴切线倾角较大，微拱巷道的拱轴切线角度较小，一般拱高不超过巷道跨度的 1/8。7801 切眼跨度为 8 m，一次成巷断面跨度为 3.5 m，二次成巷断面跨度为 4.5 m，其微拱拱高不能超过 50 cm。通过数值模拟结果分析可知，拱高 H_{wg} 在 40 cm 以上时，拱高 H_{wg} 对巷道的稳定性影响较小。因此，确定双微拱巷道拱高为 40 cm。

6.2.3　大跨度双微拱巷道控制原理与方法

由于 7801 切眼跨度为 8 m，属于大跨度巷道，其顶板是弱化复合顶板（受小构造及顶板砂岩水的弱化），切眼埋深为 800 m，又处在构造复杂区域，切眼围岩应力高，归结起来，7801 切眼具有四个特点：① 巷道跨度大；② 围岩应力高；③ 顶板中粒长石砂岩有水；④ 顶板属于厚复合顶板。根据 7801 大跨度切眼的特点，制定了经济、科学的控制原理与对策。大跨度切眼控制原理与方法如图 6-8 所示。这里规定站在切眼里，面向区段回风巷道，左手边一侧巷帮称为左帮，右手边一侧巷帮称为右帮。

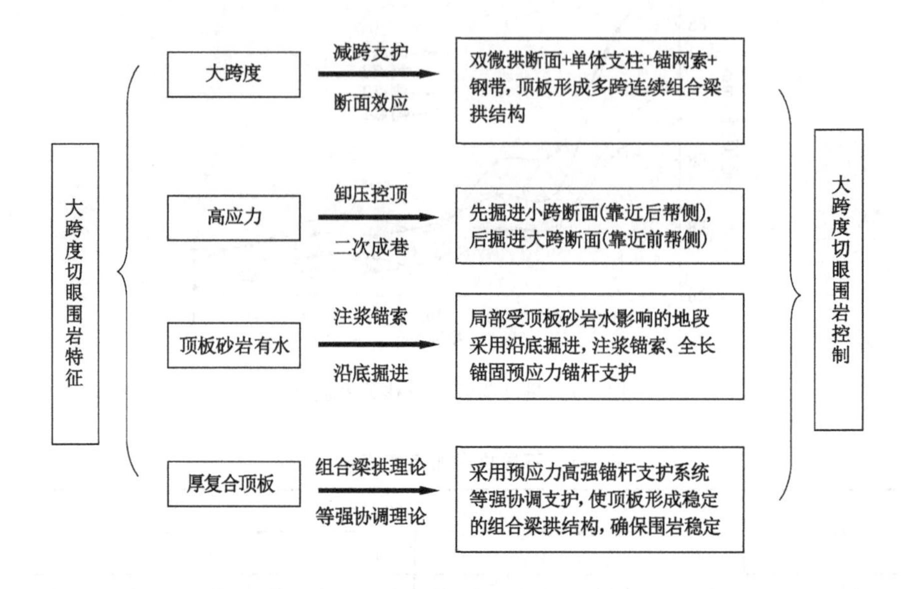

图 6-8　大跨度切眼控制原理与方法

(1) 跨度对于巷道工程的稳定性影响是显著的，减小跨度是提高巷道工程稳定性的重要措施之一，通过改变工程空间形态的减跨手段对大跨度地下工程的稳定和利用具有重要意义，而锚杆、锚索、单体支护、钢带都具有显著的减跨功能。回采巷道的断面形状多为矩形，矩形断面巷道因其便于施工、掘进速度快而被广泛采用，但大跨度切眼跨度大，必须改变断面形状，提高巷道稳定性。7801 切眼采用双微拱断面＋单体支护＋锚网索＋钢带减跨支护方法，使大跨度顶板降为锚杆之间的小跨度顶板，其顶板受力将大幅度降低并趋于均匀，顶板形成多跨连续组合梁拱结构。

(2) 在巷道掘进过程中，采用先掘进小跨断面巷道，然后掘进大跨断面巷道的方法，小跨断面巷道支护难度相对更小，通过小跨断面巷道释放一定的围岩应力，大跨断面巷道在小跨断面巷道应力释放后掘进，其支护难度也大大降低，大、小跨断面巷道及时采用高强预应力锚杆(索)加强巷道顶板岩层支护，可较好地控制大跨度巷道顶板岩层的离层和变形，同时也减轻两帮的集中应力，使两帮不产生严重的内挤压变形，可保障深部大跨度巷道的长期稳定。

(3) 7801 切眼顶板中粒长石砂岩中含水，切眼沿底掘进，针对受顶板砂岩水影响大的地段，采用注浆锚索、全长锚固预应力锚杆联合支护方式控制顶板水的影响。

(4) 7801 切眼顶板属于厚复合顶板，锚索无法打到坚硬岩层中，根据组合梁拱理论，依靠锚杆(索)高应力和锚固力增加各岩层的摩擦力，减小顶板离层、变形，防止岩石间的水平错动，从而将切眼顶板锚固范围内的几个薄岩层锁紧成一个较厚的岩层(组合梁)，组合厚岩层其弯曲应变和应力都大大减小，提高了顶板岩层的整体强度。根据等强协调支护理论，将锚杆(索)与其组合构件相互匹配、协调，使顶板形成高强度的稳定、连续、均匀的组合梁拱结构(三向受压区域)，可控制切眼围岩稳定性。

6.3　大跨度双微拱断面切眼支护设计

6.3.1　大跨度双微拱断面切眼支护参数选择

大跨度巷道不能用传统的支护理论方法去研究，通过增加单体支护的方法减跨，将 7801 大跨度切眼分成两个小跨度的巷道进行支护参数设计，一个跨度为 3.5 m，另一个跨度为 4.5 m。正常地段锚杆采用加长锚固方式，特殊地段(顶板特别破碎，或受水的影响严重地段)锚杆采用全长锚固方式，根据 7801 切眼围岩条件，确定正常地段锚杆(索)支护参数。

6.3.1.1　锚杆(索)长度确定

1. 锚杆长度的确定

根据锚杆长度 L_{mg} 经验公式：

$$L_{mg} = k_{wy}(1.5 + B_{hd}/10) \tag{6-1}$$

式中：k_{wy} 为围岩影响系数，一般取 0.9～1.2，围岩不稳定时，取大值；B_{hd} 为巷道跨度，m。

由于 7801 切眼属于深部不稳定顶板，k_{wy} 取 1.2，7801 切眼被分为 3.5 m、4.5 m 两个小跨度双微拱切眼，因此，当 $B_{hd}=3.5$ m 时：

$$L_{mg}=k_{wy}(1.5+B_{hd}/10)=1.2(1.5+3.5/10)=2.22(\mathrm{m})$$

当 $B_{hd}=4.5$ m 时：

$$L_{mg}=k_{wy}(1.5+B_{hd}/10)=1.2(1.5+4.5/10)=2.34(\mathrm{m})$$

根据潞安矿区的支护经验及计算结果，确定锚杆长度为 2.4 m。

2. 锚索长度的选择

考虑侧压影响的垮落拱拱高计算公式为：

$$b_1 = l + \frac{a_2}{\sqrt{\lambda}} - 2b \tag{6-2}$$

式中：$l=\dfrac{a\tan\theta+b(\lambda+\tan^2\theta)}{\lambda}$；$a_2=\sqrt{a^2+b^2}$；$\theta=\dfrac{\pi}{4}-\dfrac{\varphi}{2}$。

将 $2a=8$ m、$2b=3.2$ m、顶板岩层摩擦角 $\varphi=\pi/6$、$\lambda=1.3$ 代入式(6-2)，得出 7801 切眼垮落拱拱高为 6.62 m，考虑外露端长度及锚固长度，确定锚索长度为 7.3 m。

6.3.1.2 锚杆(索)间排距的确定

新奥法在锚杆间距的选择中规定：对于松软破碎的岩体，锚杆间距取 0.8～1.0 m，对于不稳定围岩，潞安矿区的支护经验是锚杆间排距为 0.6～1.0 m，根据低支护密度的支护原则，确定锚杆间距为 1.0 m、排距为 0.9 m，锚索间距为 2.0 m、排距为 1.8 m。

6.3.1.3 锚杆杆体直径的确定

潞安矿区已经广泛应用左旋无纵筋螺纹钢锚杆，锚杆杆体直径基本形成系列，包括 16 mm、18 mm、20 mm、22 mm、25 mm。根据经验公式，锚杆直径 $D_{mzj}=L_{mg}/110=2.18$ cm，因此，确定锚杆直径为 22 mm，锚杆尾端直径为 24 mm，锚索直径为 22 mm。

6.3.1.4 锚杆(索)预紧力的确定

锚杆预紧力主要是通过拧紧锚杆尾部螺母、压紧托板实现的，锚杆预紧力设计的原则是控制围岩不出现明显的离层、滑动与拉应力区。根据我国部分矿区及潞安矿区的试验经验，结合五阳煤矿 7801 切眼条件与施工机具，一般可选择锚杆杆体预紧力为杆体屈服载荷的 30%～50%，通过数值模拟分析确定锚杆预紧力的大小。以设计的锚杆支护参数为依据，建立模型，考虑原岩应力远远大于锚杆预应力场，因此在模拟设计时，不考虑原岩应力，双微拱切眼沿底板掘进。模拟方案是模拟不同预紧力(30 kN、40 kN、50 kN、60 kN、70 kN、80 kN、90 kN)时锚杆支护效果，进而确定锚杆预紧力大小。不同预紧力模拟网格图如图 6-9 所示。

从图 6-10 中不难看出，随着锚杆预紧力的增加，锚杆形成的预应力场的强度增大，围岩第一主应力增加。当锚杆预紧力达到 60 kN 及以上时，在巷道顶板锚杆支护形成均匀分布的压应力区，在锚固范围内无拉应力区，且形成的第一主应力达到 0.05 MPa 以上。因此，确定锚杆预紧力大小为 60 kN，根据矿上经验确定锚索预紧力为 250 kN。

6.3.1.5 锚杆(索)规格及组合构件参数

锚杆(索)预紧力及其扩散效果是等强协调支护的关键，在确定合理的锚杆(索)预紧力后，必须能够使预紧力得到有效的扩散，发挥预紧力的作用是支护设计的重点之一。锚杆(索)规格及组合构件是实现预应力扩散的关键，锚杆托板、钢带与金属网等护表构件在预应力支护系统中发挥着极其重要的作用。因

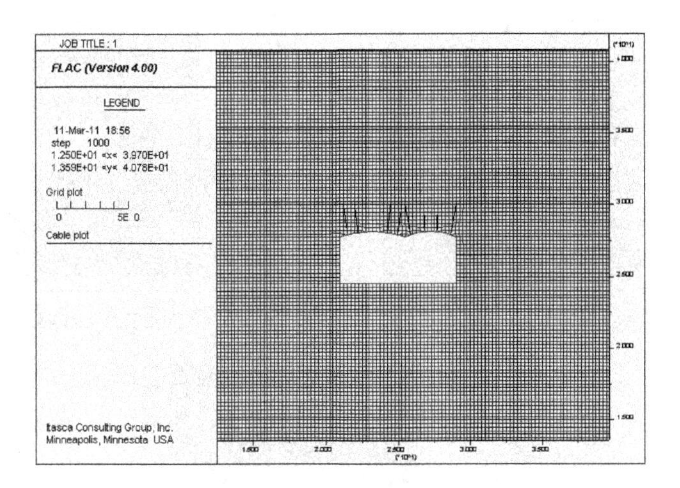

图 6-9 不同预紧力模拟网格图

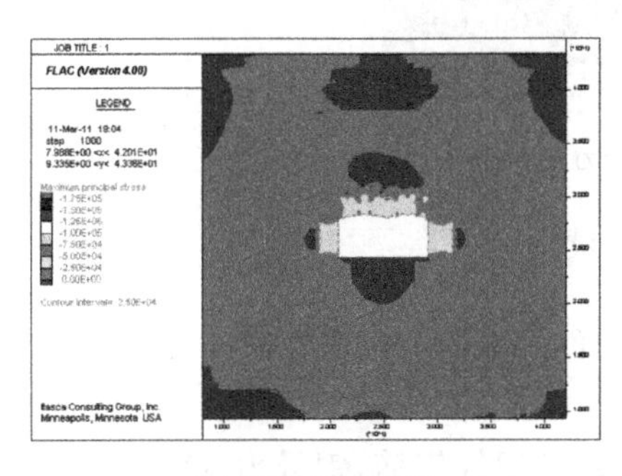

(a) 预紧力为30 kN

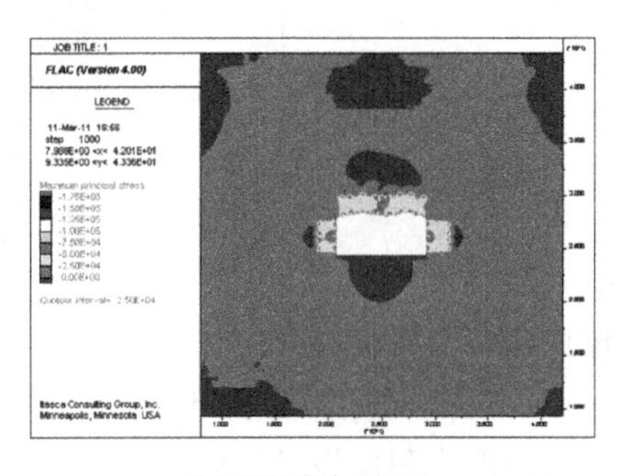

(b) 预紧力为40 kN

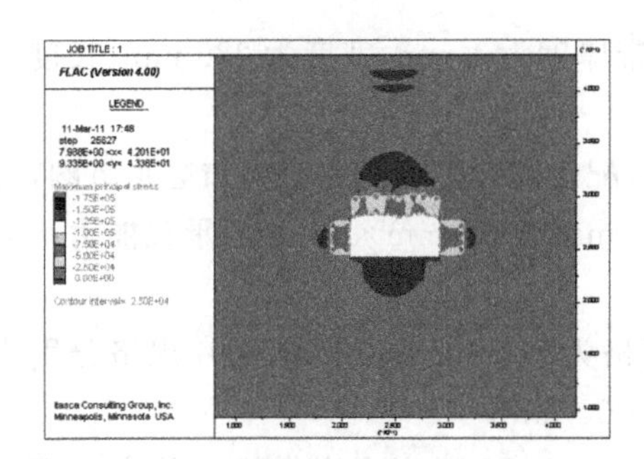

(c) 预紧力为50 kN

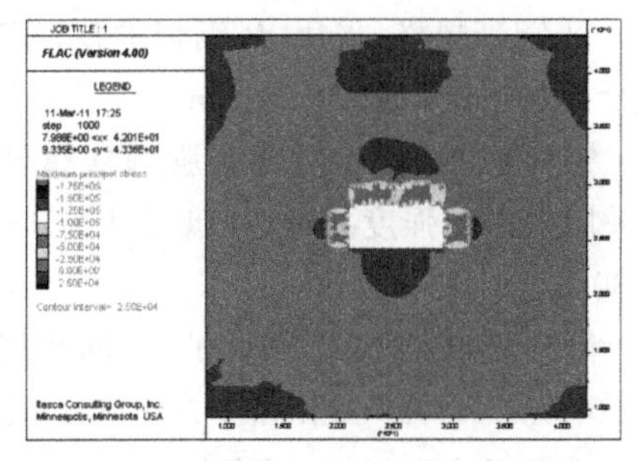

(d) 预紧力为60 kN

图 6-10 不同预紧力切眼围岩第一主应力分布云图

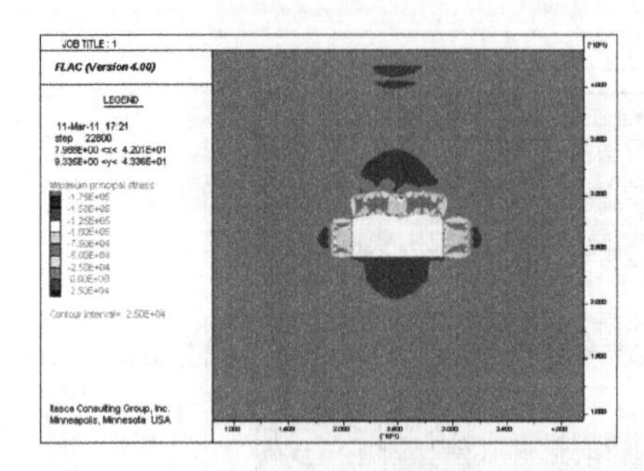

(e) 预紧力为70 kN

(f) 预紧力为80 kN

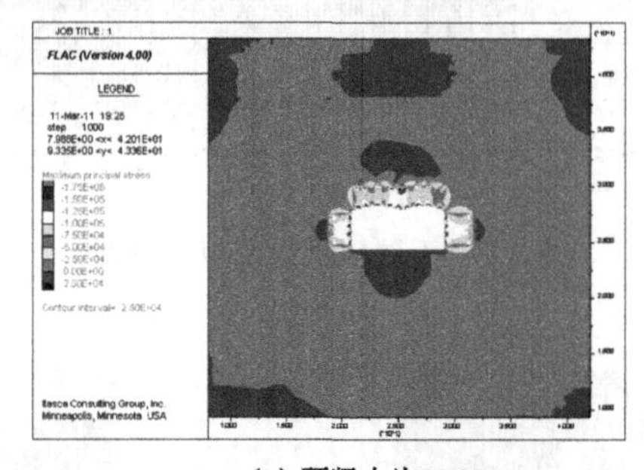

(g) 预紧力为90 kN

图 6-10(续)

此锚杆(索)及托板、钢带、金属网等组合构件的选择十分重要。

1. 顶锚杆(索)组合构件

锚杆形式和规格:杆体为 22# 左旋无纵筋螺纹钢筋,钢号为 500 号,长度为 2.4 m,杆尾螺纹为 M24。

W 钢带规格:采用 W 钢带护顶,钢带厚度为 4 mm、宽度为 280 mm、长度分别为 3 200 mm 和 4 200 mm。

锚杆配件:采用 M24 高强锚杆螺母,配合高强托板调心球垫和尼龙垫圈,托盘采用拱形高强度托盘,托盘尺寸为 150 mm×150 mm×10 mm,承载能力不低于 30 t。

网片规格:采用金属网护顶,网孔规格为 50 mm×50 mm,网片规格分别为 3 900 mm×1 000 mm 和 4 900 mm×1 000 mm。

锚索形式和规格:锚索材料为 ϕ22 mm、1×7 股高强度低松弛预应力钢绞线,长度为 7 300 mm。

锚索托盘:采用 300 mm×300 mm×16 mm 高强度可调心托板及配套锁具,锚索托盘强度大于 400 kN。

2. 外侧帮锚杆组合构件

锚杆形式和规格：杆体为 22# 左旋无纵筋螺纹钢筋，钢号为 500 号，长度为 2.4 m，杆尾螺纹为 M24。

W 钢带规格：采用 W 钢带护帮，钢带厚度为 4 mm、宽度为 280 mm、长度为 2 400 mm。

锚杆配件：采用 M24 高强锚杆螺母，配合高强托板调心球垫和尼龙垫圈，托盘采用拱形高强度托盘，托盘尺寸为 150 mm×150 mm×10 mm，承载能力不低于 260 kN。

网片规格：采用金属网护帮，网孔规格为 50 mm×50 mm，网片规格为 2 600×1 000 mm。

3. 内侧帮锚杆组合构件

锚杆形式和规格：杆体为 ϕ20 mm 的玻璃钢锚杆，长度为 2 000 mm，杆尾螺纹为 M20。

巷道掘进采用二次成巷的方法，一次掘进位置靠近采空区侧，掘进宽度为 3.5 m。由于采用二次成巷的方法，在一次掘进和二次掘进的内侧帮，需采用可切割玻璃钢锚杆。

锚杆配件：采用 300 mm×200 mm×100 mm 木垫板配合锚杆托盘。

6.3.2 大跨度双微拱切眼断面支护设计

6.3.2.1 锚杆(索)布置及锚固方式

顶板锚杆采用加长锚固方式，使用两支锚固剂，一支规格为 K2335，另一支规格为 Z2360，钻孔直径为 30 mm。锚索采用端锚锚固方式，采用一支 K2335 和两只 Z2360 树脂药卷锚固，钻孔直径为 30 mm，每两排打 4 根锚索、9 根锚杆，锚索间距为 2 000 mm、排距为 1 800 mm，锚杆间距为 1 000 mm、排距为 900 mm。

外侧帮锚杆采用加长锚固方式，使用两支锚固剂，一支规格为 K2335，另一支规格为 Z2360，钻孔直径为 30 mm。内侧帮锚杆采用加长锚固，使用一支锚固剂，规格为 Z2360，钻孔直径为 30 mm。每排布置 4 根锚杆，锚杆排距为 900 mm、间距为 800 mm。锚杆(索)全部垂直于切眼围岩安装。

6.3.2.2 双微拱切眼断面支护设计施工图

双微拱切眼沿底掘进，先掘进小跨断面，再掘进大跨断面。其断面支护设计施工图如图 6-11～图 6-14 所示。

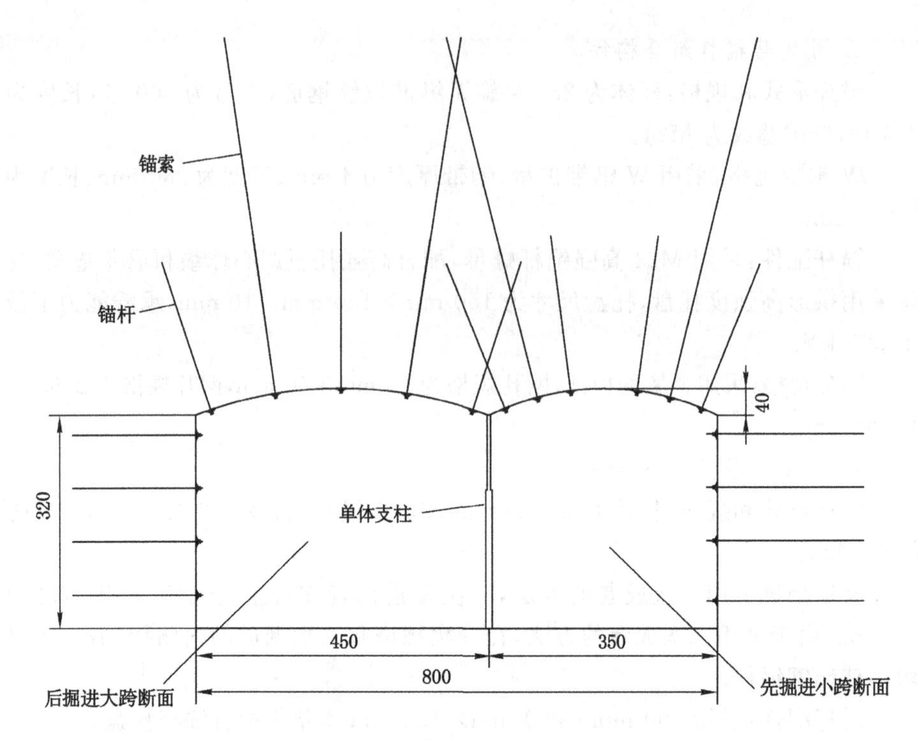

图 6-11　大跨度双微拱切眼减跨支护布置图(单位:cm)

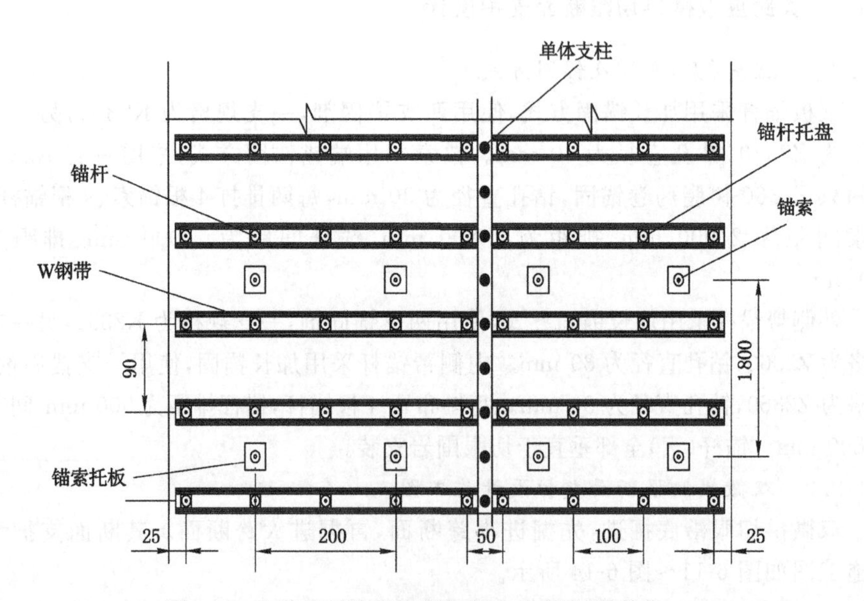

图 6-12　大跨度双微拱切眼顶板支护布置图(单位:cm)

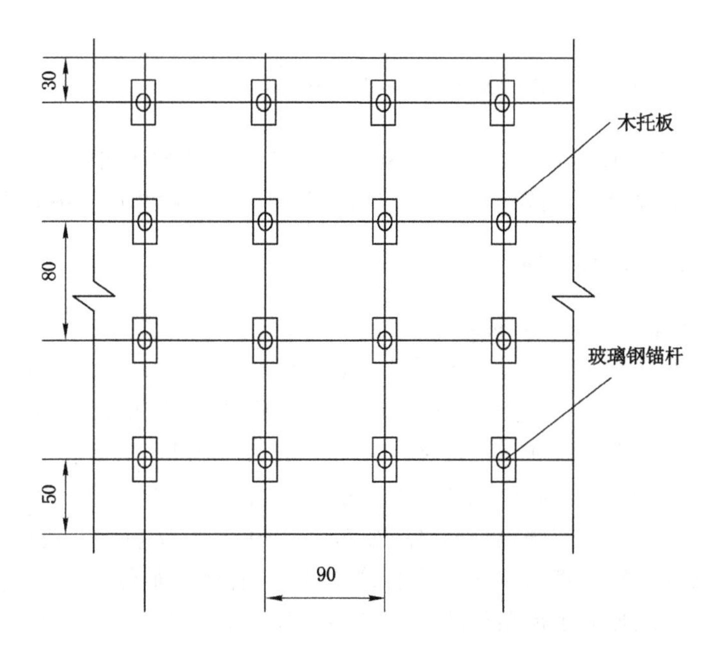

图 6-13 大跨度双微拱切眼左帮支护布置图(单位:cm)

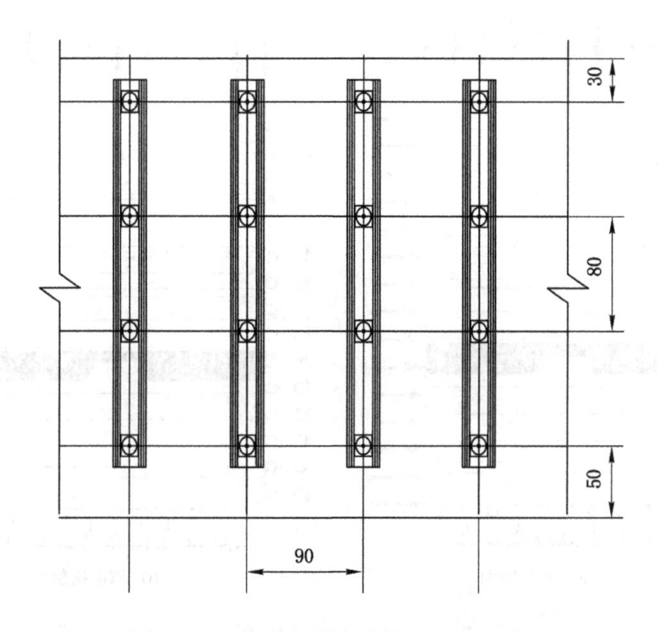

图 6-14 大跨度双微拱切眼靠近右帮支护布置图(单位:cm)

6.4 大跨度巷道沿底掘进支护效果

采用 FLAC2D 模拟沿底掘进时矩形断面和双微拱断面切眼的围岩应力分布规律及变形规律，分析矩形断面及双微拱断面条件下的巷道支护效果。

6.4.1 模型的建立及模拟方案

6.4.1.1 模型的建立及网格划分

建立如图 6-15 所示的力学计算模型，模型尺寸为 50 m×82 m，根据数值计算精度及时间的要求，对煤层附近岩层进行网格细化，网格尺寸为 0.25 m×0.25 m，模型共划分 46 000 个网格。采用莫尔-库仑准则，沿底掘巷，巷道宽度为 8 m、高度为 3.2 m，支护方式为预应力锚杆、锚索支护，锚杆、锚索预紧力分别为 70 kN、250 kN；切眼模型网格图如图 6-16 和图 6-17 所示。边界条件为模型左侧及底部分别约束其水平及垂直位移，模型右侧施加侧压，上覆岩层重量以等效面力方式加载于模型顶部，大小为 18.75 MPa。模型中各岩层力学性能参数如表 3-1 所示。

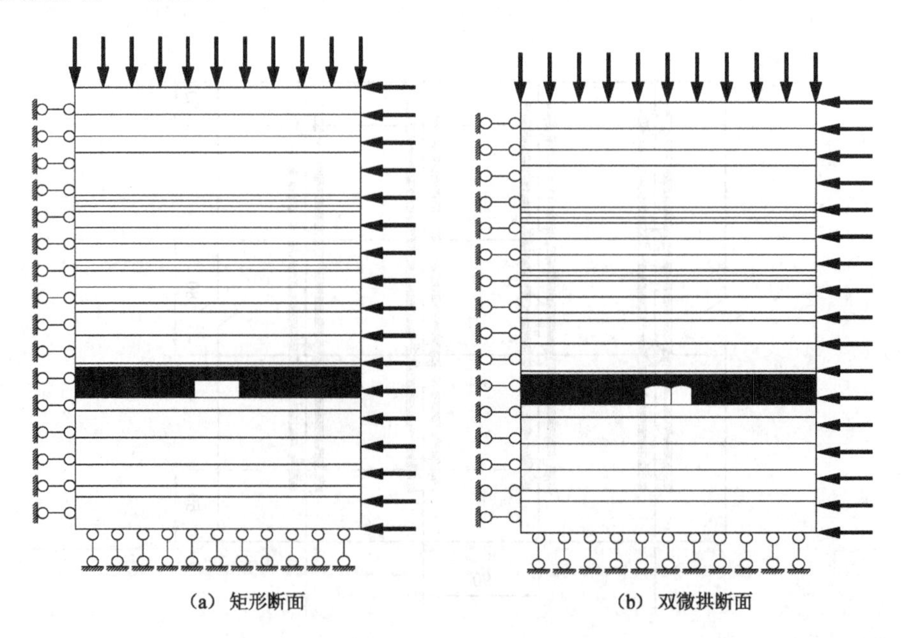

图 6-15 力学计算模型

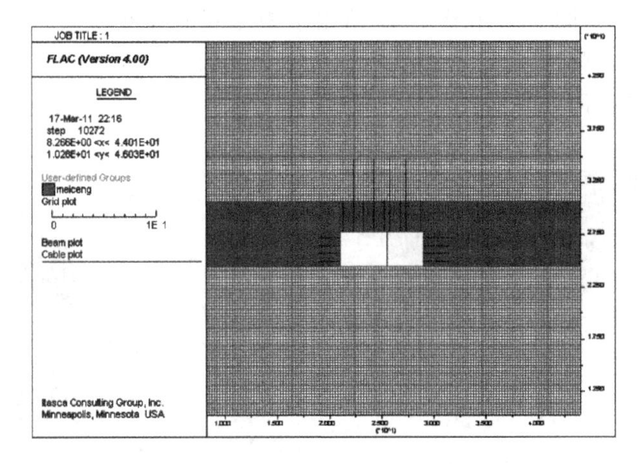

图 6-16 矩形断面切眼模型网格图

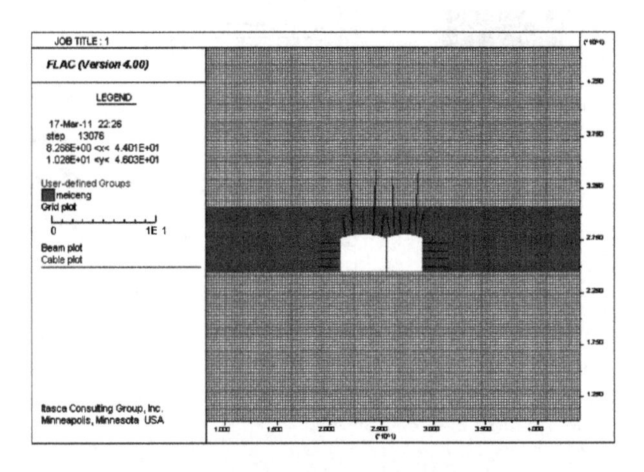

图 6-17 双微拱断面切眼模型网格图

6.4.1.2 模拟方案

(1) 模拟埋深 800 m 的大跨度切眼，在侧压系数 λ 为 0.5、1.0、1.5、2.0，沿底掘进时，矩形断面大跨度切眼围岩变形规律；

(2) 模拟埋深 800 m 的大跨度切眼，在侧压系数 λ 为 0.5、1.0、1.5、2.0，沿底掘进时，双微拱断面大跨度切眼围岩变形规律。

6.4.2 大跨度切眼围岩变形规律

6.4.2.1 大跨度切眼围岩垂直位移分布规律

图 6-18 和图 6-19 分别给出了不同侧压系数矩形断面和双微拱断面切眼围

岩垂直位移云图，图 6-20 和图 6-21 给出了矩形断面和双微拱断面切眼顶板下沉量和底鼓量随侧压系数的变化曲线，表 6-2 和表 6-3 为不同侧压系数下矩形断面和双微拱断面切眼顶板下沉量和底鼓量。

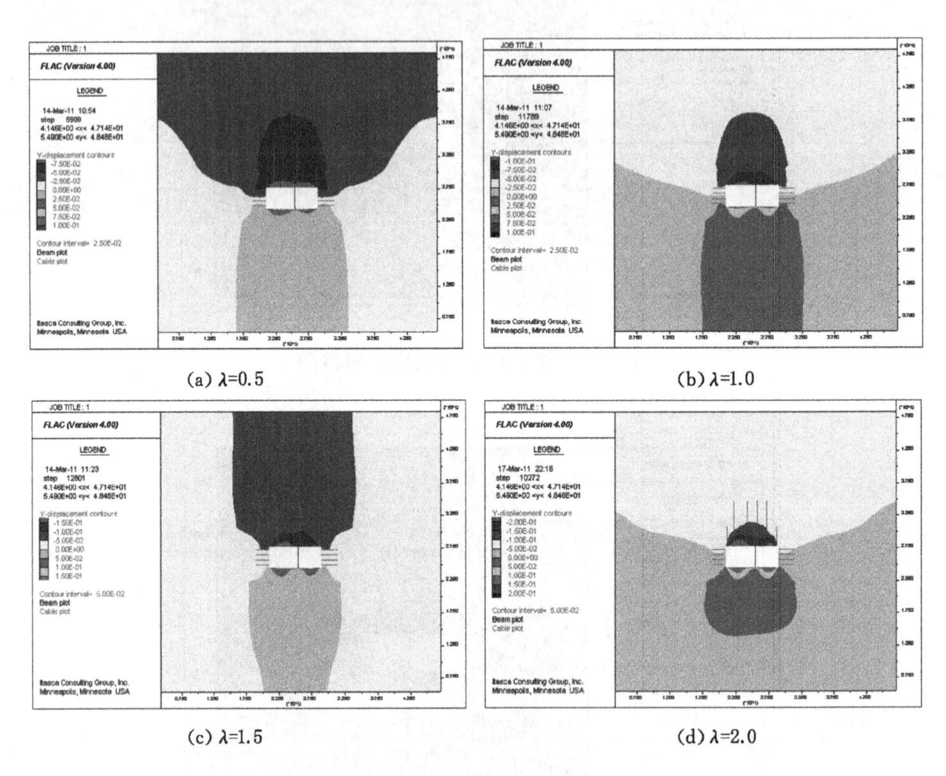

(a) λ=0.5　(b) λ=1.0

(c) λ=1.5　(d) λ=2.0

图 6-18　不同侧压系数矩形断面切眼围岩垂直位移分布云图

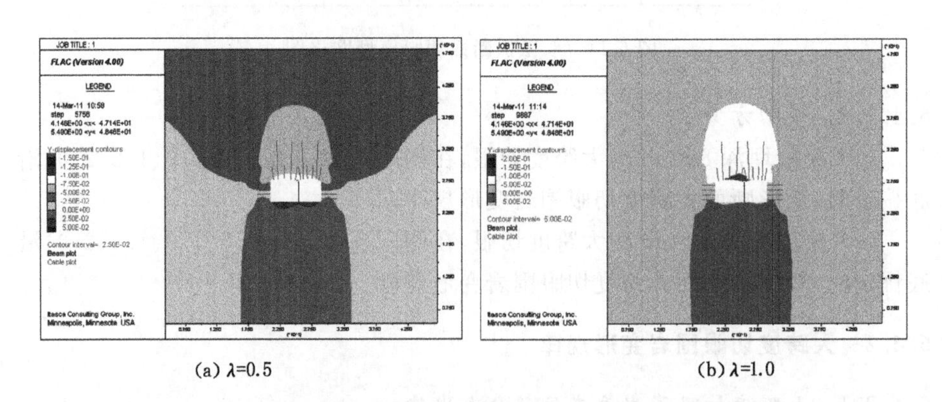

(a) λ=0.5　(b) λ=1.0

图 6-19　不同侧压双微拱断面切眼围岩垂直位移分布云图

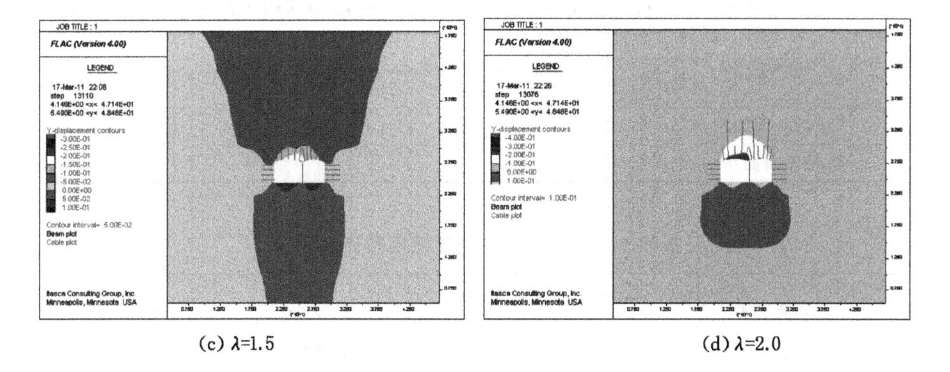

(c) λ=1.5　　　　(d) λ=2.0

图 6-19(续)

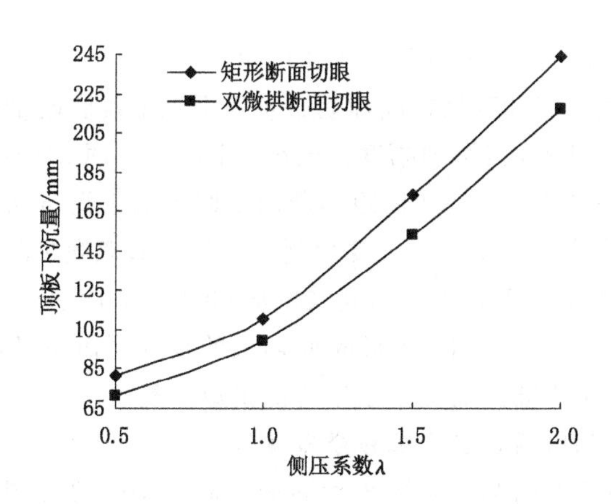

图 6-20　矩形断面与双微拱断面切眼顶板下沉量随侧压系数的变化曲线

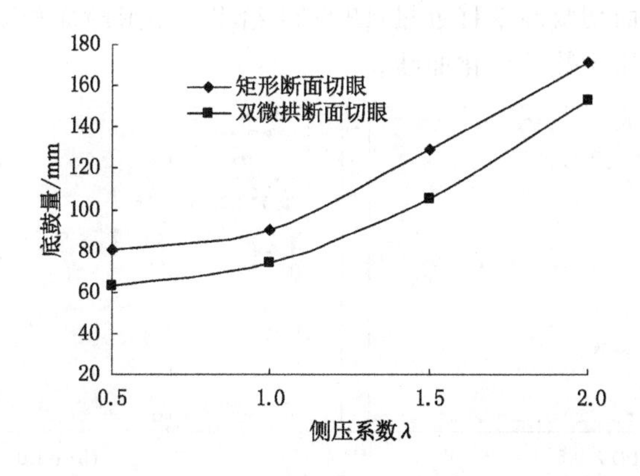

图 6-21　矩形断面与双微拱断面切眼底鼓量随侧压系数的变化曲线

表 6-2　不同侧压系数矩形断面与双微拱断面顶板下沉量　　单位:mm

切眼类型	λ			
	0.5	1.0	1.5	2.0
矩形断面切眼	82.04	110.3	174.2	244.2
双微拱断面切眼	71.64	99.8	153.2	217.8

表 6-3　不同侧压系数双微拱断面底鼓量　　单位:mm

切眼类型	λ			
	0.5	1.0	1.5	2.0
矩形断面切眼	80.46	90.31	129	171.3
双微拱断面切眼	63.06	74.31	104.9	152.8

由图 6-18～图 6-21 和表 6-2、表 6-3 可知：

(1) 矩形断面切眼和双微拱断面切眼顶板下沉量及底鼓量随侧压系数 λ 的增加而增大，当 λ≤1.0 时，增加幅度比较小，当 λ>1.0 时，增加的幅度较大。当侧压系数 λ 从 0.5 增加到 2.0 时，矩形断面切眼顶板下沉量从 82.04 mm 变化到 244.2 mm，底鼓量从 80.46 mm 变化到 171.3 mm；双微拱断面切眼顶板下沉量从 71.64 mm 变化到 217.8 mm，底鼓量从 63.06 mm 变化到 152.8 mm。

(2) 相同侧压系数条件下，矩形断面切眼的顶板下沉量及底鼓量都比双微拱断面大，说明双微拱断面的支护效果要优于矩形断面。

6.4.2.2　大跨度切眼围岩水平位移分布规律

图 6-22 给出了不同侧压系数矩形断面切眼水平位移云图，图 6-23 给出了不同侧压系数双微拱断面切眼水平位移云图，表 6-4 给出了不同侧压系数矩形断面和双微拱断面切眼两帮移近量，图 6-24 给出了矩形断面和双微拱断面切眼两帮移近量随侧压系数的变化曲线。

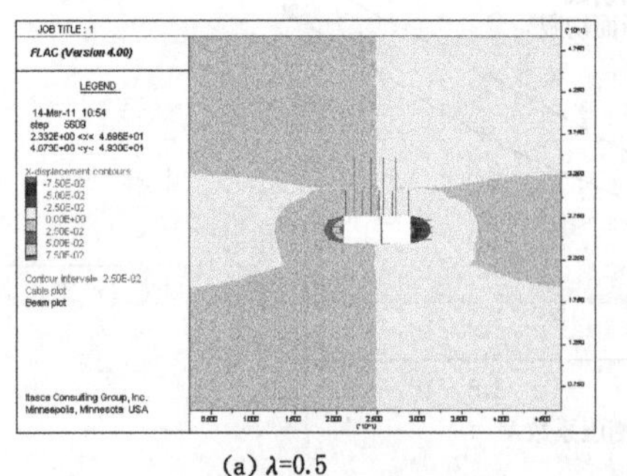

(a) λ=0.5

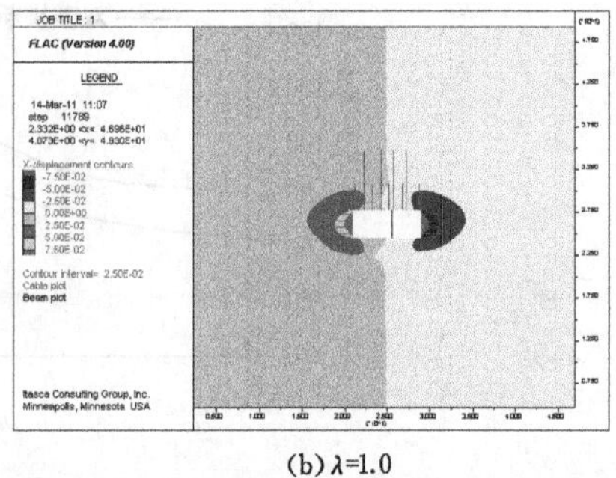

(b) λ=1.0

图 6-22　不同侧压矩形断面切眼围岩水平位移分布云图

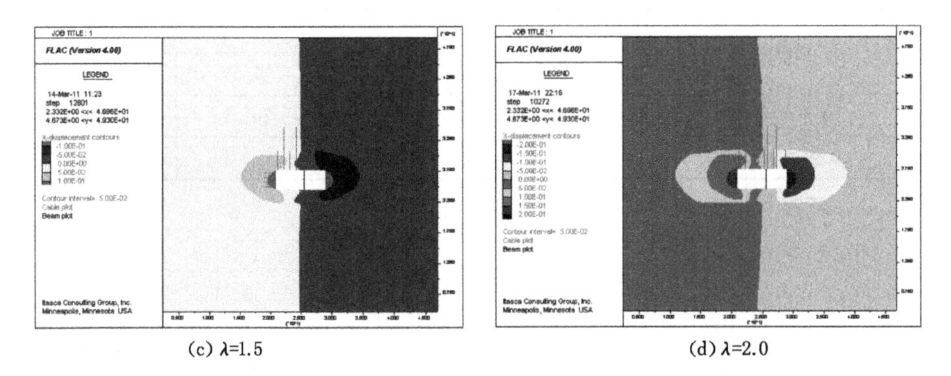

(c) λ=1.5 (d) λ=2.0

图 6-22(续)

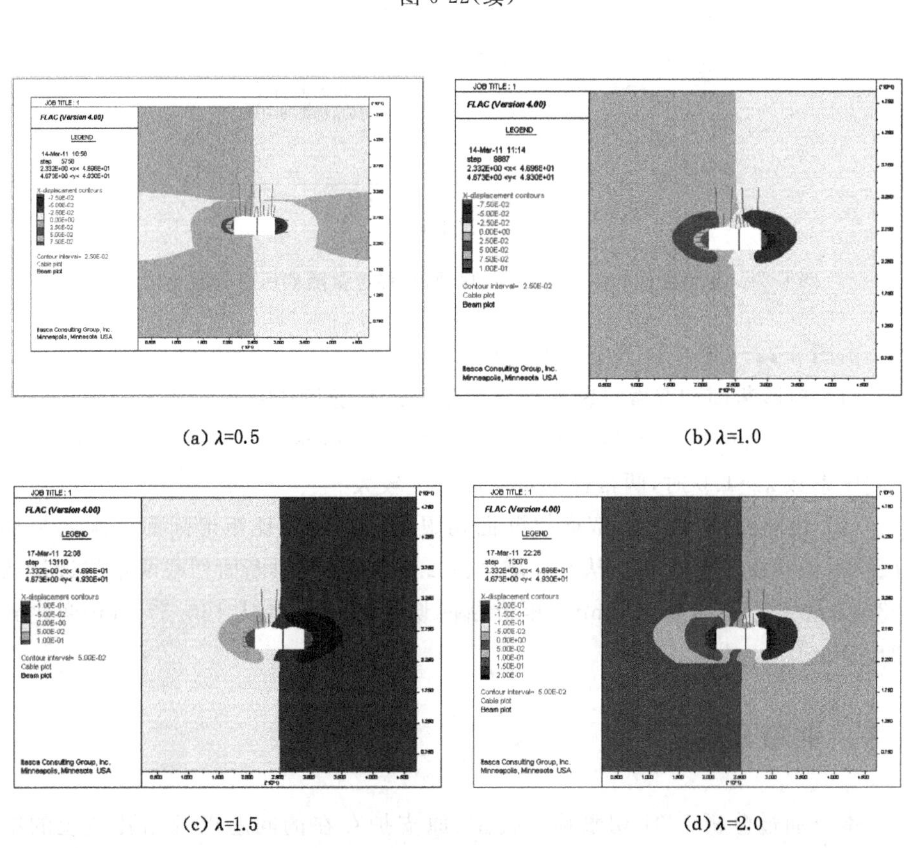

(a) λ=0.5 (b) λ=1.0

(c) λ=1.5 (d) λ=2.0

图 6-23 不同侧压系数双微拱断面切眼围岩水平位移分布云图

表 6-4　不同侧压系数矩形断面与双微拱断面切眼两帮移近量　　单位:mm

切眼类型	λ			
	0.5	1.0	1.5	2.0
矩形断面切眼	166.57	200.16	281.9	421.6
双微拱断面切眼	163.47	197.48	274.4	413.8

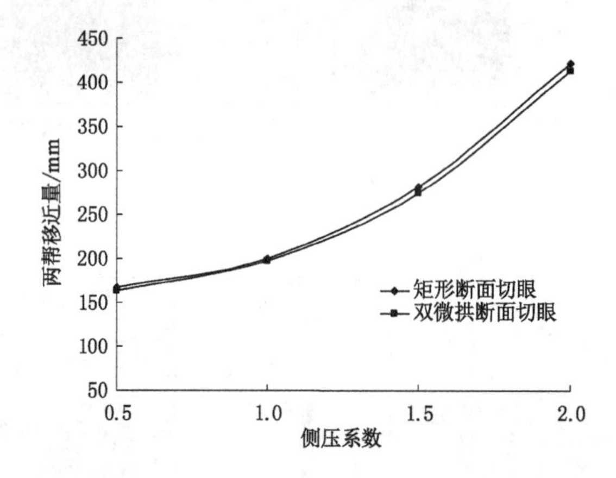

图 6-24　矩形断面与双微拱断面切眼两帮移近量随侧压系数的变化曲线

由图 6-22～图 6-24 及表 6-4 可知：

(1) 矩形断面和双微拱断面切眼两帮移近量随侧压系数的增大而增加。当侧压系数 $\lambda \leqslant 1.0$ 时，矩形断面和双微拱断面切眼两帮移近量增加幅度比较小；当侧压系数 $\lambda > 1.0$ 时，两帮移近量增加幅度较大。

(2) 相同侧压系数下，双微拱断面切眼两帮移近量比矩形断面切眼两帮移近量小，但相差不大。当 λ 从 0.5 增加到 2.0 时，双微拱断面切眼两帮移近量从 163.47 mm 变化到 413.8 mm，矩形断面切眼两帮移量从 166.57 mm 变化到 421.6 mm。

6.5　本章小结

本章通过分析 7801 切眼顶板类型、原支护存在的问题以及钻孔窥视的结果，找出 7801 切眼控制的关键因素，提出大跨度切眼控制原理及对策，进行切眼支护设计，最后通过模拟软件分析了沿底掘进矩形断面切眼与双微拱断面切眼的支护效果。本章主要得出如下结论：

(1) 通过分析7801切眼原支护存在的问题，找出了影响7801切眼稳定性的四个主要因素，即跨度大、应力高、顶板砂岩层含水、顶板类型是厚复合顶板，并提出了控制原理与对策。

(2) 提出了“合理的断面形状＋三高一低＋有效的减跨方法”的支护原则和双微拱断面＋单体支护＋锚网索＋钢带的支护方法。根据切眼工程地质条件，通过数值模拟及理论分析，确定双微拱拱高为40 cm。

(3) 跨度对于巷道工程的稳定性影响是显著的，减小跨度是提高巷道工程稳定性的重要措施之一，通过改变工程空间形态的减跨手段对大跨度地下工程的稳定和利用具有重要意义，而锚杆、锚索、单体支护、钢带都具有显著的减跨功能。回采巷道的断面形状多为矩形，矩形断面巷道因便于施工、掘进速度快而被广泛采用，但大跨度切眼跨度大，考虑断面效应，应设计减跨支护措施，7801切眼采用双微拱断面＋单体支护＋锚网索＋钢带减跨支护方法，使大跨度顶板降为锚杆之间的小跨度顶板，其顶板受力将大幅度降低并趋于均匀，顶板形成多跨连续组合梁拱结构。

(4) 在巷道掘进过程中，采用先掘小跨断面巷道，后掘大跨断面巷道的方法。小跨断面巷道支护难度相对更小，通过小跨断面巷道释放一定的围岩应力，大跨断面巷道在小跨断面应力释放后掘进，其支护难度也大大降低，大、小跨断面巷道及时采用高强预应力锚杆(索)加强巷道顶板岩层支护，可较好地控制大跨度巷道顶板岩层的离层和变形，同时也减轻两帮的应力集中，使两帮不产生严重的内挤压变形，可保障深部大跨度巷道的长期稳定性。

(5) 7801切眼顶板中粒长石砂岩中含有水，切眼沿底掘进，针对受顶板砂岩水影响大的地段，采用注浆锚索、全长锚固预应力锚杆联合支护方式控制顶板水的影响。

(6) 7801切眼顶板属于厚复合顶板，锚索打不到坚硬岩层中，根据组合梁拱理论，依靠锚杆(索)高应力和锚固力增加各岩层的摩擦力，减小顶板离层、变形，防止岩石间的水平错动，从而将切眼顶板锚固范围内的几个薄岩层锁紧并形成一个较厚的岩层(组合梁)，组合厚岩层的弯曲应变和应力都大大减小，提高顶板岩层的整体强度。根据等强协调支护理论将锚杆(索)与其组合构件相互匹配、协调，使顶板形成高强度的稳定、连续、均匀的组合梁拱结构(三向受压区域)，可控制切眼围岩稳定性。

(7) 基于大跨度巷道减跨理论确定了锚杆(索)支护参数，锚杆预紧力不小于70 kN，锚索预紧力不小于250 kN。通过数值模拟分析了矩形断面切眼和双微拱断面切眼沿底掘进支护效果，发现双微拱断面切眼支护设计合理，支护效果好，优于矩形断面切眼支护效果。

7 现场监测与支护效果评价

为了检验采用先掘进小跨断面巷道，再掘进大跨断面巷道的“卸压减跨控顶与等强协调支护理论”和“双微拱断面＋单体支柱＋预应力锚杆(索)＋钢带等组合构件”的减跨支护方法控制大跨度巷道的效果，在五阳煤矿 7801 切眼进行了工业性试验。为了了解双微拱断面切眼的支护效果，特进行了切眼表面位移监测、顶板离层监测、锚杆(索)受力监测和单体支柱受力监测，通过监测结果分析评价支护效果，进而优化支护方式及支护参数。

7.1 7801 切眼工程地质条件

本监测的对象是 7801 切眼，其采掘工程平面如图 7-1 所示。切眼工程地质条件如 3.1 章节所述。

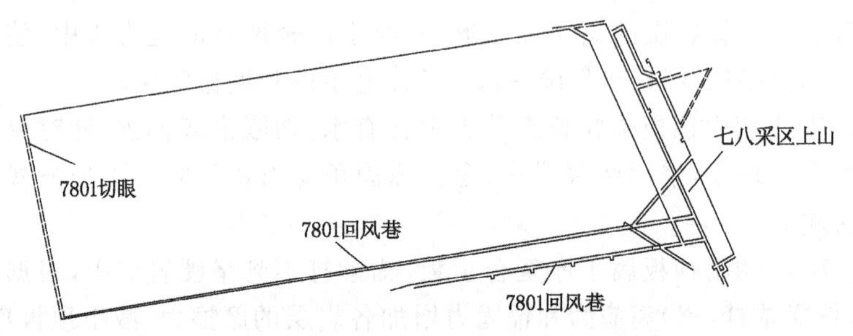

图 7-1 7801 切眼采掘工程平面图

7.2 现场监测

7.2.1 监测内容及目的

7.2.1.1 切眼表面位移监测

巷道表面位移是最基本的巷道矿压监测内容，包括顶底下沉量、底鼓量和两帮移近量等。根据监测结果，可绘制位移量与时间的关系曲线，分析巷道围岩变形规律，评价围岩的稳定性和巷道支护效果。

7.2.1.2 切眼顶板离层监测

顶板不同深度的位移是不同的，一般浅部岩层的位移较大，深部岩层的位移较小，导致浅部岩层与深部岩层出现位移差。巷道顶板离层就是指巷道浅部围岩与深部围岩之间的位移差。当顶板离层达到一定值时，顶板有可能发生破坏和冒落，顶板离层是巷道围岩失稳的前兆。测量锚杆支护巷道锚固区内外的顶板离层大小，对评价锚杆支护效果和巷道安全程度具有重要意义。

7.2.1.3 锚杆(索)受力监测

锚杆(索)的受力大小对巷道稳定性影响巨大，因此对按设计方案支护的双微拱断面切眼进行锚杆(索)受力监测，以掌握锚杆(索)承载工况、围岩变形特征以及巷道支护状况，同时为支护设计进行修改、调整提供依据。

7.2.1.4 单体支柱受力监测

双微拱断面切眼在小跨断面和大跨断面中间加打一排单体减跨支柱，由于双微拱断面在两微拱拱角相交处容易产生应力集中，单体支柱的稳定是切眼稳定的关键，因此要进行单体支柱受力监测，进而分析切眼围岩稳定性，评价支护效果。

7.2.2 测站布置及监测方法

7.2.2.1 切眼表面位移监测测站布置及监测方法

巷道表面位移通常采用“十”字布点法安设监测测站，双微拱断面切眼表面位移监测点布置如图 7-2 所示。在切眼小跨断面和大跨断面顶底板中部垂直方向和双微拱切眼两帮水平方向钻孔，安装测钉测量基点。在 7801 切眼从区段回风平巷到区段运输平巷方向布置前、中、后三个表面位移监测断面，如图 7-3 所示。切眼贯通后，每两天观测 1 次，监测时间为 1 个月。考虑巷道断面尺寸、预测的围岩位移量及要求的测量精度等因素，表面位移的监测仪器选择钢卷尺。

7.2.2.2 切眼顶板离层监测测站布置及监测方法

顶板离层监测采用在顶板中安设离层指示仪的方法进行，其测点布置如图 7-3 所示，顶板离层指示仪的安设如图 7-4 所示。顶板离层指示仪包括一个深部基点和一个浅部基点，分别测试巷道表面与浅部基点之间、浅部基点与深部基点之间的相对位移。顶板未发生离层时，浅部基点与深部基点所测位移变化速度应逐渐降低，并最终趋近于 0；若中间发生跃变，则可判断顶板中出现离层及离层的部位。

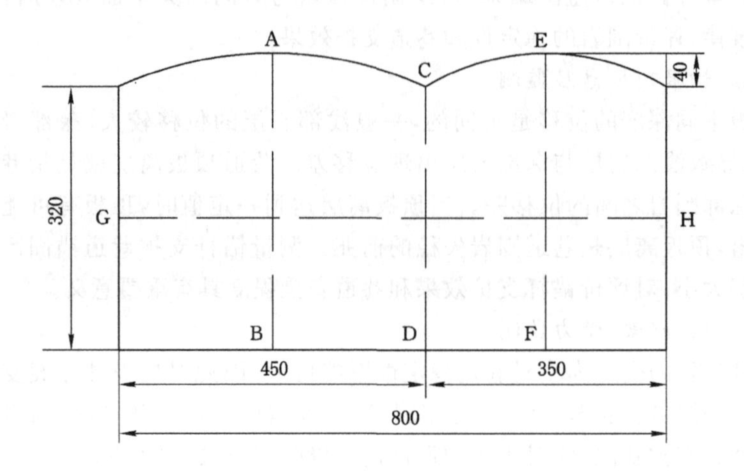

图 7-2　双微拱断面巷道表面位移监测断面

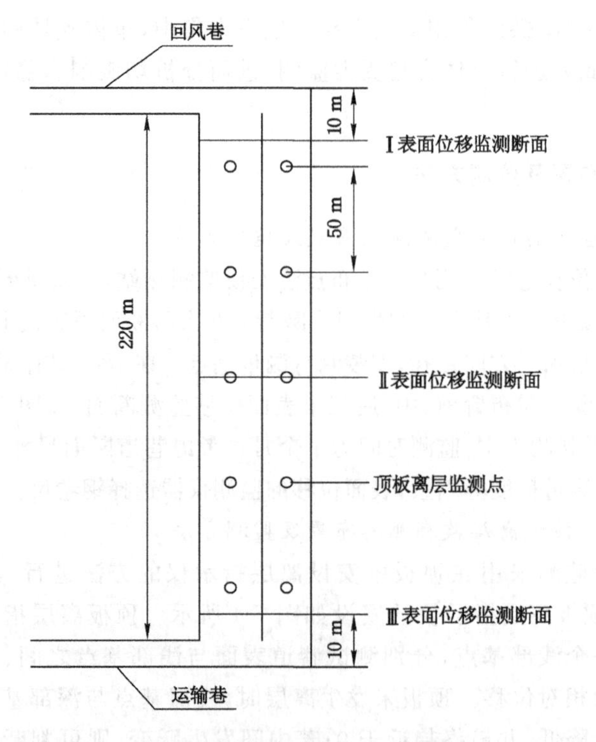

图 7-3　切眼表面位移监测断面及顶板离层测点布置

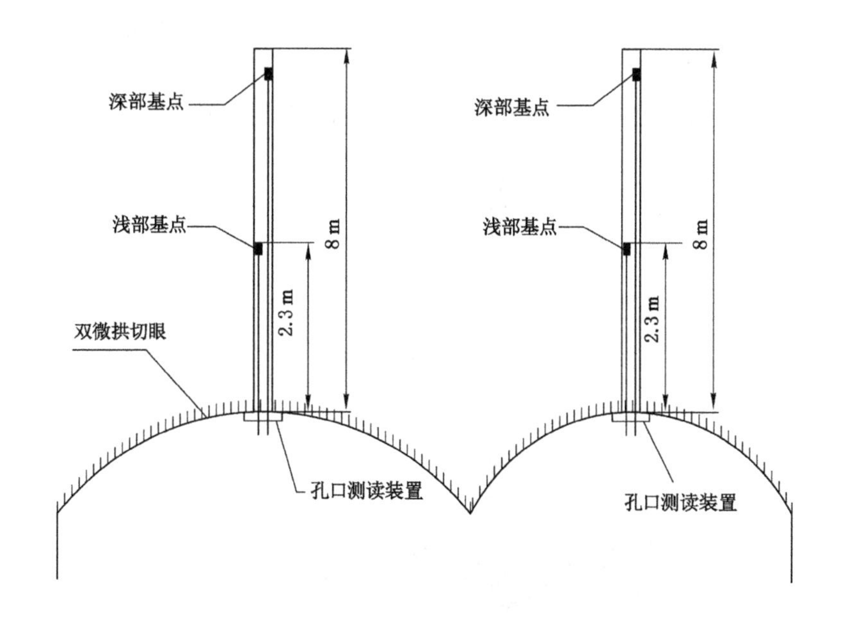

图 7-4 顶板离层指示仪的安设

由于 7801 切眼顶板是厚复合顶板，根据顶板岩性特征，将深基点固定在顶板以上 8 m 处，浅部基点固定在锚杆端部位置。顶板离层指示仪的基本工作原理是通过测量深部基点同顶板表面相对位移变化测得顶板总离层量 S，以及浅部基点同顶板表面相对位移变化测得锚固区内的顶板离层量 $S_{内}$，则顶板锚固区外的离层量 $S_{外}=S-S_{内}$。切眼观测频度：切眼贯通后开始监测，1 次/d，切眼每隔 50 m 要安设一个离层指示仪，并要挂牌管理。

7.2.2.3 切眼锚杆受力监测方法

为了确保锚杆（索）受力监测的准确性，本书采用中国矿业大学开发的 CMT(A)锚杆弹性波无损检测仪对锚杆（索）受力进行监测。因为锚杆支护是锚固到巷道围岩的内部的，所以是一项隐蔽性工程，由于理论和技术条件的限制，必然存在支护不足的区域。研究如何发现这些支护不足的区域，最大限度地控制冒顶事故的发生，具有非常重要的意义。采用锚杆支护无损检测技术，结合在矿井所测数据，使用锚杆支护状态评价可以对切眼冒顶危险区进行预测。巷道锚杆的抽检率为 3%～5%，最低检测根数为 40 根。

7.2.2.4 切眼锚索受力监测方法

本书采用北京开采所开发的 GYS-300 型锚杆（索）测力计监测锚索受力，评价巷道围岩的稳定性与安全性。测力计安装于锚索尾部，其安装示意图如

图 7-5 所示。测力计主要由刚体、静态电阻应变仪、球形垫片、连接导线等组成。GYS-300 型锚索测力计实物图如图 7-6 所示。切眼贯通后，从区段回风平巷向区段运输平巷方向监测 4 排锚索，每间隔 4 排锚索监测 1 排。

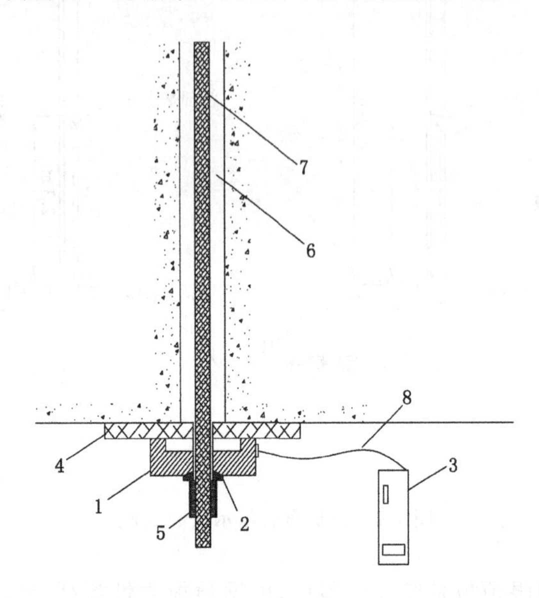

1—刚体；2—球形垫片；3—静态电阻应变仪；4—托板；5—锚具；6—钻孔；7—锚索索体；8—连接导线。

图 7-5　锚索测力计安装示意图

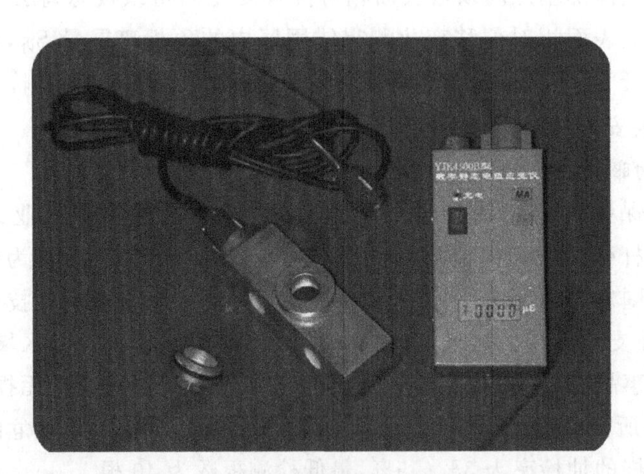

图 7-6　GYS-300 型锚索测力计实物图

7.2.2.5　单体支柱工作阻力监测测点布置及监测方法

本书采取在双微拱切眼两微拱拱脚重合处安设单体支柱＋顶梁的支护方

式减跨支护。由于单体支柱的稳定性及受力情况是影响切眼稳定性的关键因素之一，因此从区段回风平巷向区段运输平巷方向每隔 5 根单体支柱布置 1 个测点，采用压力表测量，每隔 2 d 监测 1 次。

7.3　数据整理与分析

7.3.1　巷道表面位移监测

经过 55 d 的表面位移监测，得到了表面位移的实测值，计算整理后得到其各测点的最大值见表 7-1，由监测数据绘制各监测断面的表面位移与监测时间关系曲线，如图 7-7～图 7-9 所示。

表 7-1　观测期间切眼表面位移最大值汇总表

观测断面	顶底板移近量/mm										两帮移近量/mm	
	A 点顶板下沉量	B 点底鼓量	C 点顶板下沉量	D 点底鼓量	E 点顶板下沉量	F 点底鼓量	AB 顶底板移近量	CD 顶底板移近量	EF 顶底板移近量	G 点（大跨断面）侧帮	H 点（小跨断面）侧帮	两帮收敛量
Ⅰ	30.8	13.3	27.3	10.3	40.0	14.2	44.2	37.6	54.2	8.8	13.4	22.2
Ⅱ	27.5	11.4	27.1	10.0	38.1	14.0	38.9	37.1	52.1	8.5	13.2	21.7
Ⅲ	32.0	13.8	27.9	10.6	41.0	14.5	45.8	38.5	55.5	10.1	15.0	25.1

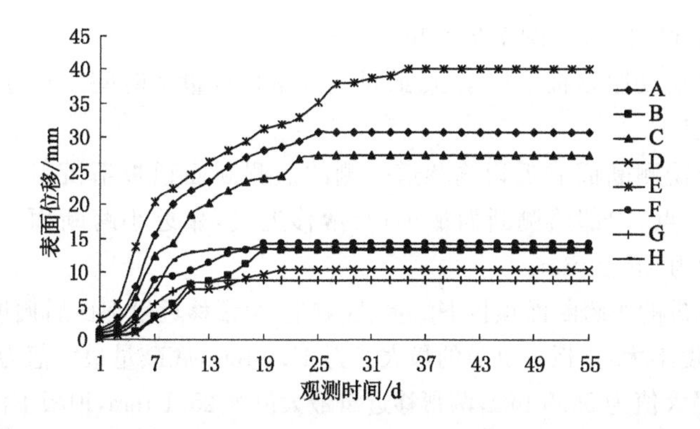

图 7-7　监测断面Ⅰ表面位移与时间关系曲线

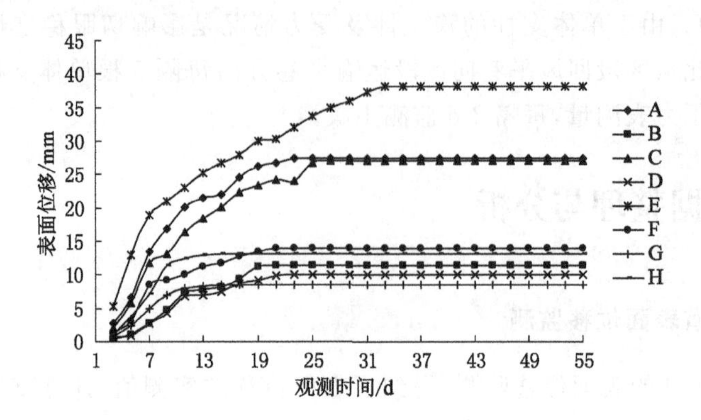

图 7-8　监测断面Ⅱ表面位移与时间关系曲线

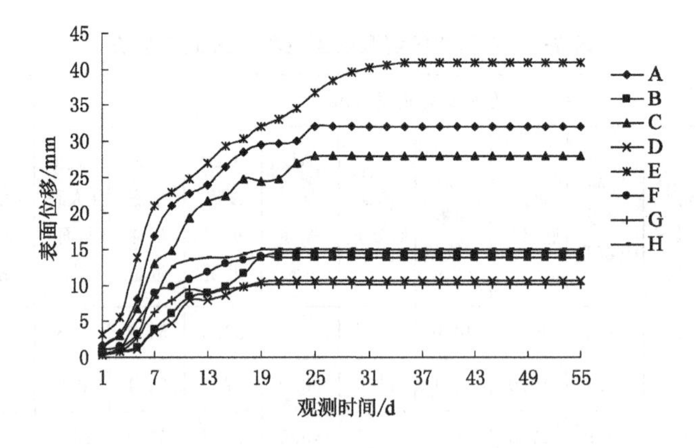

图 7-9　监测断面Ⅲ表面位移与时间关系曲线

由表 7-1 和图 7-7～图 7-9 可知：

(1) 双微拱切眼顶板下沉量、底鼓量及两帮移近量随时间变化逐渐增加，35 d 以后趋于稳定。

(2) 3 个监测断面靠近运输巷道一侧的监测断面顶板下沉量、底鼓量、两帮移近量稍大一点，中部监测断面最小；两帮移近量，靠近小跨断面一侧帮的位移大一点，最大为 15.0 mm。

(3) 先掘进的小跨断面顶板下沉量、底鼓量、两帮移近量都比后掘进的大跨断面大，但增加幅度不大，顶板下沉量的最大值为 41.0 mm，底鼓量最大值为 14.5 mm，顶底板移近量最大值为 55.5 mm，两帮移近量最大值为 25.1 mm，顶板下沉速率不超过 0.75 mm/d，底鼓速率不超过 0.26 mm/d，两帮移近速率不超过 0.46 mm/d。

通过观测结果分析，双微拱切眼围岩变形较小、围岩稳定，支护效果好。

7.3.2 切眼顶板离层监测

为了了解顶板离层情况，验证支护效果，对 7801 切眼进行了 31 d 的离层监测，监测结构如表 7-2、表 7-3 以及图 7-10 和图 7-11 所示。

表 7-2 小跨断面监测点顶板总离层值

离层测点	1#	2#	3#	4#	5#
总离层值/mm	24.6	24.5	22.9	23.7	24.8

表 7-3 大跨断面监测点顶板总离层值

离层测点	6#	7#	8#	9#	10#
总离层值/mm	21.4	21.2	20.7	20.2	21.5

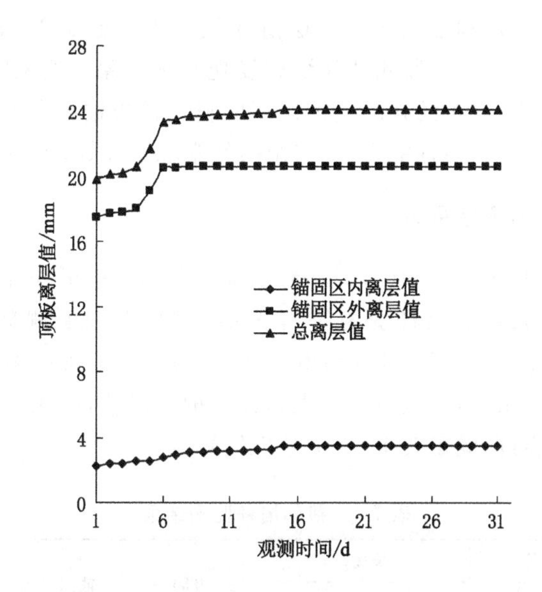

图 7-10 小跨断面顶板离层值随时间变化曲线

由表 7-2、表 7-3 以及图 7-10 和图 7-11 可知：

先掘进的小跨断面顶板总离层值大于大跨断面各测点的总离层值，但各测点的总离层量不超过 25 mm，小于五阳煤矿离层临界值 30 mm；锚固区内的离层值大于锚固区外的离层值，各测点锚固区内、外的最大离层值分别为 20.6 mm 和 3.5 mm，都不超过 25 mm。采用高强预应力锚杆(索)支护，其切眼顶板锚固区内岩层和锚固区外岩层基本稳定，监测期间各测点的总离层值保持不变或变化

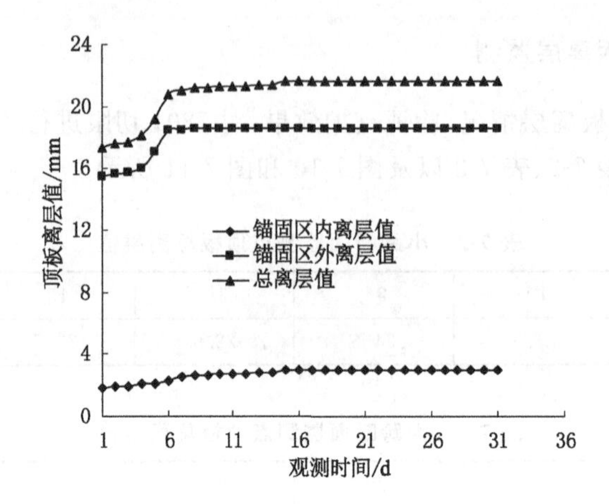

图 7-11　大跨断面顶板离层值随时间变化曲线

较小，锚固区内离层值和锚固区外离层值变化一般不足 0.2 mm/d，锚固区内、外离层变形速度大致相当，监测期间没有发现冒顶现象。这说明双微拱断面＋单体支柱＋锚杆(索)支护的减跨支护作用明显。顶板锚固完全满足支护要求，支护后的顶板岩层的整体性能良好，双微拱切眼稳定性好，支护效果良好。

7.3.3　锚杆受力监测结果分析

通过对 7801 切眼左帮中(靠近小跨断面一侧)20 根锚杆和顶中左(小跨断面顶板中间部位)22 根锚杆受力进行无损监测，得到实测数据如表 7-4 和表 7-5 所示。通过监测数据，可以知道左帮(靠近小跨断面一侧帮)中部锚杆只有 1 根锚杆支护效果差，顶板只有 3 根锚杆支护效果差，由此可知，7801 切眼顶帮锚杆支护质量良好，满足要求，支护效果较好。

表 7-4　帮部锚杆监测结果

锚杆编号	锚杆定位		长度/m			极限锚固力/KN	轴向受力/KN	评价	
	距回风巷距离/m	位置	总长	自由段	锚固段			锚固	支护
1	0	左帮中	2.4	1.20	1.20	349.47	46.29	优	优
2	0.9	左帮中	2.4	0.91	1.49	433.93	33.93	优	优
3	2.7	左帮中	2.4	1.18	1.22	355.29	12.30	优	中
4	4.5	左帮中	2.4	1.26	1.14	332.00	80.90	优	优
5	6.3	左帮中	2.4	1.34	1.06	308.70	29.61	优	优

表 7-4(续)

锚杆编号	锚杆定位		长度/m			极限锚固力/KN	轴向受力/KN	评价	
	距回风巷距离/m	位置	总长	自由段	锚固段			锚固	支护
6	8.1	左帮中	2.4	1.33	1.07	311.61	110.62	优	优
7	9.9	左帮中	2.4	1.15	1.25	364.03	25.28	优	优
8	11.7	左帮中	2.4	1.14	1.26	366.94	78.43	优	优
9	13.5	左帮中	2.4	1.14	1.26	366.94	19.10	优	良
10	15.3	左帮中	2.4	1.02	1.38	401.89	110.27	优	优
11	17.1	左帮中	2.4	1.84	0.56	252.28	10.49	优	差
12	18.9	左帮中	2.4	1.60	0.80	360.40	96.55	优	优
13	20.7	左帮中	2.4	1.53	1.20	345.60	22.34	优	优
14	22.5	左帮中	2.4	1.08	1.32	384.42	11.68	优	良
15	24.3	左帮中	2.4	1.15	1.25	364.03	30.22	优	优
16	26.1	左帮中	2.4	0.50	1.90	553.33	89.55	优	优
17	27.9	左帮中	2.4	0.69	1.71	498.00	159.97	优	优
18	29.7	左帮中	2.4	0.69	1.71	498.00	159.89	优	优
19	31.5	左帮中	2.4	0.69	1.71	498.00	160.62	优	优
20	33.3	左帮中	2.4	0.69	1.71	498.00	59.89	优	优

表 7-5 顶板锚杆监测结果

锚杆编号	锚杆定位		长度/m			极限锚固力/KN	轴向受力/KN	评价	
	距回风巷距离/m	位置	总长	自由段	锚固段			锚固	支护
1	0	顶中左	2.4	1.17	1.23	554.12	46.90	优	优
2	1.8	顶中左	2.4	1.28	1.12	504.56	31.68	优	优
3	3.6	顶中左	2.4	1.33	1.07	482.04	24.39	优	优
4	5.4	顶中左	2.4	0.70	1.70	765.86	103.17	优	优
5	7.2	顶中左	2.4	1.08	1.32	594.67	127.00	优	优
6	9.0	顶中左	2.4	1.08	1.32	594.67	50.87	优	优
7	10.8	顶中左	2.4	0.76	1.64	738.83	110.45	优	优
8	12.6	顶中左	2.4	1.77	0.63	283.82	9.83	优	差
9	14.4	顶中左	2.4	1.80	0.60	270.30	10.49	优	差

表 7-5(续)

锚杆编号	锚杆定位		长度/m			极限锚固力/KN	轴向受力/KN	评价	
	距回风巷距离/m	位置	总长	自由段	锚固段			锚固	支护
10	16.2	顶中左	2.4	1.82	0.58	261.29	37.63	优	优
11	18.0	顶中左	2.4	1.12	1.28	372.77	160.14	优	优
12	19.8	顶中左	2.4	1.25	1.15	518.08	10.49	优	差
13	21.6	顶中左	2.4	0.69	1.71	498.00	13.54	优	优
14	23.4	顶中左	2.4	1.09	1.31	381.51	160.68	优	优
15	25.2	顶中左	2.4	0.92	1.48	431.01	35.79	优	优
16	27.0	顶中左	2.4	0.97	1.43	416.45	61.12	优	优
17	28.8	顶中左	2.4	1.22	1.18	343.65	122.31	优	优
18	30.6	顶中左	2.4	1.04	1.36	396.07	160.03	优	优
19	32.4	顶中左	2.4	1.33	1.07	311.61	148.26	优	优
20	34.2	顶中左	2.4	1.18	1.22	355.29	96.35	优	优
21	36.0	顶中左	2.4	1.17	1.23	358.21	17.25	优	优
22	37.8	顶中左	2.4	1.17	1.23	358.21	13.54	优	优

7.3.4 锚索受力监测结果分析

对 7801 切眼内 16 根锚索进行受力监测，共监测 19 d，每隔 2 d 监测 1 次，监测数值如表 7-6 所示，锚索受力随时间变化曲线如图 7-12 所示。由表 7-6 和图 7-12 可知：靠近小跨断面侧的顶板锚索受力大于大跨断面，锚索受力最小值为 248.3 kN、最大值 358.2 kN，锚索锚固效果较好，说明支护效果良好。

表 7-6 锚索受力随时间的变化　　单位：kN

锚索	观测时间/d									
	1	3	5	7	9	11	13	15	17	19
1# 锚索	262.2	290.3	324.0	328.5	332.1	340.4	345.5	349.3	354.4	358.2
2# 锚索	260.3	282.0	321.5	325.2	339.4	346.8	350.9	346.6	360.0	363.2
3# 锚索	253.4	264.5	267.8	268.0	272.4	276.3	279.0	300.5	302.7	308.0
4# 锚索	252.0	262.3	265.4	270.0	272.1	273.4	276.6	283.5	292.8	303.0
5# 锚索	268.0	291.2	311.2	327.5	334.1	339.0	345.6	347.0	346.0	347.5
6# 锚索	265.4	293.0	301.2	318.0	326.8	330.0	336.7	342.5	347.2	350.2

表 7-6(续)

锚索	观测时间/d									
	1	3	5	7	9	11	13	15	17	19
7# 锚索	258.7	262.2	270.5	267.8	273.0	279.7	282.4	288.0	293.8	295.0
8# 锚索	257.0	258.0	262.0	267.0	272.0	275.0	278.0	283.0	285.0	289.0
9# 锚索	263.0	287.3	297.5	310.0	317.4	322.4	328.0	332.8	341.0	345.9
10# 锚索	265.0	290.6	300.0	313.6	322.7	326.8	331.2	337.0	345.6	387.3
11# 锚索	260.3	262.6	264.7	269.0	274.6	276.0	281.8	287.4	295.5	302.0
12# 锚索	256.8	258.0	260.7	261.0	265.7	269.0	273.4	276.8	282.0	293.8
13# 锚索	265.2	287.9	295.7	310.3	316.0	320.7	328.0	332.4	338.0	340.5
14# 锚索	261.0	289.4	302.7	311.0	318.5	322.5	335.0	338.7	340.0	347.2
15# 锚索	254.3	255.0	257.6	263.8	267.0	269.0	274.6	278.9	290.0	295.8
16# 锚索	248.3	253.3	257.6	261.1	263.0	266.5	274.7	282.0	288.6	293.2

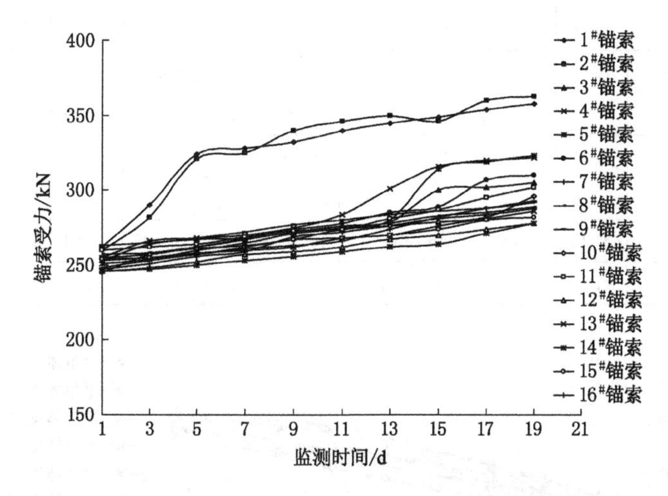

图 7-12 锚索受力随时间变化曲线

7.3.5 单体支柱工作阻力监测

切眼贯通后,对 16 根单体支柱工作阻力进行现场监测,表 7-7 为不同监测时间单体支柱工作阻力,图 7-13 为单体支柱工作阻力随监测时间变化曲线。由表 7-7 和图 7-13 可知:所监测的单体支柱工作阻力最小值为 6.95 MPa、最大值为 12.52 MPa;所测的单体支柱的工作阻力随监测时间逐渐增大,但最后趋于稳定，顶板支护效果较好。针对锚杆支护差的部位，进行补打锚杆支护，确保支护质量。

表 7-7 不同监测时间单体支柱工作阻力 单位：MPa

单体支柱	观测天数/d									
	1	2	3	4	5	6	7	8	9	10
1# 单体支柱	8.14	8.86	9.16	10.38	10.72	11.20	11.52	11.92	12.12	12.40
2# 单体支柱	7.82	8.57	9.23	9.87	10.25	10.88	11.64	11.72	12.05	12.15
3# 单体支柱	7.56	8.67	9.80	10.27	10.88	11.45	11.82	12.02	12.27	12.50
4# 单体支柱	7.47	9.02	9.73	10.28	10.80	11.21	11.57	11.86	12.10	12.27
5# 单体支柱	7.90	8.21	8.96	9.75	10.32	10.68	10.93	11.14	11.84	12.21
6# 单体支柱	6.95	7.87	8.52	9.52	10.21	10.64	10.92	11.32	11.55	11.90
7# 单体支柱	7.03	7.55	8.23	8.54	9.24	9.71	10.13	10.63	11.19	11.78
8# 单体支柱	7.12	7.64	8.32	9.28	9.83	10.25	10.88	11.25	11.46	11.80
9# 单体支柱	7.41	7.82	9.02	9.55	9.86	10.27	10.42	10.95	11.40	11.72
10# 单体支柱	7.32	7.84	8.55	8.96	9.34	9.77	10.23	10.86	11.25	11.50
11# 单体支柱	7.67	8.20	8.93	9.54	10.27	10.53	10.78	11.14	11.84	12.46
12# 单体支柱	7.86	8.30	8.97	9.74	10.26	10.45	10.88	11.24	11.72	12.21
13# 单体支柱	7.96	8.52	9.22	9.56	10.32	10.84	11.14	11.87	12.18	12.40
14# 单体支柱	8.20	8.75	9.56	10.32	10.86	11.21	11.85	12.01	12.27	12.52
15# 单体支柱	8.00	8.45	8.88	9.85	10.34	11.45	11.87	12.16	12.20	12.43

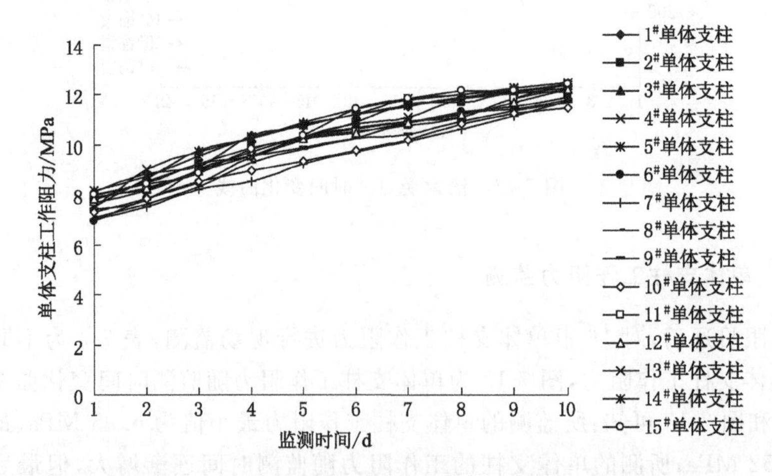

图 7-13 单体支柱工作阻力随监测时间变化曲线

7.4 7801切眼支护效果评价

通过对7801切眼支护效果进行现场监测，发现顶板离层变形小，属于平稳不变形离层，围岩变形小，锚杆（索）锚固效果好，锚固力大，单体支柱工作阻力较大，围岩控制较好，支护后的顶板整体性好，针对大跨度高应力受顶板砂岩水影响的厚复合顶板，基于组合梁拱理论及等强协调减跨支护理论，采用双微拱断面＋单体支柱＋高强预应力锚杆（索）的等强协调减跨支护效果好。深部大跨度切眼得到较好的控制，经济、社会效益良好，具有广泛的推广应用前景。

7.5 本章小结

根据监测结果分析，采用先掘进小跨断面，再掘进大跨断面的"卸压减跨控顶与等强协调支护理论"和"双微拱断面＋单体支柱＋预应力锚杆（索）＋钢带等组合构件"的减跨支护方法，较好地控制了五阳煤矿7801大跨度切眼围岩变形破坏。此支护理论与方法的成功应用，不仅解决了五阳煤矿大跨度切眼支护的难题，进一步完善了巷道支护理论，同时也为其他具有类似条件的大跨度巷道支护提供了借鉴。

8 结　论

近年来，随着矿井开采深度的增加、采矿设备尺寸的加大，回采巷道断面越来越大，巷道稳定性控制问题日趋严重，特别是深部大断面、大跨度巷道离层变形较大，巷道失稳垮冒事故频频发生，现有的巷道支护理论与方法难以解决复杂条件下大跨度巷道稳定性控制问题。本书以潞安矿区五阳煤矿 7801 大跨度切眼为工程背景，在分析深部大跨度矩形巷道失稳机理的基础上，综合运用相似模拟、数值模拟、理论分析、现场实测等方法与手段系统研究了深部大跨度巷道失稳机理及围岩控制理论与方法，得到如下主要研究结论：

(1) 基于复变函数理论，运用施瓦茨-克里斯托菲尔求解映射函数的方法，推导得出了 Z 平面矩形到 ζ 平面单位圆的映射函数；根据黏弹性理论，建立了矩形巷道围岩应力与变形黏弹性分析的力学模型，根据巷道具体条件计算得到的矩形巷道内部各点 σ_ρ 与 u_ρ 的数值解发现，随着侧压系数 λ 的增加，径向应力 σ_ρ 逐渐增大，角隅点处应力最大，最先到达塑性屈服，同时，顶底板的应力值大于两帮；随着 λ 的增加，径向位移 u_ρ 逐渐增大，顶底板径向位移明显大于两帮。

(2) 矩形巷道围岩塑性区随侧压增大而扩大，且顶底板塑性区范围增加幅度较大；矩形巷道围岩塑性区范围随跨度增加而扩大，特别是顶板及两肩角部位塑性区发育范围变化较大，底板和两帮塑性区发育范围变化较小，基本不发生变化。

(3) 随着侧压增加，矩形巷道塑性区发展形状发生变化。当 $\lambda=0.5$ 时，塑性区呈“马鞍形”分布，关于巷道中心垂线对称，巷道顶板中间部位塑性区发育范围小，两肩角部位及巷道顶板在跨度 1/4、3/4 处塑性区发育范围大，两帮塑性区发育范围大于顶底板，顶板塑性区发育范围大于底板；当 $\lambda=1.0$ 时，塑性区呈“椭圆形”分布，关于巷道中心垂线对称，顶板塑性区发育范围大于底板；当 $\lambda=1.5$ 时，塑性区呈“瘦高形”分布，关于巷道中心垂线对称，顶板塑性区发育范围大于底板；当 $\lambda=2.0$ 时，塑性区呈“倒梯形”分布，关于巷道中心垂线对称，顶板塑性区发育范围大于底板。

(4) 巷道围岩第一主应力 σ_1 随巷道跨度 B_{hd} 及侧压系数 λ 的增大而增大，

其巷道围岩第一主应力 σ_1 集中区域不断增大，且巷道顶底板 σ_1 的峰值不断向围岩深部转移，顶底板的 σ_1 集中程度高于其他部位，顶板的 σ_1 集中程度最大。随着巷道跨度和侧压系数的增大，巷道围岩最大剪应力 τ_{max} 增大，基本按线性规律变化，巷道围岩 τ_{max} 的峰值不断向巷道深部转移，且集中范围不断扩大，巷道顶底板最大剪应力 τ_{max} 集中程度较大，两帮最大剪应力 τ_{max} 集中程度小，顶板最大剪应力 τ_{max} 集中程度最大。巷道顶底板的最大剪应力 τ_{max} 随侧压系数的增加而增大的幅度较大，两帮最大剪应力 τ_{max} 随侧压系数的增加而增大的幅度较小。

（5）巷道顶板下沉量、两帮移近量及底鼓量随巷道跨度和侧压系数的增加而增大，两帮移近量及底鼓量增加幅度小于顶板下沉量增加幅度。根据巷道跨度不同、侧压系数不同和巷道围岩塑性区的分布特征以及支护难度大小，给出大跨度巷道的定义并划分了大跨度巷道的类型。

（6）自主研制了微型预应力锚杆试验装置，为相似模拟试验锚杆受力监测及锚杆施加预应力提供方便，解决了模拟试验中无法对锚杆施加预应力的难题。采用 MATLAB 软件，利用数字图像处理技术，对模拟试验中拍摄的巷道变形破坏图片进行处理分析，得到了巷道围岩裂隙分布规律。无支护巷道垮落成拱形，巷道两肩角及顶板微裂隙较发育；有支护巷道围岩微裂隙较少，两肩角裂隙较发育，裂隙呈纵向-弧形发育，顶板微裂隙为沿水平方向发育的横向裂隙。

（7）无支护巷道围岩变形量较大，巷道顶底板移近量随侧压及埋深的增加而增大，但增加幅度相比两帮更小，两帮移近量随侧压增加而增大，增加幅度较大，两帮移近量小于顶底板移近量，两帮移近量变化较平缓。顶底板移近量在埋深为 300 m 时发生突变，增加速率增大。支护巷道顶底移近量及两帮移近量随侧压及埋深的增加而增大，顶底板移近量增加幅度较大，巷道埋深达到 600 m 时，巷道两帮移近量与顶底板移近量发生突变，增加速率较大，巷道围岩变形量突然增大。

（8）无支护巷道帮部围岩应力随侧压的增加有微小增大，侧压对巷道帮部围岩应力影响非常小，巷帮上部围岩应力大于巷帮下部围岩应力，左帮上部围岩早于右帮上部围岩产生松动破坏，从巷道顶板表面岩层到巷道深部岩层，顶板围岩应力呈现“小—大—小”的分布规律。无支护巷道两帮下部围岩较上部围岩稳定性好，两帮上部围岩容易破坏，切眼先掘进小跨断面帮部先于后掘进大跨断面帮部发生破坏。采用“预应力锚杆（索）＋单体支柱”支护的巷道帮部围岩应力随侧压增大而缓慢增加，但增加幅度较小，侧压的变化对巷道帮部围岩稳定性影响较小。无支护巷道帮部围岩应力明显高于有支护巷道帮部围岩应力，无支护巷道上方围岩的应力在两帮部分产生应力集中较大，先掘进的小跨断面一侧帮部（左帮）围岩应力高于后掘进的大跨断面一侧帮部（右帮）围岩应力。

(9) 巷道埋深在 600 m 以上，受构造应力影响较小，侧压系数 $\lambda \leqslant 1.0$，且顶板砂岩层无水的影响时，采用矩形巷道断面，通过二次成巷的方式，采取预应力锚杆(索)＋单体支柱＋钢带铺网的支护系统可以有效控制巷道的变形破坏。当巷道处于构造复杂区，巷道埋深超过 600 m，且顶板有砂岩水的影响时，采用此控制手段将无法控制巷道的稳定性，需要改变巷道断面及有针对性地采取有效控制理论与方法，才能有效控制深部大跨度巷道围岩的有害变形，确保围岩的稳定性。

(10) 提出了双微拱断面巷道的概念，建立了双微拱断面巷道的力学计算模型，运用映射函数方法，将双微拱巷道映射到单位圆上进行分析。求解得到了映射函数的具体表达式，根据基本力学公式，推导出双微拱巷道应力、位移的具体表达形式，进而分析了双微拱断面巷道围岩应力与变形规律。根据梁拱理论，建立了平顶断面巷道及双微拱断面巷道拱脚重合处支撑反力计算模型，推导出了拱脚重合处支撑反力计算公式，为双微拱断面和平顶断面巷道支护设计奠定了基础。

(11) 针对影响大跨度巷道稳定性的主要因素，分析了大跨度巷道控制原理；提出了“合理的断面形状＋三高一低＋有效的减跨方法”的支护原则及先掘进小跨断面，再掘进大跨断面的“卸压减跨控顶与等强协调支护理论”和“双微拱断面＋单体支柱＋高强预应力锚杆(索)＋钢带等组合构件”的支护方法。

(12) 采用先掘进小跨断面，然后掘进大跨断面的方法，小跨断面相对支护难度更小，通过小跨断面巷道释放一定的围岩应力，大跨断面巷道在小跨断面巷道应力释放后掘进，其支护难度也大大降低。大、小跨断面巷道及时采用高强预应力锚杆(索)加强巷道顶板岩层支护，可较好地控制大跨度巷道顶板岩层的离层和变形，同时也可减轻两帮的应力集中，使两帮不产生严重的内挤压变形，从而保障深部大跨度巷道的长期稳定性。

(13) 对于顶板受水和构造应力影响的大跨度巷道，采用注浆锚索、全长锚固预应力锚杆联合支护方式控制巷道稳定性。对于厚复合顶板，锚索打不到坚硬岩层中，锚索悬吊作用不能充分发挥，根据等强协调支护理论，将锚杆(索)与其组合构件相互匹配、协调，使顶板形成高强度的稳定、连续、均匀的组合梁拱结构(三向受压区域)，提高顶板岩层的整体强度，控制巷道围岩的稳定性。

(14) 根据监测结果分析，采用先掘进小跨断面，再掘进大跨断面的“卸压减跨控顶与等强协调支护理论”和“双微拱断面＋单体支柱＋预应力锚杆(索)＋钢带等组合构件”的减跨支护方法，较好地控制了五阳煤矿 7801 大跨度切眼围岩变形破坏。此支护理论与方法的成功应用，不仅解决了五阳煤矿大跨度切眼支护的难题，进一步完善了巷道支护理论，同时也为其他具有类似条件的大跨度巷道支护提供了借鉴。

参考文献

[1] 柏建彪,侯朝炯.深部巷道围岩控制原理与应用研究[J].中国矿业大学学报,2006,35(2):145-148.

[2] 曹继伟.大跨度山岭隧道围岩与支护结构稳定性的数值模拟分析[D].大连:大连理工大学,2003.

[3] 曹建军,焦金宝,何清,等.深井沿空巷道围岩失稳机理与稳定性控制[J].煤矿安全,2010,41(2):97-100.

[4] 陈庆敏,郭颂,张农.煤巷锚杆支护新理论与设计方法[J].矿山压力与顶板管理,2002,19(1):12-15.

[5] 陈炎光,陆士良.中国煤矿巷道围岩控制[M].徐州:中国矿业大学出版社,1994.

[6] 陈玉祥,王霞,刘少伟.锚杆支护理论现状及发展趋势探讨[J].西部探矿工程,2004,16(10):155-157.

[7] 代进.综放回采巷道围岩裂纹扩展与类板结构及其非均称控制[D].青岛:山东科技大学,2007.

[8] 狄奇.锚网喷支护在断层破碎带中的应用[J].煤炭技术,2004,23(8):115-116.

[9] 东兆星,吴士良.井巷工程[M].徐州:中国矿业大学出版社,2004.

[10] 董方庭,等.巷道围岩松动圈支护理论及应用技术[M].北京:煤炭工业出版社,2001.

[11] 董方庭,姚玉煌,黄初.井巷设计与施工[M].徐州:中国矿业大学出版社,1991.

[12] 杜波,何富连,张守宝.桁架锚索联合控制技术在大跨度切眼中的应用[J].煤炭工程,2008,40(8):37-39.

[13] 杜计平.煤矿深井开采的矿压显现及其控制[D].徐州:中国矿业大学,2000.

[14] 杜立峰,闫志刚.复杂地质条件下超大断面公路隧道设计与施工[J].路基工程,2008(2):171-172.

[15] 樊克恭.巷道围岩弱结构损伤破坏效应与非均称控制机理研究[D].青岛:山东科技大学,2003.
[16] 樊栓保,吕志强,孙树华,等.锚索复合支护技术加固大断面硐室的实践[J].煤炭科学技术,2001,29(10):26-27,51.
[17] 方祖烈.拉压域特征及主次承载区的维护理论[C]//何满潮,等.世纪之交软岩工程技术现状与展望.北京:煤炭工业出版社,1999.
[18] 付国彬,靖洪文,徐金海,等.巷道围岩松动圈随采深变化的规律[J].建井技术,1994(增刊1):46-49,9,96.
[19] 高峰.地应力分布规律及其对巷道围岩稳定性影响研究[D].徐州:中国矿业大学,2009.
[20] 高磊,等.矿山岩体力学[M].北京:冶金工业出版社,1979.
[21] 耿忠有.过断层及破碎带使用钢筋网锚喷支护的应用效果分析[J].黑龙江科技信息,2010(5):38.
[22] 勾攀峰,汪成兵,韦四江.基于突变理论的深井巷道临界深度[J].岩石力学与工程学报,2004,23(24):4137-4141.
[23] 管学茂,侯朝炯.大断面煤巷桁架锚杆支护的相似模拟试验[J].阜新矿业学院学报(自然科学版),1997,16(4):421-424.
[24] 管学茂,侯朝炯.桁架锚杆在大断面煤巷中应用的研究[J].矿山压力与顶板管理,1996(3):32-35.
[25] 郭颂.水平应力:对采准巷道围岩稳定性的新认识[J].煤矿开采,1998,3(4):14-17.
[26] 韩立军,蒋斌松,贺永年.构造复杂区域巷道控顶卸压原理与支护技术实践[J].岩石力学与工程学报,2005,24(增刊2):5499-5504.
[27] 韩瑞庚.地下工程新奥法[M].北京:科学出版社,1987.
[28] 何炳银.锚杆与锚索联合支护的协调性探讨[J].江苏煤炭,2003,28(4):4-6.
[29] 何满潮,等.世纪之交软岩工程技术现状与展望[M].北京:煤炭工业出版社,1999.
[30] 何满朝,江玉生,徐华禄.软岩工程力学的基本问题[J].东北煤炭技术,1995(5):26-32.
[31] 何满潮,景海河,孙晓明.软岩工程力学[M].北京:科学出版社,2002.
[32] 何满潮,袁和生,靖洪文,等.中国煤矿锚杆支护理论与实践[M].北京:科学出版社,2004.
[33] 何满潮,邹正盛,邹友峰.软岩巷道工程概论[M].徐州:中国矿业大学出版

社,1993.

[34] 侯朝炯.煤巷锚杆支护的关键理论与技术[J].矿山压力与顶板管理,2002,19(1):2-5.

[35] 侯朝炯,柏建彪,张农,等.困难复杂条件下的煤巷锚杆支护[J].岩土工程学报,2001,23(1):84-88.

[36] 侯朝炯,郭励生.煤巷锚杆支护[M].徐州:中国矿业大学出版社,1999.

[37] 侯朝炯,何亚男,李晓,等.加固巷道帮、角控制底臌的研究[J].煤炭学报,1995,20(3):229-234.

[38] 侯朝炯,李学华.综放沿空掘巷围岩大、小结构的稳定性原理[J].煤炭学报,2001,26(1):1-7.

[39] 侯琴.大宁煤矿大跨度煤巷锚索支护研究与应用[D].太原:太原理工大学,2005.

[40] 胡社荣,戚春前,赵胜利,等.我国深部矿井分类及其临界深度探讨[J].煤炭科学技术,2010,38(7):10-13.

[41] 黄军,叶义成,王文杰.巷道锚杆支护系统的安全稳定性分析[J].现代矿业,2010,26(1):120-122.

[42] 黄庆享.煤炭资源绿色开采[J].陕西煤炭,2008,27(1):18-21.

[43] 黄先伍.巷道围岩应力场及变形时效性研究[D].徐州:中国矿业大学,2008.

[44] 惠功领,胡殿明.深部高应力围岩碎裂巷道支护技术[J].煤矿支护,2006(2):24-27.

[45] 贾强.挤压构造应力对采煤沉陷的影响分析[D].西安:西安科技大学,2007.

[46] 贾云波,李学文.锚杆支护理论的探讨[J].水力采煤与管道运输,2011(1):83-85.

[47] 姜有,丁箭川.巷道围岩破坏分析及控制对策[J].煤,2010,19(1):23-24,29.

[48] 蒋金泉,等.巷道围岩结构稳定性与控制设计[M].北京:煤炭工业出版社,1999.

[49] 焦守林.浅埋大跨度隧道施工超前支护效应研究[D].青岛:山东科技大学,2009.

[50] 巨能攀.大跨度高边墙地下洞室群围岩稳定性评价及支护方案的系统工程地质研究:以糯扎渡水电站为例[D].成都:成都理工大学,2005.

[51] 阚甲广,张农,李桂臣,等.深井大跨度切眼施工方式研究[J].采矿与安全工程学报,2009,26(2):163-167.

[52] 康红普,王金华,等.煤巷锚杆支护理论与成套技术[M].北京:煤炭工业出版社,2007.
[53] 康红普,王金华,林健.煤矿巷道锚杆支护应用实例分析[J].岩石力学与工程学报,2010,29(4):649-664.
[54] 李大旺.断裂构造区域深井回采巷道锚杆支护技术研究[D].青岛:山东科技大学,2007.
[55] 李东印,邢奇生,张瑞林.深部复合顶板巷道变形破坏机理研究[J].河南理工大学学报(自然科学版),2006,25(6):457-460.
[56] 李付海,宋传文.破碎围岩大断面硐室群支护技术[J].矿山压力与顶板管理,2001,18(4):31-32.
[57] 李桂臣.软弱夹层顶板巷道围岩稳定与安全控制研究[D].徐州:中国矿业大学,2008.
[58] 李金华,李昂,王贵荣.大断面切眼煤巷锚杆支护技术研究[J].煤炭工程,2010,42(3):34-37.
[59] 李敬佩.深部破碎软弱巷道围岩破坏机理及强化控制技术研究[D].徐州:中国矿业大学,2008.
[60] 李志强.复杂应力条件下深部软岩巷道矿压控制研究[D].重庆:重庆大学,2006.
[61] 李忠,杨杰.河北省滦平县张家湾隧道断裂破碎带特征与围岩失稳研究[J].中国地质灾害与防治学报,2006,17(2):15-18.
[62] 刘长武,褚秀生.软岩巷道锚注加固原理与应用[M].徐州:中国矿业大学出版社,2000.
[63] 刘黎明,杨磊.松散破碎软岩巷道底鼓控制的试验研究[J].湖南科技大学学报(自然科学版),2007,22(2):13-16.
[64] 刘美平.断层附近地应力分布规律及巷道稳定性分析[D].青岛:山东科技大学,2009.
[65] 刘泉声,张华,林涛.煤矿深部岩巷围岩稳定与支护对策[J].岩石力学与工程学报,2004,23(21):3732-3737.
[66] 刘业献,邵昌尧,杨瑞斌.唐口煤矿千米埋深岩层中大跨度硐室群施工技术[J].煤炭科学技术,2006,34(12):35-37.
[67] 刘增辉.大断面煤巷锚固参数的数值与物理模拟研究[D].太原:太原理工大学,2005.
[68] 柳崇伟,宋选民.构造控制性裂隙分布对巷道稳定性影响的初步分析[J].太原理工大学学报,2001,32(1):33-36,39.

[69] 卢军明. 桁架锚杆在大跨度巷道顶板加固中的应用[J]. 中州煤炭,2006(5):57,94.

[70] 鲁岩. 构造应力场影响下的巷道围岩稳定性原理及其控制研究[D]. 徐州:中国矿业大学,2008.

[71] 陆士良,汤雷,杨新安. 锚杆锚固力与锚固技术[M]. 北京:煤炭工业出版社,1998.

[72] 陆士良,王悦汉. 软岩巷道支架壁后充填与围岩关系的研究[J]. 岩石力学与工程学报,1999,18(2):180-183.

[73] 吕兆海. 破碎围岩条件下大断面巷道动力失稳分析[D]. 西安:西安科技大学,2008.

[74] 罗俊忠. 断层对地下洞室围岩稳定性及其支护结构强度影响的数值试验研究[D]. 西安:西安理工大学,2006.

[75] 马其华,樊克恭,郭忠平,等. 锚杆支护技术发展前景与制约因素[J]. 中国煤炭,1998,24(5):21-24,59.

[76] 煤炭工业部科技教育司. 中国煤矿软岩巷道支护理论与实践[M]. 徐州:中国矿业大学出版社,1996.

[77] 米德才. 浅埋大跨度洞室群围岩稳定性工程地质研究[D]. 成都:成都理工大学,2006.

[78] 米勒. 新奥法支护理论[J]. 地下工程,1978(6):43-50.

[79] 南存全,张文军,张建华. 矿区构造应力对井巷稳定性的影响[J]. 辽宁工程技术大学学报(自然科学版),1998,17(1):7-9.

[80] 潘春德,周国才. 深井巷道支护与维护技术[J]. 矿业译丛,1991(4):1-10.

[81] 庞建勇. 深井煤巷锚索加固技术的应用[J].矿山压力与顶板管理,2004,21(2):65-66.

[82] 裴士和. 锚固支护在大断面巷道支护中的应用[J].中国矿山工程,2007,36(5):29-30,41,35.

[83] 彭书林,周营昌,冯学工. 无粘结预应力锚索工艺施工方法[J]. 河北地质矿产信息,2004(2):25-27.

[84] 彭苏萍,孟召平. 矿井工程地质理论与实践[M]. 北京:地质出版社,2002.

[85] 蒲继雄. 在大断面破碎带中应用锚护技术预防冒顶[J]. 甘肃科技,2010,26(1):103-105.

[86] 漆泰岳. 锚杆与围岩相互作用的数值模拟[M]. 徐州:中国矿业大学出版社,2002.

[87] 钱鸣高,缪协兴,许家林. 岩层控制中的关键层理论研究[J]. 煤炭学报,

1996(3):2-7.
[88] 沈季良,崔云龙,王介锋.建井工程手册[M].北京:煤炭工业出版社,1986.
[89] 施查克,等.锚杆支护实用手册[M].张卫国,吴红,译.北京:煤炭工业出版社,1990.
[90] 司利军.寺河矿大断面回采巷道锚网支护技术应用研究[D].徐州:中国矿业大学,2008.
[91] 宋选民,顾铁凤.构造裂隙对巷道稳定性影响的评价方法[J].太原理工大学学报,2001,32(6):567-571.
[92] 宋选民,顾铁凤,柳崇伟.受贯通裂隙控制岩体巷道稳定性试验研究[J].岩石力学与工程学报,2002,21(12):1781-1785.
[93] 孙福江.联合支护技术在大断面硐室施工中的应用[J].水力采煤与管道运输,2010(1):27-29.
[94] 塔兰特.塔尔德布拉克金矿开采构造应力对巷道围岩稳定性影响研究[D].徐州:中国矿业大学,2021.
[95] 谭海滨,蒋守来.断层破碎带巷道支护技术[J].煤矿支护,2006(2):22-23.
[96] 檀远远.复杂构造带回采巷道松动圈确定与支护对策研究[D].淮南:安徽理工大学,2009.
[97] 唐华贵.巷道穿煤层过断层带的联合支护[J].煤矿支护,2006(4):41-42.
[98] 唐建新,王艳磊,舒国钧,等.高应力"三软"煤层回采巷道围岩破坏机制及控制研究[J].采矿与安全工程学报,2018,35(3):449-456.
[99] 万军.大埋深软弱破碎顶板大断面切眼全锚注支护技术[J].能源与环保,2020,42(5):132-136.
[100] 万世文.锚索托梁加强支护的应用及技术关键[J].煤炭科学技术,2007,35(9):26-28.
[101] 王丛书,杨本水,王宝贤.大断面特软顶板煤巷锚杆支护技术[J].建井技术,2005,26(1):14-16,36.
[102] 王广德.复杂条件下围岩分类研究:以锦屏二级水电站深埋隧洞围岩分类为例[D].成都:成都理工大学,2006.
[103] 王浩.回采巷道松软破碎围岩注浆加固与支护技术研究[D].徐州:中国矿业大学,2008.
[104] 王金华.我国煤巷锚杆支护技术的新发展[J].煤炭学报,2007,32(2):113-118.
[105] 王琳.巷道顶板稳定性分类及锚固支护机理研究[D].太原:太原理工大学,2006.

[106] 王文斌.节理岩体巷道预应力锚杆加固数值模拟分析[D].青岛:山东科技大学,2007.

[107] 王襄禹.高应力软岩巷道有控卸压与蠕变控制研究[D].徐州:中国矿业大学,2008.

[108] 王晓利,张柯.鼓形断面及差异锚杆在大跨度破碎煤巷支护中的应用研究[J].建井技术,2004,25(4):20-22.

[109] 王悦汉,王彩根.巷道支架壁后充填技术[M].北京:煤炭工业出版社,1995.

[110] 王志清,万世文.顶板裂隙水对锚索支护巷道稳定性的影响研究[J].湖南科技大学学报(自然科学版),2005,20(4):26-29.

[111] 温新.大断面软弱顶板回采巷道锚杆支护技术实践[J].中国高新技术企业,2010(7):183-184.

[112] 闻全,翟德元.多次采动影响下特大断面综合支护技术的研究[J].煤矿设计,2001,33(5):13-16.

[113] 吴添泉.大跨度切眼锚网锚索支护研究[J].岩土力学,2004,25(增刊1):141-143.

[114] 夏孝够.深井回采巷道围岩变形机理及支护技术研究[D].淮南:安徽理工大学,2006.

[115] 邢龙龙.大跨度切眼巷道锚杆(索)支护技术研究[D].西安:西安科技大学,2008.

[116] 徐金海,缪协兴,卢爱红,等.收作眼围岩稳定性分析与支护技术研究[J].中国矿业大学学报,2003,32(5):482-486.

[117] 徐金海,缪协兴,浦海,等.综放工作面收作眼合理位置确定与稳定性分析[J].岩石力学与工程学报,2004,23(12):1981-1985.

[118] 徐金海,周保精,吴锐.煤矿锚杆支护无损检测技术与应用[J].采矿与安全工程学报,2010,27(2):166-170.

[119] 徐金海,诸化坤,石炳华,等.三软煤层巷道支护方式及围岩控制效果分析[J].中国矿业大学学报,2004,33(1):55-58.

[120] 徐营.岩石局部化变形与巷道围岩分岔失稳机理研究[D].青岛:山东科技大学,2006.

[121] 许家林,钱鸣高.岩层控制关键层理论的应用研究与实践[J].中国矿业,2001,10(6):56-58.

[122] 闫春岭.深埋巷道围岩塑性圈理论分析与研究[J].煤炭科技,2012(3):8-10.

[123] 闫莫明,徐祯祥,苏自约.岩土锚固技术手册[M].北京:人民交通出版

社,2004.

[124] 晏成明.大跨度地下结构动力计算模型研究[D].南京:河海大学,2003.

[125] 杨海楼,孙敦勇.软岩大断面硐室破坏原因分析及治理[J].建井技术,1995(5):21-23,48.

[126] 杨双锁,曹建平.锚杆受力演变机理及其与合理锚固长度的相关性[J].采矿与安全工程学报,2010,27(1):1-7.

[127] 袁和生.煤矿巷道锚杆支护技术[M].北京:煤炭工业出版社,1997.

[128] 张爱卿,吴爱祥,王贻明,等.复杂破碎软岩巷道支护技术及分区分级支护体系研究[J].矿业研究与开发,2021,41(1):15-20.

[129] 张宝安.深部软岩回采巷道高应力复杂条件下锚网索复合支护研究[D].阜新:辽宁工程技术大学,2005.

[130] 张顶立,王梦恕,高军,等.复杂围岩条件下大跨隧道修建技术研究[J].岩石力学与工程学报,2003,22(2):290-296.

[131] 张柯.大跨度高地压破碎煤巷支护及机理研究[D].西安:西安科技大学,2003.

[132] 张农,侯朝炯,陈庆敏.巷道围岩注浆加固体性能实验[J].辽宁工程技术大学学报(自然科学版),1998,17(1):15-18.

[133] 张农,袁亮.离层破碎型煤巷顶板的控制原理[J].采矿与安全工程学报,2006,23(1):34-38.

[134] 张延金,刘克东,王立伟.大断面巷道锚网喷支护[J].矿山压力与顶板管理,2001,18(4):30-32.

[135] 张永吉,赵宏,杨正全.复合支护在围岩破碎条件下的使用[J].辽宁工程技术大学学报(自然科学版),2001,20(6):736-738.

[136] 赵明强.深井大断面沿空留巷围岩控制机理研究[D].淮南:安徽理工大学,2008.

[137] 赵枝业.断裂构造区域深井回采巷道围岩变形特征及锚杆支护技术研究[D].青岛:山东科技大学,2009.

[138] 郑颖人.地下工程锚喷支护设计指南[M].北京:中国铁道出版社,1988.

[139] 郑雨天,朱浮声.预应力锚杆体系:锚杆支护技术发展的新阶段[J].矿山压力与顶板管理,1995(1):2-7,56.

[140] 重庆建筑工程学院,同济大学.岩体力学[M].北京:中国建筑工业出版社,1981.

[141] ADAM J, URAI J L, WIENEKE B, et al. Shear localisation and strain distribution during tectonic faulting: new insights from granular-flow

experiments and high-resolution optical image correlation techniques [J]. Journal of structural geology,2005,27(2):283-301.

[142] BACHMANN D, BOUISSOU S, CHEMENDA A. Analysis of massif fracturing during Deep-Seated Gravitational Slope Deformation by physical and numerical modeling[J]. Geomorphology,2009,103(1):130-135.

[143] BUTTON E,RIEDMÜLLER G,SCHUBERT W,et al.Tunnelling in tectonic melanges-accommodating the impacts of geomechanical complexities and anisotropic rock mass fabrics[J]. Bulletin of engineering geology and the environment,2004,63(2):109-117.

[144] CAI Y,ESAKI T,JIANG Y J.An analytical model to predict axial load in grouted rock bolt for soft rock tunnelling[J]. Tunnelling and underground space technology,2004,19(6):607-618.

[145] CAI Y,ESAKI T,JIANG Y J.A rock bolt and rock mass interaction model[J].International journal of rock mechanics and mining sciences, 2004,41(7):1055-1067.

[146] DAVID R J.The archaeology of myth:rock art,ritual objects,and mythical landscapes of the Klamath Basin[J].Archaeologies,2010,6(2):372-400.

[147] DENG D S,NGUYEN-MINH D.Identification of rock mass properties in elasto-plasticity[J].Computers and geotechnics,2003,30(1):27-40.

[148] DHAWAN K R,SINGH D N,GUPTA I D.2D and 3D finite element analysis of underground openings in an inhomogeneous rock mass[J]. International journal of rock mechanics and mining sciences, 2002, 39(2):217-227.

[149] DOU L M,LU C P,MU Z L,et al.Prevention and forecasting of rock burst hazards in coal mines[J].Mining science and technology (China), 2009,19(5):585-591.

[150] EGGER P.Design and construction aspects of deep tunnels (with particular emphasis on strain softening rocks)[J]. Tunnelling and underground space technology,2000,15(4):403-408.

[151] GAO F Q,KANG H P.Effect of pre-tensioned rock bolts on stress redistribution around a roadway-insight from numerical modeling[J]. Journal of China University of Mining and Technology,2008,18(4):509-515.

[152] GAO F Q,XIE Y S.Resist-decreasing effects of rock bolts on strength of rock mass around roadway-insight from numerical modeling[J].Mining

science and technology (China),2009,19(4):425-429.

[153] GONG Q M,ZHAO J.Development of a rock mass characteristics model for TBM penetration rate prediction[J]. International journal of rock mechanics and mining sciences,2009,46(1):8-18.

[154] GUO Y G,BAI J B,HOU C J.Study on the main parameters of side packing in the roadways maintained along god-edge[J].Journal of China University of Mining and Technology,1994,4(1):1-14.

[155] GUO Z B,GUO P Y,HUANG M H,et al.Stability control of gate groups in deep wells[J].Mining science and technology (China),2009,19(2):155-160.

[156] GUO Z B,SHI J J,WANG J,et al.Double-directional control bolt support technology and engineering application at large span Y-type intersections in deep coal mines[J].Mining science and technology (China),2010,20(2):254-259.

[157] GUTSCHER M A,KUKOWSKI N,MALAVIEILLE J,et al.Material transfer in accretionary wedges from analysis of a systematic series of analog experiments[J].Journal of structural geology,1998,20(4):407-416.

[158] HOU C J.Review of roadway control in soft surrounding rock under dynamic pressure[J].Journal of coal science & engineering,2003,9(1):1-7.

[159] JIANG Q,SU G,FENG X T,et al.Excavation optimization and stability analysis for large underground caverns under high geostress: a case study of the Chinese Laxiwa project[J].Rock mechanics and rock engineering,2019,52(3):895-915.

[160] JIANG Y J,LI B,YAMASHITA Y.Simulation of cracking near a large underground cavern in a discontinuous rock mass using the expanded distinct element method[J].International journal of rock mechanics and mining sciences,2009,46(1):97-106.

[161] KLC A,YASAR E,CELIK A G.Effect of grout properties on the pull-out load capacity of fully grouted rock bolt[J].Tunnelling and underground space technology,2002,17(4):355-362.

[162] LAATAR A H,BENAHMED M,BELGHITH A,et al.2D large eddy simulation of pollutant dispersion around a covered roadway[J].Journal of wind engineering and industrial aerodynamics,2002,90(6):617-637.

[163] LAI X P,CAI M F,XIE M W.In situ monitoring and analysis of rock

mass behavior prior to collapse of the main transport roadway in Linglong Gold Mine, China[J]. International journal of rock mechanics and mining sciences, 2006, 43(4): 640-646.

[164] LIANG Y C, FENG D P, LIU G R, et al. Neural identification of rock parameters using fuzzy adaptive learning parameters[J]. Computers & structures, 2003, 81(24/25): 2373-2382.

[165] LI G F, HE M C, ZHANG G F, et al. Deformation mechanism and excavation process of large span intersection within deep soft rock roadway[J]. Mining science and technology (China), 2010, 20(1): 28-34.

[166] LIN C M, HSU C F. Supervisory recurrent fuzzy neural network control of wing rock for slender delta wings[J]. IEEE transactions on fuzzy systems, 2004, 12(5): 733-742.

[167] LI S J, YUA H, LIU YX, et al. Results from in-situ monitoring of displacement, bolt load, and disturbed zone of a powerhouse cavern during excavation process[J]. International journal of rock mechanics and mining sciences, 2008, 45(8): 1519-1525.

[168] LIU H Y, SMALL J C, CARTER J P, et al. Effects of tunnelling on existing support systems of perpendicularly crossing tunnels [J]. Computers and geotechnics, 2009, 36(5): 880-894.

[169] LIU Y J, MAO S J, LI M, et al. Study of a comprehensive assessment method for coal mine safety based on a hierarchical grey analysis[J]. Journal of China University of Mining and Technology, 2007, 17(1): 6-10.

[170] LI X H. Deformation mechanism of surrounding rocks and key control technology for a roadway driven along goaf in fully mechanized top-coal caving face[J]. Journal of coal science & engineering (China), 2003, 9(1): 28-32.

[171] LI Z X, HUANG Z A, ZHANG A R, et al. Numerical analysis of gas emission rule from a goaf of tailing roadway [J]. Journal of China University of Mining and Technology, 2008, 18(2): 164-167.

[172] LOHRMANN J, KUKOWSKI N, ADAM J, et al. The impact of analogue material properties on the geometry, kinematics, and dynamics of convergent sand wedges[J]. Journal of structural geology, 2003, 25(10): 1691-1711.

[173] LOWNDES I S,YANG Z Y,JOBLING S,et al.A parametric analysis of a tunnel climatic prediction and planning model[J].Tunnelling and underground space technology,2006,21(5):520-532.

[174] LU A H,MAO X B,LIU H S.Physical simulation of rock burst induced by stress waves[J].Journal of China University of Mining and Technology,2008,18(3):401-405.

[175] MALMGREN L,NORDLUND E.Interaction of shotcrete with rock and rock bolts-a numerical study[J].International journal of rock mechanics and mining sciences,2008,45(4):538-553.

[176] MARTIN C D,KAISER P K,CHRISTIANSSON R.Stress,instability and design of underground excavations[J].International journal of rock mechanics and mining sciences,2003,40(7/8):1027-1047.

[177] MOON J,FERNANDEZ G.Effect of excavation-induced groundwater level drawdown on tunnel inflow in a jointed rock mass[J].Engineering geology,2010,110(3/4):33-42.

[178] MORGAN J K,KARIG D E.Kinematics and a balanced and restored cross-section across the toe of the eastern Nankai accretionary prism[J].Journal of structural geology,1995,17(1):31-45.

[179] PALMSTRØM A.Characterizing rock masses by the RMi for use in practical rock engineering,part 2:some practical applications of the Rock Mass index (RMi)[J].Tunnelling and underground space technology,1996,11(3):287-303.

[180] PARRA M T,VILLAFRUELA J M,CASTRO F,et al.Numerical and experimental analysis of different ventilation systems in deep mines[J].Building and environment,2006,41(2):87-93.

[181] PELLEGRINO A,PRESTININZI A.Impact of weathering on the geomechanical properties of rocks along thermal-metamorphic contact belts and morpho-evolutionary processes: the deep-seated gravitational slope deformations of Mt. Granieri-Salincriti (Calabria-Italy)[J]. Geomorphology, 2007, 87(3): 176-195.

[182] QIAN Q H, ZHOU X P, YANG H Q, et al. Zonal disintegration of surrounding rock mass around the diversion tunnels in Jinping Ⅱ Hydropower Station, Southwestern China[J]. Theoretical and applied fracture mechanics,2009,51(2):129-138.

[183] RUSTAN A P.Micro-sequential contour blasting-how does it influence the surrounding rock mass? [J].Engineering geology,1998,49(3/4):303-313.

[184] SELLERS E J,KLERCK P.Modelling of the effect of discontinuities on the extent of the fracture zone surrounding deep tunnels[J].Tunnelling and underground space technology,2000,15(4):463-469.

[185] SONG G,STANKUS J.Control mechanism of a tensioned bolt system in the laminated roof with a large horizontal stress [C]//The 16th International Conference on Ground Control in Mining. Morgantown, West Virginia:[s. n.], 1997:93-98.

[186] SUN X M,CAI F,YANG J,et al.Numerical simulation of the effect of coupling support of bolt-mesh-anchor in deep tunnel[J].Mining science and technology (China),2009,19(3):352-357.

[187] TORAÑO J, DÍEZ R R, RIVAS CID J M, et al. FEM modeling of roadways driven in a fractured rock mass under a longwall influence[J]. Computers and geotechnics,2002,29(6):411-431.

[188] VILLAESCUSA E, VARDEN R, HASSELL R, et al. Quantifying the performance of resin anchored rock bolts in the Australian underground hard rock mining industry[J].International journal of rock mechanics and mining sciences,2008,45(1):94-102.

[189] WANG J,LI E,CHEN L,et al.Measurement and analysis of the internal displacement and spatial effect due to tunnel excavation in hard rock[J]. Tunnelling and underground space technology,2019,84(2):151-165.

[190] WANG L G,SONG Y,HE X H,et al.Side abutment pressure distribution by field measurement [J]. Journal of China University of Mining and Technology,2008,18(4):527-530.

[191] WANG Q S, LI X B, ZHAO G Y, et al. Experiment on mechanical properties of steel fiber reinforced concrete and application in deep underground engineering[J].Journal of China University of Mining and Technology,2008,18(1):64-81.

[192] WANG W J,HOU C J. Study of mechanical principle of floor heave of roadway driving along next goaf in fully mechanized sub level caving face[J]. Journal of coal science & engineering,2001,7(1):13-17.

[193] WOLF H,KÖNIG D,TRIANTAFYLLIDIS T.Experimental investigation of

shear band patterns in granular material[J].Journal of structural geology, 2003,25(8):1229-1240.

[194] WU H,FANG Q,GUO Z K.Zonal disintegration phenomenon in rock mass surrounding deep tunnels[J]. Journal of China University of Mining and Technology,2008,18(2):187-193.

[195] WU H,FANG Q,ZHANG Y D,et al.Zonal disintegration phenomenon in enclosing rock mass surrounding deep tunnels-elasto-plastic analysis of stress field of enclosing rock mass[J].Mining science and technology (China),2009,19(1):84-90.

[196] WU H,FANG Q,ZHANG Y D,et al.Zonal disintegration phenomenon in enclosing rock mass surrounding deep tunnels-mechanism and discussion of characteristic parameters[J]. Mining science and technology (China), 2009, 19(3):306-311.

[197] YANG C X,WU Y H,HON T.A no-tension elastic-plastic model and optimized back-analysis technique for modeling nonlinear mechanical behavior of rock mass in tunneling[J].Tunnelling and underground space technology,2010,25(3):279-289.

[198] YANG S,KANG Y S,ZHAO Q,et al.Method for predicting economic peak yield for a single well of coalbed methane[J]. Journal of China University Of Miningand Technology,2008,18(4):521-526.

[199] YUAN L.Study on critical,modern technology for mining in gassy deep mines[J].Journal of China University of Mining and Technology,2007, 17(2):226-231.

[200] YU J C,LIU Z X,TANG J Y.Research on full space transient electromagnetism technique for detecting aqueous structures in coal mines[J].Journal of China University of Mining and Technology,2007,17(1):58-62.

[201] ZANGERL C,EVANS K F,EBERHARDT E,et al.Consolidation settlements above deep tunnels in fractured crystalline rock: part 1-Investigations above the Gotthard highway tunnel[J]. International journal of rock mechanics and mining sciences,2008,45(8):1195-1210.

[202] ZHOU X P,QIAN Q H,ZHANG B H.Zonal disintegration mechanism of deep crack-weakened rock masses under dynamic unloading[J]. Acta mechanica solida sinica,2009,22(3):240-250.

[203] ZHU H C,WU H B.Interpretation of the monitored rock bolt stress and

rock mass displacement at the three Gorges Project in China [J]. International journal of rock mechanics and mining sciences, 2004, 41: 810-815.

[204] ZOU X Z, HOU C J, LI H X. The classification of the surrounding of coal mining roadways [J]. Journal of coal science & engineering, 1996 (2): 55-57.

rock mass displacement at the Three Gorges Project in China[J]. International Journal of rock mechanics and mining sciences, 2004([illegible]): 817-812.

[illegible] ZOU X Z, HOU C J, LI H X. The classification of the surrounding of coal roadway [illegible][J]. Journal of coal sciences and engineering, 1998([illegible]): [illegible]-6.